普通高等教育电工电子基础课程系列教材

电工电子技术

主　编　赵书玲　陈德海
副主编　肖定华　郭　亚　罗　潇
参　编　刘　宏　钟　萍　焦海宁
　　　　杨　洁　曾东红　梁礼明

机械工业出版社

本书是依据教育部颁布的高等理工科院校"电工电子技术"课程教学基本要求，结合江西省教育厅教学改革研究项目"大类招生和新工科背景下电工电子技术课程教学改革研究"及"金课背景下'电工电子技术'课程思政建设与实践"而编写的。在内容组织上，每章附有拓展知识，反映学科前沿、强化实践应用、突出课程思政。

本书共分 12 章，内容包括电路分析基础、变压器、模拟电子技术、数字电子技术等。本书注重基本理论的讲述，突出理论在实践中的应用，能够使读者获得电工电子技术方面基本的知识和技能。

本书可作为高等院校非电类专业"电工电子技术"课程的教材，也可作为高职高专及成人高等教育相关专业的教材。

本书配有电子课件及习题答案，欢迎选用本书作教材的老师登录 www.cmpedu.com 注册后下载，或发邮件至 jinacmp@163.com 索取。

图书在版编目(CIP)数据

电工电子技术/赵书玲，陈德海主编.—北京：机械工业出版社，2022.12(2024.8重印)

普通高等教育电工电子基础课程系列教材

ISBN 978-7-111-72070-6

Ⅰ.①电… Ⅱ.①赵… ②陈… Ⅲ.①电工技术–高等学校–教材②电子技术–高等学校–教材 Ⅳ.①TM②TN

中国版本图书馆 CIP 数据核字(2022)第 217338 号

机械工业出版社(北京市百万庄大街 22 号 邮政编码 100037)

策划编辑：吉 玲 责任编辑：吉 玲
责任校对：陈 越 李 杉 封面设计：张 静
责任印制：常天培
固安县铭成印刷有限公司印刷
2024 年 8 月第 1 版第 4 次印刷
184mm×260mm · 19 印张 · 478 千字
标准书号：ISBN 978-7-111-72070-6
定价：59.80 元

电话服务 网络服务
客服电话：010-88361066 机 工 官 网：www.cmpbook.com
010-88379833 机 工 官 博：weibo.com/cmp1952
010-68326294 金 书 网：www.golden-book.com
封底无防伪标均为盗版 机工教育服务网：www.cmpedu.com

前　言

　　"电工电子技术"是研究电工电子技术理论与应用的技术基础课程。随着现代社会信息化的高速发展，人类生产生活、各个专业技术领域与电工电子技术的联系越来越紧密，"电工电子技术"已经成为工科非电类专业领域必不可少的技术基础课。本课程的目的是让学生掌握电工电子技术的基本理论、基本知识及基本应用技能，要求学生在学完本课程后具备一定的分析和解决电工、电子及控制等相关技术的实际能力，了解这些技术的最新发展和应用情况，从而为学习后续课程及从事相关的工程技术工作和科学研究打下坚实的基础。

　　本书是依据教育部颁布的高等理工科院校"电工电子技术"课程教学基本要求，结合江西省教育厅教学改革研究项目"大类招生和新工科背景下电工电子技术课程教学改革研究"及"金课背景下'电工电子技术'课程思政建设与实践"而编写的，是省级线上一流课程的配套教材。

　　本书共分12章，按新教学大纲要求，结合国际相关学科的研究进展及发展需要，对传统的教学内容进行了合理的精选、改写、补充和整合，内容由浅入深，系统地介绍了电工电子技术的理论基础、分析方法及实际应用。全书力求概念准确、内容新颖、深入浅出、语言流畅、可读性强，既注重对基本原理必要的讲解，又突出工程上的实用性。本书有以下特点：明确指出本课程的重点和难点内容，以及学习中常见的疑难之处与易混淆的概念，以便使读者理解深刻、熟练掌握，不过分强调理论的系统性和完整性，尽量做到内容"少、精、宽、新"，以保证课程的前沿性与先进性；增加了典型实例电路剖析的内容，这些实例注重理论联系实际，搭建了从理论到应用的桥梁，突出了电工电子技术在实际生活、生产中的应用。这些特点既增加了学生的学习兴趣，又引导学生深入思考，有利于培养学生应用所学电工电子知识解决实际问题的意识与综合分析能力。

　　本书的体系结构注重基础知识的内在联系，突出基本概念和基本原理，以"基础性、实用性、先进性"为原则，将基础理论知识与应用更好地结合，较好地解决了知识"膨胀"与课时紧张的矛盾。在内容组织上，每章附有拓展知识，在反映学科前沿的同时，强化实践应用，突出课程思政；每章都明确了本章的学习重点和难点，在章末配有本章小结以及习题，可供学生巩固所学知识，培养学生分析问题和解决问题的能力。

　　本书在编写过程中，得到了江西理工大学相关部门领导与同志的关心和帮助，再次

IV

表示感谢！

　　由于编者的学识和水平有限，书中难免有疏漏之处，欢迎使用本书的教师、学生和其他读者批评指正。

编　者

目　　录

第1章

电路的基本概念与基本定律

导读

　　电工电子技术是所有与电相关的课程的基础课，也是一门理工类专业的技术基础课。
本章主要讨论电路的基本概念和基本定律，主要包括：电路，电路模型的概念，电
流、电压的参考方向，欧姆定律，基尔霍夫定律，电路的工作状态，电位的概念和计算。
这些内容是分析和计算电路的基础。

本章学习要求

　　1）了解电路的组成、作用及工作状态，建立电路模型的概念。
　　2）深入理解电压、电流参考方向的含义及标注参考方向的必要性，掌握欧姆定律。
　　3）重点掌握基尔霍夫定律、电路中电位的计算方法。

1.1　电路的组成和作用

电路的组成
作用模型

　　1866 年，德国工程师西门子发明了强力发电机，并用于机车上，从
此，电真正进入了人类社会生产活动。电的发现和应用极大地节省了人类
的体力劳动和脑力劳动，人类的生活质量得到极大的提高。电的传输离不
开电路，那么什么是电路呢？电路有两层意思：一是指实际电路；二是指
电路模型。所谓实际电路，是为了实现某种功能，将实际电器元件或设备按一定的方式组合
起来，构成电流的通路。电路是电流的通路，就其功能而言，电路可以划分为两大类：第一
类主要实现电能的传输和转换，如输电电路和照明电路等；第二类主要实现信号的传输、处
理和储存，如收音机电路、滤波电路、计算机电路等。

　　电路模型是理想化的电路元器件用理想导线连接起来组成的图形，而理想化的电路元器件
是根据实际电器件或设备定义出来的。知道一个实际电路，便可建立与之对应的电路模型。

　　电路的形式和结构多种多样，但一个完整的电路主要由三个部分组成，分别是电源、负
载及连接电源和负载的中间部分。电源是供应电能的设备，如发电机、电池等，又可称为激
励；负载则是将电能转换成其他能量的耗电设备，常见的负载有电灯、电炉和电动机等；连
接电源和负载的中间部分包含导线和变压器，有传输和分配电能的作用。实际手电筒电路如
图 1-1-1 所示，该电路中，干电池是电源，灯泡是负载，而导线和开关相当于电源和负载的

连接部分。

　　简单的电路是由电源、用电器(负载)、导线、开关等元器件组成的。电路导通叫作通路,只有电路为通路时,电路中才有电流通过。电路某一处断开叫作断路或者开路。如果电路中电源正负极间没有负载而是直接接通,这样的电路叫作短路,这种情况是不被允许的。另有一种短路是指某个元件的两端直接接通,此时电流从直接接通处流经而不会经过该元件,这种情况叫作该元件短路。开路(或断路)是允许的,而第一种短路是决不允许的,因为电源的短路会导致电源、用电器、电流表

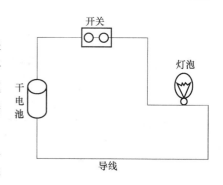

图 1-1-1　实际手电筒电路

被烧坏等现象的发生。电路的作用是将电能与其他形式的能量进行相互转换,因此,可以用一些物理量来表示电路的状态及各部分元器件之间能量相互转换的关系。

1.2　电路模型

　　有些实际电路非常复杂,为了便于分析,不直接对实际电路进行分析,而是将实际电器件理想化,即在一定条件下,只考虑其主要电磁性质,忽略其在该条件下的次要性质。由理想化电路元件构成的电路就是实际电路的电路模型,电路模型是对实际电路电磁性质的科学抽象和概括。在一定的工作条件下,理想电路元件及其组合足以模拟实际电路中的器件及器件中发生的物理过程。根据元件对外的端子数目,理想电路元件可分为二端和多端,还可分为有源和无源,主要包含电源、电阻元件、电容元件和电感元件,每个理想的电路元件都可以用相应的电路符号表示。

　　用理想元件构建出的实际电路对应的电路模型称为建模。图 1-2-1 所示为手电筒电路模型,图 1-1-1 中实际电路被模型化为理想的电压源和电阻的串联组合。

　　下面根据电路理想化的要求对实际手电筒电路进行理想化(或者模型化)。假设手电筒短时间工作,干电池理想化为电源电压 U_S 和内阻 R_S 串联的电源模型;小灯泡理想化为只消耗电能的纯电阻 R;开关为理想开关 S,闭合时其内阻及接触电阻为 0,简化为理想导线,断开时内阻为 ∞。经过理想化后,手电筒电路的电源、R 均为理想元件组成,而且 U_S、R 大小不变。手电筒的电路模型如图 1-2-1 所示,那么很容易测量、计算出电路的电流。今后研究的电路都是电路模型,并非实际电路。所有的实际电路,无论简单还是复杂,都可以用由几种电路元件构成的电路模型来表示。

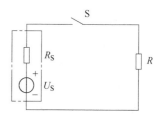

图 1-2-1　手电筒电路模型

　　同一元件不同条件下的电路模型如图 1-2-2 所示。一个线圈,通过直流电时,其对应的模型就是电阻元件;通过低频交流电时,线圈中电流产生的磁场会引起感应电压,此时线圈对应的电路模型为一个电阻元件串联一个电感元件;通过高频交流电时,则其对应的电路模型除有电阻元件和电感元件之外,还有电容元件。本书中所涉及的电路均指

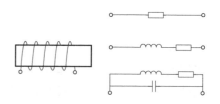

图 1-2-2　同一元件不同条件下的电路模型

由理想电路元件构成的电路模型。本书采用的电路模型符号见表1-2-1。

表 1-2-1　本书采用的电路模型符号

名称	符号	名称	符号
导线	——	电阻(线性电阻)	▭
T形连接的导线	⊤	可变电阻	▭
十字连接的导线	＋	非线性电阻	▭
十字交叉的导线	＋	二极管	▷│
二端元件	▢	MOS 管 （N 沟道增强型）	
三端元件	▢	集成运放	A_{od}
独立电压源	⊖	电容	‖
独立电流源	⊖	电感	⌇
受控电压源	◇	理想开关	/
受控电流源	◁		

1.3　电流和电压的参考方向

参考方向及
欧姆定律

电工学中所涉及的物理量主要有电流、电压、电荷和磁通，分别用字母 I、U、Q 和 $\varPhi$ 表示。除此之外，还有两个重要的物理量——功率和能量，可以分别用 P 和 W 来表示。

在分析电路时，需要知道某个元件或某部分电路的电流、电压的方向，而对于复杂电路，很难预先判断电路中电流、电压的真实方向，因此，为了解决这一问题，在电路中引入参考方向这一概念，所谓参考方向，就是人为给电压、电流任意指定的方向。

1.3.1　电流的参考方向

电流用"i"或"I"表示，在电路中，习惯把正电荷运动的方向规定为电流的实际方向。但对于复杂的电路，却很难判断出电流的实际方向。如果是正弦电流，它的实际方向不断变化，就更难判定了。因此，在电路分析中引入了参考方向的概念。

电流的参考方向如图 1-3-1 所示，流过电路中电阻元件的电流用 i 表示，由于不知道流过该电阻的电流的实际方向是从 a 到 b 还是从 b 到 a，因此，给电流 i 设定一个参考方向，如图 1-3-1a 所示，该设定的方向不一定是电流的真实方向。如果电流 i 的实际方向是从 a 到 b 的，与设定的电流参考方向一致，那么 $i>0$，取正值；反之，$i<0$，取负值。电流 i 的参考方向一般用箭头表示，也可以

图 1-3-1　电流的参考方向

用双下标表示，如图 1-3-1b 所示，例如 $i_{ab} = -2A$，表示电流的真实方向是从 b 到 a。电流 i 是代数量，其正负只表示方向。在分析电路时，电流的参考方向可以任意设定，只有设定了电流的参考方向，电流的正负才有意义。本书中，电路图中标明的电流方向均为参考方向，电流的参考方向不一定就是它的实际方向。

例 如图 1-3-1 所示，已知流经电路任一横截面的电量为：（1）$q = 20t(C)$（C 为库仑，简称库）；（2）$q = 15e^{-10t}(C)$。求电流 i，并指出它的实际方向。

解： 由物理学可知，电路中的电流是单位时间内通过导体截面的电荷量，即

$$i(t) = \frac{\mathrm{d}q}{\mathrm{d}t}$$

（1）由已标定的电流参考方向可得

$$i(t) = \frac{\mathrm{d}q}{\mathrm{d}t} = \frac{\mathrm{d}(20t)}{\mathrm{d}t} = 20(A)$$

电流为正值，故电流的实际方向与它的参考方向一致，电流由 a 流向 b。

（2）由已标定的电流参考方向可得

$$i(t) = \frac{\mathrm{d}q}{\mathrm{d}t} = \frac{\mathrm{d}(15e^{-10t})}{\mathrm{d}t} = -150e^{-10t}(A)$$

电流在任何时刻都为负值，说明电流的实际方向与它的参考方向相反，实际电流由 b 流向 a。

1.3.2 电压的参考方向

电压用"u"或"U"表示，电压的实际方向（也称实际极性）规定为由高电位点指向低电位点，即电位降的方向。与电流的参考方向类似，电压的参考方向（也称参考极性）是任意指定的电位降方向。

电压的参考方向有三种表示方法：第一种是用箭头表示，如图 1-3-2a 所示，箭头的方向表示从高电位指向低电位；第二种是用双下标表示，如图 1-3-2b 所示，U_{ab} 表示电压的方向是从 a 指向 b 的；第三种是在两点处分别用"+""−"来表示，如图 1-3-2c 所示，"+"表示高电位，"−"表示低电位，电压的方向即是从高电位指向低电位。

同样，本书电路图中标明的电压方向均为参考方向。如果电压的实际方向与它的参考方向一致，则电压 U 为正值，即 $U > 0$；反之，则电压 U 为负值，即 $U < 0$。因此，在电压的参考方向已选定的情况下，根据电压值的正或负就可以判断出它的实际方向。

图 1-3-2 中，当电压实际方向与参考方向一致时，$U > 0$，表示电压的实际方向确实由 a 指向 b；当电压实际方向与参考方向相反时，$U < 0$，表示电压的实际方向由 b 指向 a。

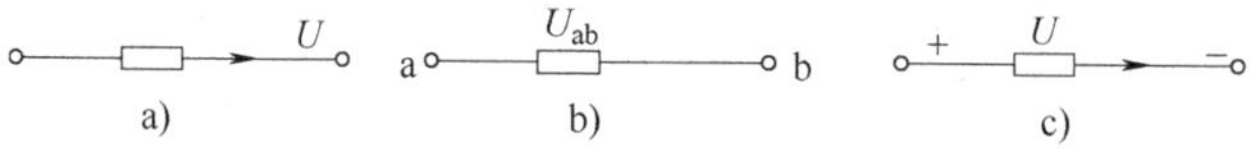

图 1-3-2 电压的参考方向

电路中某处的电压、电流的参考方向可以各自独立地任意指定。前面已经指出电流和电压的参考方向可以任意选定，但为方便起见，通常选择一致的电压参考方向和电流参考方向，即若电流参考方向是从电压参考方向的"+"极性端指向"−"极性端的，则称电流和电压取关联参考方向。如图 1-3-3a 所示，电流从电阻的"+"极性端流入，从电阻的"−"极性端流

出，则电阻 R 的电压和电流取的是关联参考方向；反之，则是非关联参考方向，如图 1-3-3b 所示。

在国际单位制中，电流的单位是安培，简称安（A）；电压的单位是伏特，简称伏（V）；电阻的单位是欧姆，简称欧（Ω）。

图 1-3-3 关联方向与非关联方向

1.4 欧姆定律

欧姆定律是电路中的基本定律之一，本节主要介绍欧姆定律的内容及应用。欧姆定律描述的是电压、电流和电阻之间的关系，是由乔治·西蒙·欧姆于 1827 年提出的。欧姆指出，对于任何给定的温度，通过电路中的金属导体的电流与其上的电压成正比，用简单的方程表示为

$$U = IR$$

在这个代数表达式中，电压和电流取关联参考方向时，电压（U）等于电流（I）乘以电阻（R），也可以写成 $R = U/I$。如果电压和电流取非关联参考方向，则 $U = -IR$。欧姆定律如图 1-4-1 所示。

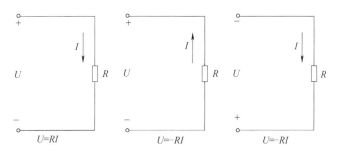

图 1-4-1 欧姆定律

例 1-4-1 应用欧姆定律计算图 1-4-2 中的电阻 R。

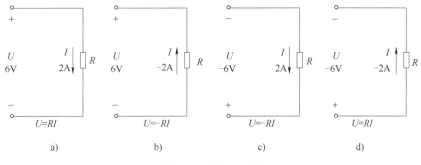

图 1-4-2 例 1-4-1 图

解： 图 1-4-2a 中，$R = \dfrac{U}{I} = \dfrac{6}{2}\Omega = 3\Omega$。

图 1-4-2b 中，$R = -\dfrac{U}{I} = -\dfrac{6}{-2}\Omega = 3\Omega$。

图 1-4-2c 中，$R = -\dfrac{U}{I} = -\dfrac{-6}{2}\Omega = 3\Omega$。

电路的工作状态

图 1-4-2d 中，$R = \dfrac{U}{I} = \dfrac{-6}{-2}\Omega = 3\Omega$。

1.5 电路的工作状态

在不同的条件下，电路的工作状态不一样。电路的工作状态主要有电源有载、电源开路和电源短路，本书中用符号 $\overset{+}{\underset{-}{\ominus}}\overset{U_S}{}$ 表示理想电压源，其电动势 U_S 恒定不变；用符号 $\ominus\!\!\rightarrow^{I_S}$ 表示理想电流源，其输出电流 I_S 恒定不变，关于电源的类型在第 2 章中有详细介绍。下面分别讨论电路的这三种工作状态。

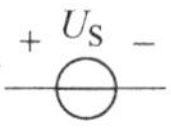

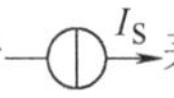

1.5.1 电源有载工作

如图 1-5-1 所示，电源有载工作指电源连接负载构成一个通路的工作状态，当开关 S 闭合时，电源和负载构成一个闭合的回路，电路有电流产生，小灯泡发光，同时伴有能量的传输和转换，这种状态称为电源的有载工作状态。

应用欧姆定律，可以计算出该回路中的电流为

$$I = U_S / (R_S + R_L) \tag{1-5-1}$$

进一步得出灯泡两端的电压为

$$U = R_L I = R_L \frac{U_S}{R_S + R_L} \tag{1-5-2}$$

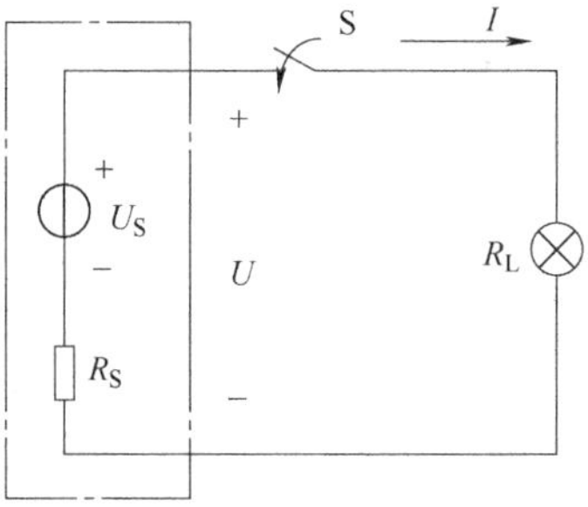

分析电路时，需要判断电器件是充当电源还是负载。如果电器件的实际电压和电流方向已知，则判断方法如下：

① 若电器件的电流从其电压的"+"极性端流出，则发出功率，起电源的作用；

② 若电器件的电流从其电压的"−"极性端流出，则吸收功率，起负载的作用。

当电路中的实际方向未知时，可以利用参考方向来判断。如果是关联参考方向，求出的功率 $P = UI < 0$，则可判断该器件是电源，反之则是负载；如果是非关联参考方向，判断结果与上所述相反。

图 1-5-1　电源有载工作

例 1-5-1　如图 1-5-2 所示，电压和电流取关联参考方向，判断图中方框内是电源还是负载。

解：按照参考方向的判断方法，可得：

① 图 1-5-2a 中，$P = UI = 6 \times 2 = 12 > 0$，框内元件为负载；

② 图 1-5-2b 中，$P = UI = 6 \times (-2) = -12 < 0$，框内元件为电源。

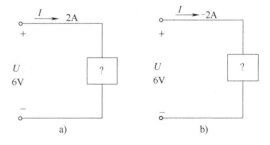

图 1-5-2　例 1-5-1 图

1.5.2 电源开路

若电源与外电路断开，则称为电源开路，如图 1-5-3 所示。打开开关 S，小灯泡熄灭，则电源处于开路状态，开路处的电流为零。电源开路时，电源两端的电压称为开路电压 U_o。电压源开路时的特征可表示为

$$\begin{cases} I = 0 \\ U = U_\mathrm{o} = U_\mathrm{S} \\ P = 0 \\ P_\mathrm{S} = \Delta P = 0 \end{cases} \quad (1\text{-}5\text{-}3)$$

电流源开路时的特征可表示为

$$\begin{cases} I = 0 \\ U = U_\mathrm{S} = I_\mathrm{S} R_\mathrm{S} \\ P = 0 \\ P_\mathrm{S} = \Delta P = I_\mathrm{S}^2 R_\mathrm{S} \neq 0 \end{cases} \quad (1\text{-}5\text{-}4)$$

注意：电流源不允许开路，电流源开路时，电流源两端的电压 $U = I_\mathrm{S} R_\mathrm{S} \big|_{R_\mathrm{S} \to \infty} \to \infty$，此时容易造成电流源的损坏。电流源开路是没有意义的，因为电流源开路时 $I = 0$，与电流源的特征不相符。

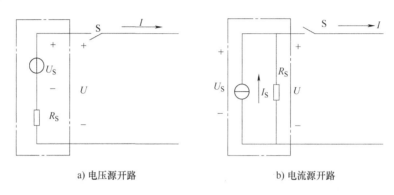

a) 电压源开路 b) 电流源开路

图 1-5-3　电源开路

部分电路开路如图 1-5-4 所示，开路端口的电流一定为 0，开路端的电压由电路其他部分决定。

1.5.3　电源短路

当电源的两个端子不连接负载而直接用理想导线连接到一起时，称为电源短路，如图 1-5-5 所示。电源短路时，由于没有接电阻器件，因此，回路中的电阻只有电源本身的内阻 R_S。

图 1-5-4　部分电路开路

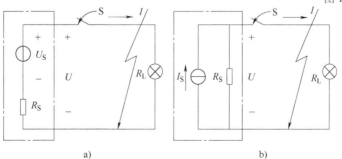

a) b)

图 1-5-5　电源短路

电压源短路时，由于电压源的内阻 R_S 的阻值特别小，因此，此时回路中的电流 I_S 特别大，称这种情况下的电流为短路电流。短路电流可能烧坏电源，所以电压源不允许短路。电源短路由于外接电阻为零，因此，电源端的电压也为零。电压源短路的特征表示为

$$\begin{cases} U = 0 \\ I = \dfrac{U_S}{R_S} \\ P = 0 \\ P_S = \Delta P = \left(\dfrac{U_S}{R_S}\right)^2 R_S = \dfrac{U_S^2}{R_S} \neq 0 \end{cases} \qquad (1\text{-}5\text{-}5)$$

注意：电压源不允许短路，电压源一旦短路，电流 $I = \dfrac{U_S}{R_S}\bigg|_{R_S \to 0} \to \infty$，此时电流过大，供电设备或者信号源会损坏，这是不允许的。

电流源短路时，由于电流源的电流值 I_S 恒定，而外接电阻为 0，因此，此时电流源两端的电压为零。电流源短路的特征表示为

$$\begin{cases} U = 0 \\ I = I_S \\ P = 0 \\ P_S = \Delta P = 0 \end{cases} \qquad (1\text{-}5\text{-}6)$$

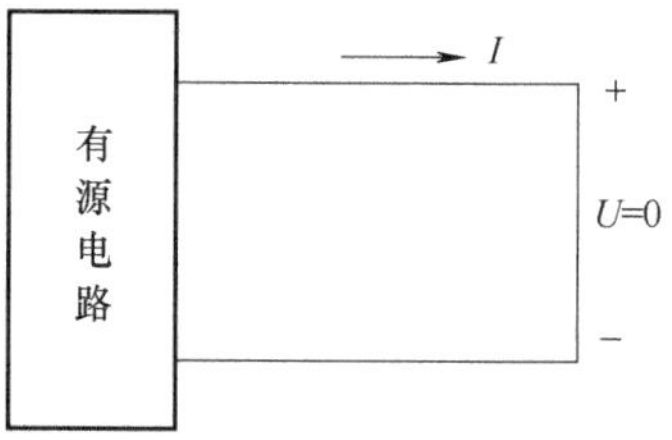

图 1-5-6　部分电路短路

部分电路短路如图 1-5-6 所示，若电路中某两点用导线连接起来，则这两点间的电路被短路。被短路的电路结构端口的电压为零，短路端的电流由其他部分决定。

1.5.4　额定值与实际值

实际生活中，电路中的负载一般都是并联的。在电路实际运行时，一般认为电源电压的大小不变，所以负载两端的电压也是几乎不变的。当负载增加时，经过负载的总电流增大，所以负载消耗的总功率增大，电源输出的总功率也增大。因此，电源输出的电流和功率会因为负载的变化而变化，即取决于负载的大小。那么电压、电流和功率到底多大合适？这就关系到额定值。对于负载，它的工作电压、工作电流可供参照的标准值即为额定值，其运行状态称为额定状态。

所谓额定值，是指生产制造商为了使其产品在给定的工作条件下长期、正常工作而规定的某些主要参数的允许值。例如，一只荧光灯，铭牌数据标有"220V/40W"，即额定电压为220V，额定功率为40W，根据功率的计算公式很容易求出额定电流。由额定值的概念可知，它在生产和生活中有着重要的意义。

使用电气设备时，如果实际通过电气设备的电流值比其额定电流值大很多，其绝缘材料将极容易被损坏，同样，如果加在电气设备两端的电压值远超过额定电压值，那么其绝缘材料也容易被击穿；反之，如果电气设备的实际工作电压和电流远低于其正常工作的额定电压和电流值，那么设备将不能正常工作。额定值反映电气设备的使用安全性和电气设备的使用能力。例如，灯泡的额定电压 $U_N = 220\text{V}$，额定功率 $P_N = 60\text{W}$，如果其实际工作状态的电流 $I = I_N$，实际功率 $P = P_N$，则此时灯泡在额定工作状态；如果其实际工作状态的电流 $I > I_N$，实

际功率 $P>P_N$），则此时灯泡工作在过载状态，容易烧坏；如果其实际工作状态的电流 $I<I_N$，实际功率 $P<P_N$，则此时灯泡工作在欠载状态，不经济。

实际上，电气设备实际工作电压和电流不一定等于其额定值，因为电源自身的波动、负载的变化或者环境变化等因素会使其实际工作参数值偏离其额定值。例如，电源的额定电压为 220V，但电源实际工作电压可能稍高于或者低于 220V，所以一个额定值为 220V/60W 的白炽灯的实际功率就不是 60W 了。但是电气设备的实际工作电压值不能超过或者低于额定值太多，偏离应当保持在合理、安全、经济的范围内，否则会影响安全性和可靠性。

例 1-5-2 一个"220V/60W"的灯泡，正常发光 25h，消耗多少电能？如果是 36V/40W 的灯泡，要消耗等量的电能需要正常发光多少小时？

解：
$$W = Pt = 60W \times 25h = 1500W \cdot h = 1.5kW \cdot h$$

$$t = \frac{W}{P} = \frac{1500}{40}h = 37.5h$$

1.6 基尔霍夫定律

任何一个电路都是由若干元件连接而成的，具有一定的几何结构形 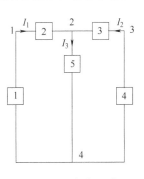式，电路中的电压、电流应受到连接方式的约束，将这类约束称为拓扑 **基尔霍夫电流定律**约束，基尔霍夫定律概括了这类约束关系。在讨论定律之前，先介绍相关的几个电路术语。

1）支路。为简便计算，常把流过同一电流的各个元件的串联组合称为一条支路，根据这一定义，图 1-6-1 所示的复杂电路中只有 3 条支路。

2）节点。节点是电路中一条支路的端点，或者 2 条或 2 条以上支路的会合点。为简便起见，通常把 3 条或 3 条以上支路的连接点称为节点，根据这一定义，图 1-6-1 所示的复杂电路中有 2、4 两个节点。

3）回路。电路中任意闭合路径称为回路。图 1-6-1 中共有 3 条回路，分别由元件 1、2、5，元件 3、4、5 和元件 1、2、3、4 构成。

4）网孔。没有被其他支路穿过的回路称为网孔。图 1-6-1 中共有 2 个网孔，分别由元件 1、2、5 和元件 3、4、5 构成。

图 1-6-1 复杂电路

1.6.1 基尔霍夫电流定律

电路中一个重要原理是基尔霍夫电流定律。基尔霍夫电流定律用于描述连接节点各支路电流之间的关系，节点是指电路中 3 条或 3 条以上支路的连接点，基尔霍夫电流定律的描述如图 1-6-2 所示。对于任一节点，在任意时刻，流入和流出该节点的电流的代数和为零。为了计算流入和流出一个节点的电流之和，将流入该节点的所有支路电流之和减去流出该节点的所有支路电流之和。因此，对于图 1-6-2 中的节点，有

$$I_1 + I_2 - I_3 = 0 \text{（节点 a）}$$

$$I_3 - I_4 = 0 \text{（节点 b）}$$

$$I_5 + I_6 + I_7 = 0 \text{（节点 c）}$$

注意到对于节点 b，由基尔霍夫电流定律得到 $I_3 = I_4$。一般情况下，如果只有两条支路连接在一个节点上，那么流过该两条支路的电流必然相等，电流通过一条支路流入节点，然

后通过另一条支路流出。对于节点 c，要么所有支路的电流都是零；要么有的支路电流是正值，而有的支路电流则是负值。把基尔霍夫电流定律简写为 KCL。

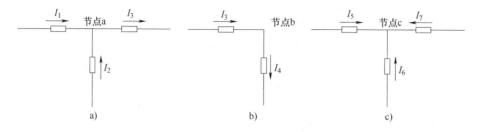

图 1-6-2　基尔霍夫电流定律的描述

KCL 有两种描述方式。一种是对于任一节点，任意时刻，流入或流出该节点的所有电流的代数和为零。为了计算流出一个节点的净电流，将流出该节点的支路电流求和，减去流入该节点的支路电流之和，即

$$\sum I = 0 \tag{1-6-1}$$

那么图 1-6-2 节点中的电流关系可写为

$$-I_1 - I_2 + I_3 = 0 (节点\ a)$$
$$-I_3 + I_4 = 0 (节点\ b)$$
$$-I_5 - I_6 - I_7 = 0 (节点\ c)$$

当然，这三个等式跟之前的三个等式是等效的。

KCL 还可以这样描述：对于任一节点，任意时刻，流入该节点的电流代数和等于流出该节点的电流代数和，即

$$\sum I_i = \sum I_o \tag{1-6-2}$$

根据这种表述，得到下面的方程组：

$$I_1 + I_2 = I_3 (节点\ a)$$
$$I_3 = I_4 (节点\ b)$$
$$I_5 + I_6 = -I_7 (节点\ c)$$

同样，这一组方程式与之前的两组也是等效的。

基尔霍夫电流定律的物理基础如下：

假设图 1-6-2a 中 $I_1 = 3A$，$I_2 = 2A$，$I_3 = 4A$，则流入该节点的总电流将为 $I_1 + I_2 - I_3 = 1A$。每秒有 1C 的电荷会聚集在该节点上，1s 之后，该节点会有 1C 的电荷，但是电路中的其他地方将会有 -1C 的电荷。

假设单位点电荷彼此之间有 1m 的距离，由库仑定律可以计算出两个异号单位点电荷之间能产生约 $8.99 \times 10^9 N$ 的引力。因此，如果将这种幅度大小的电荷分开一定的距离，电荷之间会产生非常大的吸引力，正是这种吸引力阻碍电荷聚集在电路的节点处。电路中由导体直接连接的点可以被认为是单个节点。例如，在图 1-6-3 中，元件 A、B、C 和 D 连接到同一个节点，应用 KCL，可

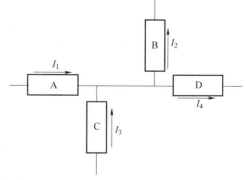

图 1-6-3　连接到同一个节点的四个元件

以得到 $I_1+I_3=I_2+I_4$。

我们经常使用 KCL 来分析电路。图 1-6-4 中的元件 A、B、C 逐个顺次首尾相连的连接方式称为串联连接。如果元件 A 和 B 串联,则没有其他的支路连接到元件 A 与元件 B 之间。因此,串联电路中流过所有元件的电流相等。例如,由图 1-6-4 的电路列写基尔霍夫电流方程:对于节点 1,有 $I_1=I_2$;对于节点 2,有 $I_2=I_3$。可以得到 $I_1=I_2=I_3$,因此,串联回路中,经过每个元件的电流都相等。

例 1-6-1 在图 1-6-5 中,1 点是电路中的一个节点,已知 $I_1=5\text{A}$,$I_2=1\text{A}$,$I_3=-3\text{A}$,其参考方向如图 1-6-5 所示,求通过元件 A 的电流。

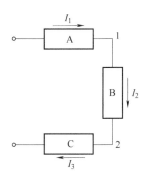

图 1-6-4 串联连接的元件

解: 设通过元件 A 的电流为 I_4,参考方向如图 1-6-5 所示。由 KCL 得

$$-I_1+I_2-I_3-I_4=0$$

故有

$$I_4=-I_1+I_2-I_3=-5\text{A}+1\text{A}-(-3)\text{A}=-1\text{A}$$

KCL 还可以推广应用于电路中任意假想的闭合面,即流出(或流入)闭合面的电流代数和等于零。在如图 1-6-6 所示的基尔霍夫电流定律的推广应用举例以虚线标记的假想闭合面中,有 $-I_1+I_2-I_3=0$。

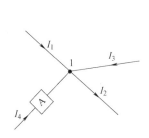

图 1-6-5 例 1-6-1 图

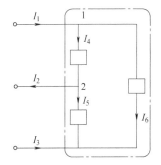

图 1-6-6 基尔霍夫电流定律的推广应用举例

1.6.2 基尔霍夫电压定律

基尔霍夫电压定律(简写为 KVL)描述了集总电路中一个回路中各部分电压间的约束关系,它的物理本质是能量守恒,即对于集总电路中的任一回路,在任一时刻,沿该回路的所有支路(元件)电压的代数和等于零。其数学表达式为

$$\sum U=0 \qquad (1\text{-}6\text{-}3)$$

在沿回路求电压代数和时,需要事先给回路确定一个绕行方向,即顺时针或者逆时针。一般规定:当支路(元件)电压的参考方向与回路的绕行方向一致时,在 KVL 方程中该电压的前面取"+";反之,电压前面取"−"。

对于图 1-6-7 所示的电路,得到下面的方

基尔霍夫电压定律

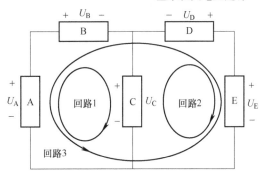

图 1-6-7 基尔霍夫电压定律的描述

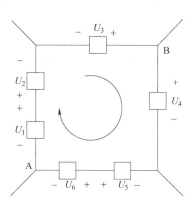

程式：

$$-U_A+U_B+U_C=0(\text{回路 1})$$
$$-U_C-U_D+U_E=0(\text{回路 2})$$
$$U_A-U_B+U_D-U_E=0(\text{回路 3})$$

注意：在回路 1 中 U_A 取"−"，但是在回路 3 中 U_A 取"+"，这是因为回路 1 和回路 3 的绕行方向相反。同样，U_B 在回路 1 中取"+"，而在回路 3 中取"−"。

例 1-6-2 已知图 1-6-8 电路中各元件的电压 $U_1=3V$，$U_2=-2V$，$U_3=5V$，$U_4=9V$，$U_5=-5V$，试求 U_6。

解： 可以根据 KVL 求 U_6。电路的 KVL 方程为

$$-U_1+U_2-U_3+U_4-U_5+U_6=0$$

将已知数据代入，得

$$-3V+(-2V)-5V+9V-(-5V)+U_6=0$$

则有

$$U_6=(3+2+5-9-5)V=-4V$$

图 1-6-8　例 1-6-2 图

1.7　电路中电位的概念及计算

1.7.1　电位的概念

在电路分析中，有时用电位来计算比电压更为方便。例如，二极管导通的条件是阳极接高电位。所谓电位，是指电路中某一点到零电位参考点的电压差，电位的参考点用符号"⊥"表示。

电位的概念及计算

1.7.2　电位的计算

计算电路中某点的电位，首先要选定一个参考点，并令参考点的电位为零，其他各点对参考点的电压即是该点电位，记为"V_x"，注意电位是单下标。参考点的选择是任意的，因此，电位也具有任意性。但参考点一旦选定，其他各点的电位值便确定了。电路中某点的电位值具有相对性，当参考点变化时，电路中其他各点的电位值也随之发生改变。如图 1-7-1 所示，图 1-7-1a 中，选择 b 点为参考点时，a 点电位 $V_a=7V$；图 1-7-1b 中，选择 a 点为参考点时，b 点的电位 $V_b=-7V$。而任意两点之间电压是不变的，在图 1-7-1 中，无论选择 a 点还是 b 点作为参考点，a、b 两点之间的电压 $U_{ab}=7V$，不会因为参考点的不同而改变。

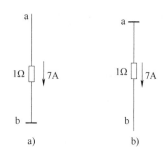

图 1-7-1　同一点对不同参考点的电位值

在一个电路系统中只能选择一个参考点，参考点的电位等于零。在电路中，常选定一个特定的公共点作为参考点，这个点一般是很多元件连接的节点处，而且通常是电源的一个极，参考点可用接地符号"⊥"表示。

电路中任意两点之间的电压可以用它们之间的电位差表示，如图 1-7-2 所示，以 a 点为

参考点时，有

$$V_b = -8V$$

$$V_c = 12V$$

$$V_d = -4V$$

以 b 点为参考点时，有

$$V_a = U_{ab} = 8V$$

$$V_c = U_{cb} = 20V$$

$$V_d = U_{db} = 4V$$

而两点间的电压值无论是选择 a 为参考点还是选择 b 为参考点，都保持不变，有

$$V_b - V_a = U_{ba} \qquad U_{ba} = -1A \times 8\Omega = -8V$$

$$V_c - V_a = U_{ca} \qquad U_{ca} = 2A \times 6\Omega = 12V$$

$$V_d - V_a = U_{da} \qquad U_{da} = -1A \times 4\Omega = -4V$$

$$V_c - V_b = U_{cb} \qquad U_{cb} = 20V$$

$$V_d - V_b = U_{bd} \qquad U_{db} = 4V$$

可见，电路中任意两点之间的电压值是一定的，而任意一点的电位值则与参考点的选取有关。

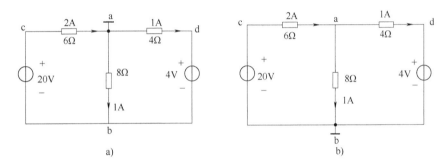

图 1-7-2　不同参考点的电位值

例 1-7-1　电路如图 1-7-3a 所示。(1)指出零电位点可能在哪里？并画图表示；(2)当电位器 R_p 触点向下滑动时，a、b 两点的电位有什么变化？

解：(1)"0"电位参考点为 +15V 电源的"-"端与 -15V 电源的"+"之间，如图 1-7-3b 所示。

(2) $V_a = -IR_1 + 15$；$V_b = IR_2 - 15$。

当电位器 R_p 触点向下滑动时，电路中的电流 I 减小，所以 a 点电位值增大，b 点电位值减小。

例 1-7-2　计算图 1-7-4a 中 a 点的电位。

解：

$$I = \frac{V_b - V_c}{R_1 + R_2} = \frac{5V - (-10V)}{9\Omega + 6\Omega} = 1A$$

$$U_{ac} = IR_1 = 1A \times 9\Omega = 9V$$

$$V_a = V_c + U_{ac} = -10V + 9V = -1V$$

图 1-7-4a 也可以等效成图 1-7-4b 的形式求解。

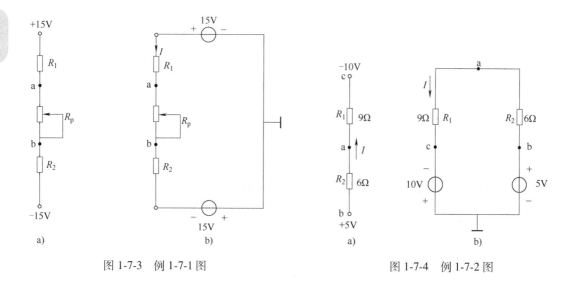

图 1-7-3   例 1-7-1 图   图 1-7-4   例 1-7-2 图

本章小结

本章主要介绍了电路的基本概念与分析电路时常用的基本电路定律。在阐述电路的组成部分和主要作用时，将实际的电路模型化和抽象化得到可便于分析的线性形式的电路模型。针对电路模型，为了更好地求解电路中的某些物理量，引入电压和电流的参考方向，并在不同的工作条件下分析电路的三种工作状态。在介绍电路概念的基础上，通过定义和例题的结合来阐述欧姆定律、基尔霍夫定律及其电位的概念的应用计算。

拓展知识

电工新技术展望

21 世纪，人类期望着进入一个持续协调发展的新时代，我国将以无愧于我们这个伟大民族的新姿态屹立于世界之林。整个进程中，科技的进步与发展有着特别重要的意义。从能源看，我国在本世纪上半叶还不大可能扭转以煤为主的能源结构，从而在提高煤的利用效率，特别是燃煤发电效率方面还要做出很大的努力。与此同时，还要大力促进核能和可再生能源应用的发展，使之更快地在技术和经济上成熟起来，才能较快地改变以化石能源为主的能源结构，走上能源、环境与生态持续、协调、稳定发展的道路。在交通运输方面，实现高速度将是主要发展方向，而各种交通运输高速化都必须以电力推进系统的发展作为基础。在能源、交通和其他工业的发展中，电工新技术的发展将起着重要的作用，20 世纪下半叶的一些进展已为此奠定了良好的基础，随着新原理、新技术与新材料的发展，已经出现一些新兴的领域，比如受控核聚变、磁流体发电、超大功率半导体器件太阳能与风力发电、磁浮列车、磁流体船舶推进与超导电工等。

习   题

1-1   判断下列说法是否正确。

1. 电路中电流总是从高电位处流向低电位处。   (   )

2. 电路中某一点的电位具有相对性，只有参考点确定后，该点的电位值才能确定。   (   )

3. 如果电路中某两点的电位都很高，则该两点间的电压也很大。　　　　　　　　　　　（　　）

4. 电流的参考方向可能是电流的实际方向，也可能与实际方向相反。　　　　　　　　（　　）

5. 电阻串联后，总电阻值变大。　　　　　　　　　　　　　　　　　　　　　　　　（　　）

6. 照明灯泡上标有"PZ220-40"的字样，表明这只灯泡用在220V电压下，其电功率为40W。（　　）

7. 实际电路中的电气设备、器件和导线都有一定的额定值，使用时要注意不要超过额定值。（　　）

1-2　选择题

1. 下列设备中，（　　）一定是电源。

A. 发电机　　　　　B. 电视机　　　　　C. 电炉　　　　　D. 电动机

2. 电路中任意两点间的电位差称为（　　）。

A. 电动势　　　　　B. 电压　　　　　C. 电位　　　　　D. 电势

3. 由欧姆定律 $I = U/R$ 可知，流过电阻的电流与其两端所加的电压（　　）。

A. 成正比　　　　　B. 成反比　　　　　C. 无关　　　　　D. 保持不变

4. 千瓦·时（kW·h）是（　　）的单位。

A. 电压　　　　　B. 电流　　　　　C. 电功率　　　　　D. 电能

5. 加在电阻两端的电压变高，流过电阻的电流会（　　）。

A. 变大　　　　　B. 变小　　　　　C. 不变　　　　　D. 不确定

6. 毫安（mA）是（　　）的单位。

A. 电流　　　　　B. 电压　　　　　C. 电阻　　　　　D. 电功

7. 某支路如习题1-2-7图所示，其电压 U_{ab} 与电流 I 的关系式应为（　　）。

A. $I = \dfrac{U_{ab} - U_S}{R}$　　　　　　　　B. $I = \dfrac{U_{ab} + U_S}{R}$

C. $I = -\dfrac{U_{ab} - U_S}{R}$　　　　　　　　D. $I = -\dfrac{U_{ab} + U_S}{R}$

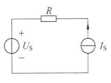

习题1-2-7图

8. 一段含源支路及其 u–i 特性如习题1-2-8图所示，图中三条直线对应于电阻 R 的三个不同数值 R_1、R_2、R_3，则可看出（　　）。

A. $R_1 = 0$，且 $R_1 > R_2 > R_3$　　　　　　B. $R_1 \neq 0$，且 $R_1 > R_2 > R_3$

C. $R_1 = 0$，且 $R_1 < R_2 < R_3$　　　　　　D. $R_1 \neq 0$，且 $R_1 < R_2 < R_3$

9. 电路如习题1-2-9图所示，若 $U_S > 0$，$I_S > 0$，$R > 0$，则（　　）。

A. 电阻吸收功率，电压源与电流源供出功率

B. 电阻与电压源吸收功率，电流源供出功率

C. 电阻与电流源吸收功率，电压源供出功率

D. 电压源吸收功率，电流源供出功率

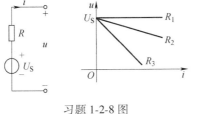

习题1-2-8图　　　　　　　　　　　习题1-2-9图

10. 电路如习题1-2-10图所示，该电路的功率守恒表现为（　　）。

A. 电阻吸收1W功率，电流源供出1W功率

B. 电阻吸收1W功率，电压源供出1W功率

C. 电阻与电压源共吸收1W功率，电流源供出1W功率

D. 电阻与电流源共吸收1W功率，电压源供出1W功率

11. 习题1-2-11图所示电路中电流I为( )。

A. 24A   B. −24A   C. $\frac{8}{3}$A   D. $-\frac{8}{3}$A

12. 电路如习题1-2-12图所示,若电流源的电流I_S>1A,则电路的功率情况为( )。

A. 电阻吸收功率,电流源与电压源供出功率

B. 电阻与电流源吸收功率,电压源供出功率

C. 电阻与电压源吸收功率,电流源供出功率

D. 电阻无作用,电压源吸收功率,电流源供出功率

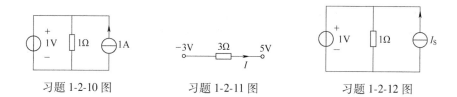

习题1-2-10图   习题1-2-11图   习题1-2-12图

13. 习题1-2-13图所示电路中,若电压源$U_S=10$V,电流源$I_S=1$A,则( )。

A. 电压源与电流源都产生功率

B. 电压源与电流源都吸收功率

C. 电压源产生功率,电流源不一定

D. 电流源产生功率,电压源不一定

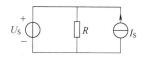

习题1-2-13图

14. 电路如习题1-2-14图所示,若R、U_S、I_S均大于零,则电路的功率情况为( )

A. 电阻吸收功率,电压源与电流源供出功率

B. 电阻与电压源吸收功率,电流源供出功率

C. 电阻与电流源吸收功率,电压源供出功率

D. 电阻吸收功率,电流源供出功率,电压源无法确定

习题1-2-14图

15. 在4s内供给6Ω电阻的能量为2400J,则该电阻两端的电压为( )。

A. 10V   B. 60V   C. 83.3V   D. 100V

16. 将一个100Ω、1W的电阻接于直流电路,则该电阻所允许的最大电流与最大电压分别为( )。

A. 10mA, 10V   B. 100mA, 10V   C. 10mA, 100V   D. 100mA, 100V

17. 电路如习题1-2-17图所示,U_S为独立电压源,若外电路不变,仅电阻R变化,将会引起( )。

A. 端电压U的变化   B. 输出电流I的变化

C. 电阻R支路电流的变化   D. 上述三者同时变化

18. 电路如习题1-2-18图所示,I_S为独立电流源,若外电路不变,仅电阻R变化,将会引起( )。

A. 端电压U的变化   B. 输出电流I的变化

C. 电流源I_S两端电压的变化   D. 上述三者同时变化

19. 电路如习题1-2-19图所示,其中I为( )。

A. 5A   B. 7A   C. 3A   D. −2A

  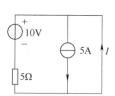

习题1-2-17图   习题1-2-18图   习题1-2-19图

20. 电路如习题 1-2-20 图所示，支路电流 I_{ab} 与支路电压 U_{ab} 分别应为(　　)。

A. 0.5A 与 1V   B. 1A 与 2V   C. 0A 与 0V   D. 1.5A 与 3V

21. 电路如习题 1-2-21 图所示，其中 3A 电流源两端的电压 U 为(　　)。

A. 0V   B. 6V   C. 3V   D. 7V

22. 如习题 1-2-22 图所示，直流电路中电流 I 等于(　　)。

A. $\dfrac{U_S - U_1}{R_2}$ B. $-\dfrac{U_1}{R_1}$ C. $\dfrac{U_S}{R_2} - \dfrac{U_1}{R_1}$ D. $\dfrac{U_S - U_1}{R_2} - \dfrac{U_1}{R_1}$

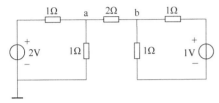
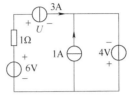
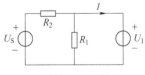

习题 1-2-20 图　　　　习题 1-2-21 图　　　　习题 1-2-22 图

23. 习题 1-2-23 图中，电流 I 为(　　)。

A. 0A   B. 3A   C. 1A   D. 2A

24. 电路如习题 1-2-24 图所示，已知 $U_2 = 2V$，$I_1 = 1A$，则 I_S 为(　　)。

A. 5A   B. $\dfrac{2}{R+R_1+1}$ C. $\dfrac{2}{R+1} + I_1$ D. 6A

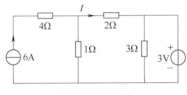
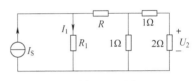

习题 1-2-23 图　　　　　　　習题 1-2-24 图

25. 电路如习题 1-2-25 图所示，已知 $U_2 = 2V$，$I_1 = 1A$，则电源电压 U_S 为(　　)。

A. 7V   B. 5V   C. $(R+1)I_1$ D. -9V

1-3 流过某元件的电流波形如习题 1-3 图所示，则在 $t=0s$ 至 $t=45s$ 期间，通过的电荷为多少？

1-4 电路如习题 1-4 图所示，按所标参考方向，此处 U 与 I 的数值分别应为多少？

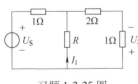
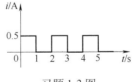
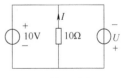

习题 1-2-25 图　　　　習题 1-3 图　　　　習题 1-4 图

1-5 如习题 1-5 图所示，若已知元件 A 吸收功率 10W，则电压 U 为多少？

1-6 如习题 1-6 图所示，已知元件 A 的电压、电流为 $U=-4V$、$I=3A$，元件 B 的电压、电流为 $U=2V$、$I=-4mA$，则元件 A、B 功率分别为多少？分别为电源还是负载？

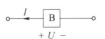

习题 1-5 图　　　　　　習题 1-6 图

1-7 求习题 1-7 图所示电路中的端电压 U。

1-8 电路如习题 1-8 图所示，各点对地的电压为 $U_a = 5V$，$U_b = 3V$，$U_c = -5V$，则元件 A、B、C 吸收的功率分别为多少？

1-9 习题 1-9 图所示电路为某复杂电路的一部分，已知 $I_1 = 6A$，$I_2 = -2A$，求电流 I。

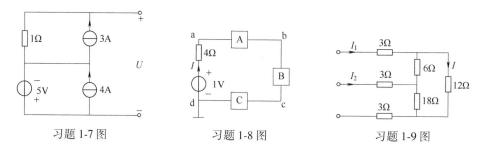

习题 1-7 图　　　　习题 1-8 图　　　　习题 1-9 图

1-10 电路如习题 1-10 图所示，求 U_1、U_2、U_3。

1-11 电路如习题 1-11 图所示，分别求 U_{ad}、U_{cd}、U_{ac}。

1-12 求习题 1-12 图所示电路中电流源供出的功率 P。

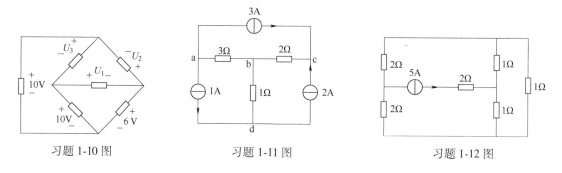

习题 1-10 图　　　　习题 1-11 图　　　　习题 1-12 图

1-13 电路如习题 1-13 图所示，要使 $U_{ab} = 5V$，电压源电压 U_S 应是多少？

1-14 电路如习题 1-14 图所示，求电流 I_1、I_2、I_3、I_4。

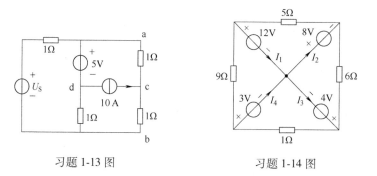

习题 1-13 图　　　　习题 1-14 图

第 2 章

电路分析方法及电路定理

导读

　　电路的一般分析指方程分析法，以电路元件的约束特性和电路的拓扑约束特性为依据，建立以支路电流或节点电压为变量的电路方程组，解出所求的电压、电流和功率。电路定理是电路理论的重要组成部分，本章介绍的叠加定理、戴维南定理和诺顿定理适用于所有线性电路问题的分析，在进一步学习后续课程中起着重要的作用，为求解电路提供了另一类分析方法。

本章学习要求

1）熟练掌握支路电流法和节点电压法。
2）建立等效变换概念，掌握电阻、独立电源的等效变换方法。
3）理解等效电源定理和叠加定理，并熟练运用。

2.1　电阻的串联与并联

2.1.1　电阻的串联

　　图 2-1-1a 所示电路为 n 个电阻 $R_1, R_2, \cdots, R_n$ 的串联组合，其等效电路如图 2-1-1b 所示。

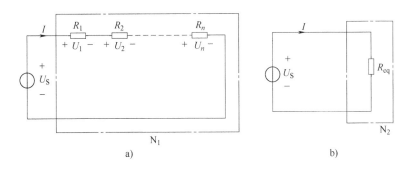

a)　　　　　　　　　　　　　　　　b)

图 2-1-1　n 个电阻的串联及其等效电路

　　电阻串联时具有如下特点：

① 每个电阻中的电流为同一电流。

② 等效电阻等于各个串联电阻之和，即

$$R_{eq} = R_1 + R_2 + \cdots + R_n \tag{2-1-1}$$

③ 电阻串联可以起到分压限流的作用，应用 KVL，有

$$U_S = U_1 + U_2 + \cdots + U_n$$

电阻串联时，各电阻上的电压为

$$U_k = \frac{R_k}{R_{eq}} U_S, \quad k = 1, 2, \cdots, n \tag{2-1-2}$$

在式（2-1-2）中，当 $n = 2$ 时，即 2 个电阻串联，分压公式可写成

$$\begin{cases} U_1 = \dfrac{R_1}{R_1 + R_2} U_S \\ U_2 = \dfrac{R_2}{R_1 + R_2} U_S \end{cases} \tag{2-1-3}$$

④ 电路消耗的总功率为

$$P = U_S I = (U_1 + U_2 + \cdots + U_n) I = P_1 + P_2 + \cdots + P_n = \sum_{k=1}^{n} P_k$$

即电阻串联电路消耗的总功率等于各电阻消耗的功率之和，且电阻值越大，消耗的功率越大。

2.1.2 电阻的并联

图 2-1-2a 所示电路为 n 个电阻 $R_1, R_2, \cdots, R_n$ 的并联组合，其等效电路如图 2-1-2b 所示。

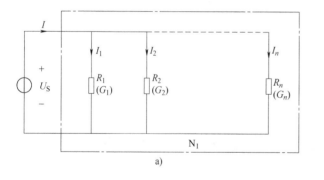
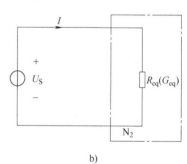

图 2-1-2 n 个电阻的并联及其等效电路

电阻并联时具有如下特点：

① 各个电阻元件上的电压为同一电压。

② 等效电阻的倒数等于各个并联电阻的倒数之和，即

$$\frac{1}{R_{eq}} = \frac{1}{R_1} + \frac{1}{R_2} + \cdots + \frac{1}{R_n} = \sum_{k=1}^{n} \frac{1}{R_k} \tag{2-1-4}$$

或者

$$G_{eq} = G_1 + G_2 + \cdots + G_n$$

③ 电阻的并联可以起到分流的作用，电阻并联时，各电阻中的电流为

$$I_k = \frac{G_k}{G_{eq}}I, \quad k=1,2,\cdots,n \tag{2-1-5}$$

由式(2-1-5)可知，每个并联电阻中的电流与它们各自的电导值成正比。

当 $n=2$ 时，即 2 个电阻并联，等效电阻可写成

$$R_{eq} = \frac{R_1 R_2}{R_1 + R_2}$$

此时，分流公式为

$$\begin{cases} I_1 = \dfrac{R_2}{R_1 + R_2}I \\[2mm] I_2 = \dfrac{R_1}{R_1 + R_2}I \end{cases} \tag{2-1-6}$$

2.2　电源的两种模型及其等效变换

电源的两种模型
及其等效变换

2.2.1　电压源的串联和电流源的并联

几个电压源串联可以用一个电压源等效替代，如图 2-2-1 所示。该等效电压源的电压为各串联电压源电压之和，即

$$U_S = U_{S1} + U_{S2} + \cdots + U_{Sn} = \sum_{k=1}^{n} U_{Sk} \tag{2-2-1}$$

等效电压源 U_S 中的电流仍为任意值。

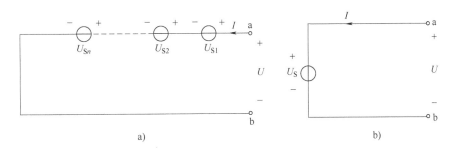

图 2-2-1　电压源串联

一般情况下，只有电压大小和方向完全相同的电压源才允许并联，否则违背 KVL。并联后的等效电路为其中任一电压源，但该并联组合向外部提供的电流在各个电压源之间如何分配无法确定。

几个电流源并联可以用一个电流源等效替代，如图 2-2-2 所示。该等效电流源的电流为各并联电流源电流之和，即

$$I_S = I_{S1} + I_{S2} + \cdots + I_{Sn} = \sum_{k=1}^{n} I_{Sk} \tag{2-2-2}$$

等效电流源 I_S 的端电压仍为任意值。

一般情况下，只有电流大小和方向完全相同的电流源才允许串联，否则违背 KCL。串联后的等效电路为其中任一电流源，但该串联组合的总电压在各个电流源之间如何分配无法

确定。

任意电路元件与电压源并联，由于并联电路两端的电压相等，因此对外电路的作用而言该电路可用一个电压源等效，如图 2-2-3 所示。

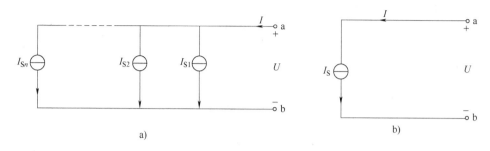

图 2-2-2　电流源并联

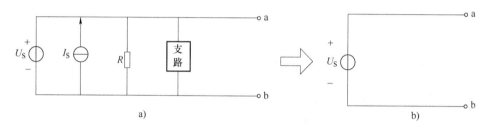

图 2-2-3　任意电路元件与电压源并联

任意电路元件与电流源串联，由于串联电路中流过的电流相等，因此对外电路的作用而言该电路可用一个电流源来等效，如图 2-2-4 所示。

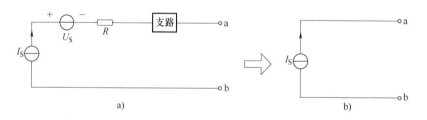

图 2-2-4　任意电路元件与电流源串联

2.2.2　实际电源两种模型之间的等效变换

实际电源中，在其内阻不能忽略时，其端电压将随输出电流的增大而减小，且不呈线性关系。在正常工作范围内(其电流不能超过一定的限值，否则会损害电源)，电压和电流的关系如图 2-2-5b 中实线所示，近似为一条直线。如果把这一段直线加以延长，如图 2-2-5b 中虚线所示，它将与 U 轴和 I 轴相交。

图 2-2-6a 所示为电压源 U_S 与电阻 R 的串联组合，按图示标注的电压、电流方向，其外特性方程为

$$U = U_S - IR \tag{2-2-3}$$

图 2-2-6b 所示为电压源 U_S 与电阻 R 的串联组合端电压 U 和电流 I 的特性曲线。此曲线

与实际电源的特性曲线基本相同，因此，可以用电压源与电阻的串联组合作为实际电源的一种电路模型。

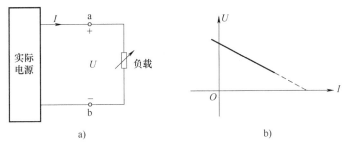

图 2-2-5 实际电源及其伏安特性

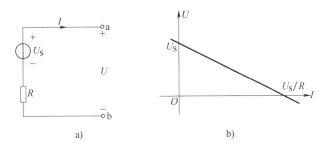

图 2-2-6 电压源与电阻串联

图 2-2-7a 所示为电流源 I_S 与电阻 R 的并联组合，按图示标注的电压、电流方向，其外特性方程为

$$I = I_S - \frac{U}{R} \text{或 } I = I_S - GU \qquad (2\text{-}2\text{-}4)$$

图 2-2-7b 所示为电流源 I_S 与电阻 R 的并联组合端电压 U 和电流 I 的特性曲线。与实际电源的外特性曲线对比可知，电流源与电阻的并联组合可以作为实际电源的另一种电路模型。

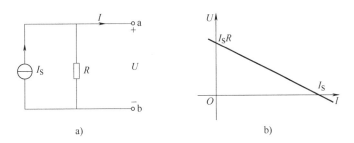

图 2-2-7 电流源与电阻并联

这样，实际电源就有两种不同结构的电路模型。用两种模型来表示同一个实际电源，这两种模型应互为等效电路，即外特性方程应相等。比较式(2-2-3)和式(2-2-4)，得

$$\begin{cases} I_S = \dfrac{U_S}{R} \\ G = \dfrac{1}{R} \end{cases} \qquad (2\text{-}2\text{-}5)$$

$$\begin{cases} U_{S} = \dfrac{I_{S}}{G} = I_{S}R \\ R = \dfrac{1}{G} \end{cases} \tag{2-2-6}$$

式(2-2-5)和式(2-2-6)为两种电路等效变换的条件。满足该条件时，电压源与电阻的串联组合和电流源与电阻的并联组合可以相互等效变换。如已知一个电压源 U_S 与一个电阻 R 串联的组合支路，可以用一个电流为 $\dfrac{U_S}{R}$ 的电流源与一个电阻 R 并联组合的支路替代，反之也成立。

以上两种电源模型的等效变换，是指实际电源 a、b 端子以外的电路在变换前后电流、电压及功率不变，而对 a、b 端子以内的电路不等效。例如，a、b 端子开路时，两电路对外均不发出功率；但对内电路来说，电压源与电阻的串联组合电路中电压源发出的功率为零，电流源与电阻的并联组合电路中电流源发出的功率却为 $I_S^2 R$。显然，两种电源模型的内电路不等效。

在电源的两种模型中，无论是电压源与电阻的串联组合形式，还是电流源与电阻的并联组合形式，均含有电阻，称这种电源为有伴电源，或分别称为有伴电压源和有伴电流源。

受控源和独立源虽有本质不同，但是在电路进行简化时可以把受控源按独立源进行处理，前面介绍的独立源处理方法对受控源也适用。受控电压源与电阻串联的组合支路和受控电流源与电阻并联的组合支路可以相互等效变换，一个电压控制电压源与电阻串联的组合支路可以等效变换为一个电压控制电流源与电阻并联的组合支路，方法与独立电源变换方法相似，读者可以自行得到有伴受控源的两种模型。

例 2-2-1　应用等效变换的方法，求解图 2-2-8a 所示电路中的电流 I。

解：应用电路等效变换的知识，可将图 2-2-8a 依次化为图 2-2-8b→图 2-2-8c→图 2-2-8d。在电路图 2-2-8d 中，由 KVL 可得

$$I = \frac{(9-4)\,\mathrm{V}}{(1+2+7)\,\Omega} = 0.5\mathrm{A}$$

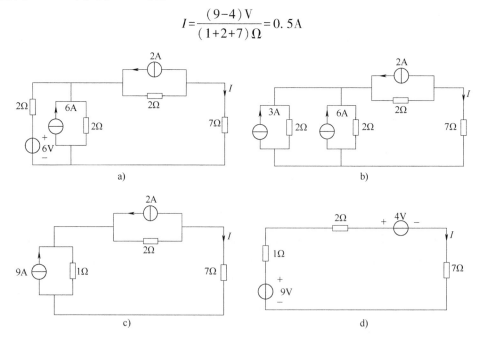

图 2-2-8　例 2-2-1 图

2.3　支路电流法

支路电流法

以支路电流为独立变量，应用基尔霍夫电流定律和电压定律分别对节点和回路列写电路方程，进而解出各支路电流，这种方法称为支路电流法。

基本方法是：对于一个具有 b 条支路和 n 个节点的电路，应用基尔霍夫电流定律可以列出 $(n-1)$ 个独立的节点电流方程，应用基尔霍夫电压定律可以列出 $(b-n+1)$ 个独立的回路电压方程，联立解出 b 个支路电流。

以图 2-3-1 为例，先在电路图上标出各支路电流的参考方向。该电路有 3 条支路，故有 3 个未知电流，需要列出 3 个独立方程。

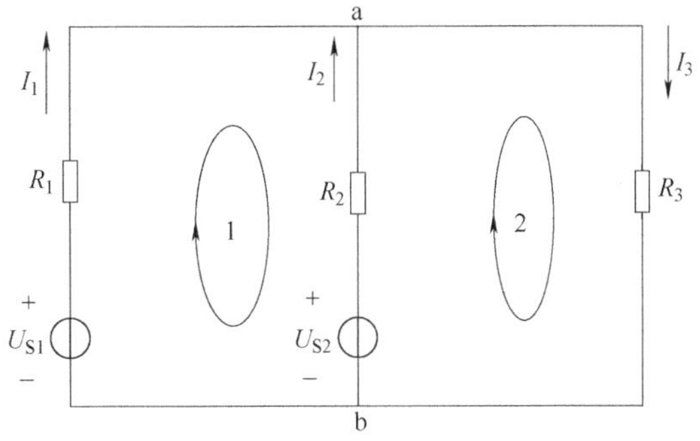

该电路有 2 个节点，根据基尔霍夫电流定律，可以列出 1 个独立的节点电流方程，即

$$-I_1-I_2+I_3=0(节点 a)$$

该电路有 2 个网孔，根据基尔霍夫电压定律，可以列出 2 个独立的回路电压方程，即

$$R_1I_1-R_2I_2=-U_{S2}+U_{S1}(回路 1)$$
$$R_2I_2+R_3I_3=U_{S2}(回路 2)$$

图 2-3-1　支路电流法

联立可解出 3 个支路电流。

列写支路电流法的电路方程的步骤如下：

① 标定各支路电流的参考方向。

② 对 $(n-1)$ 个独立节点列写 KCL 方程。

③ 选取 $(b-n+1)$ 个独立回路(通常可取网孔回路)，指定回路的绕行方向，列写 KVL 方程。

例 2-3-1　用支路电流法求图 2-3-2 所示电路各支路的未知电流，并求两个恒流源的功率，说明是吸收功率还是发出功率。

解：该电路有 6 条支路，但有 2 条支路中是已知恒流源，所以只有 4 个未知电流，需要列出 4 个独立方程。该电路有 4 个节点，可列出 3 个节点电流方程，再选择图中虚线构成的回路列出一个回路电压方程。将各未知支路电流的参考方向标于图上，列方程为

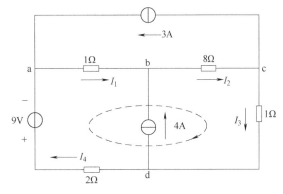

图 2-3-2　例 2-3-1 图

$$\begin{cases} I_4+3-I_1=0 \\ I_1+4-I_2=0 \\ I_2-I_3-3=0 \\ I_1+8I_2+I_3+2I_4+9=0 \end{cases}$$

解方程组，得

$$I_1 = -3\text{A}, \qquad I_2 = 1\text{A}, \qquad I_3 = -2\text{A}, \qquad I_4 = -6\text{A}$$

电流值负号表示实际方向与假设方向相反。

3A 恒流源的功率为

$$P_3 = -U_{\text{ac}} \times 3\text{A} = -(U_{\text{ab}} + U_{\text{bc}}) \times 3\text{A} = -(I_1 \times 1 + I_2 \times 8\Omega) \times 3\text{A} = -15\text{W}(\text{发出功率})$$

4A 恒流源的功率为

$$P_4 = -U_{\text{bd}} \times 4\text{A} = -(U_{\text{bc}} + U_{\text{cd}}) \times 4\text{A} = -(I_2 \times 8\Omega + I_3 \times 1\Omega) \times 4\text{A} = -24\text{W}(\text{发出功率})$$

例 2-3-2　在图 2-3-3 所示的桥式电路中，设 $U_{\text{S}} = 12\text{V}$，$R_1 = R_2 = 5\Omega$；$R_3 = 10\Omega$，$R_4 = 5\Omega$。中间支路是一检流计，其电阻 $R_{\text{G}} = 10\Omega$。试求检流计中的电流 I_{G}。

解：这个电路的支路数 $b = 6$，节点数 $n = 4$。因此，应用基尔霍夫定律列出以下方程：

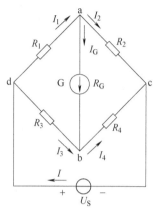

$$I_1 - I_2 - I_{\text{G}} = 0(\text{节点 a})$$
$$I_3 + I_{\text{G}} - I_4 = 0(\text{节点 b})$$
$$I_2 + I_4 - I = 0(\text{节点 c})$$
$$R_1 I_1 + R_{\text{G}} I_{\text{G}} - R_3 I_3 = 0(\text{回路 abda})$$
$$R_2 I_2 - R_4 I_4 - R_{\text{G}} I_{\text{G}} = 0(\text{回路 acba})$$
$$U_{\text{S}} = R_3 I_3 + R_4 I_4(\text{回路 dbcd})$$

解得

图 2-3-3　例 2-3-2 图

$$I_{\text{G}} = \frac{U_{\text{S}}(R_2 R_3 - R_1 R_4)}{R_{\text{G}}(R_1 + R_2)(R_3 + R_4) + R_1 R_2(R_3 + R_4) + R_3 R_4(R_1 + R_2)}$$

将已知数代入，得

$$I_{\text{G}} = 0.126\text{A}$$

当 $R_2 R_3 = R_1 R_4$ 时，$I_{\text{G}} = 0$，此时电桥平衡。

支路电流法的优点是可以直接求出各支路电流；缺点是必须求解 b 个方程，若支路数 b 较多，那么计算起来就很麻烦。

2.4　节点电压法

图 2-4-1 所示的电路有一特点：由多条支路并联，只有两个节点 a 和 b。若设 b 点为参考点，a 点的电位为 V_{a}，节点间的电压 U_{ab} 称为节点电压，其参考方向为由 a 指向 b，则各支路电流可以根据欧姆定律用 V_{a}（或 U_{ab}）表示，即

节点电压法

$$\begin{cases} I_1 = \dfrac{U_{\text{S1}} - V_{\text{a}}}{R_1} \\[2mm] I_2 = \dfrac{-U_{\text{S2}} - V_{\text{a}}}{R_2} \\[2mm] I_3 = \dfrac{V_{\text{a}}}{R_3} \end{cases} \qquad (2\text{-}4\text{-}1)$$

根据基尔霍夫电流定律，有

$$I_1 + I_2 - I_3 + I_{S1} - I_{S2} = 0$$

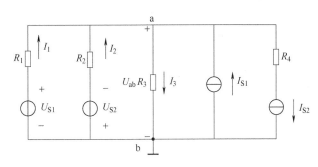

图 2-4-1 节点电压法

将 I_1、I_2、I_3 代入上式，得

$$\frac{U_{S1} - V_a}{R_1} + \frac{-U_{S2} - V_a}{R_2} - \frac{V_a}{R_3} + I_{S1} - I_{S2} = 0$$

解得

$$U_{ab} = V_a = \frac{\dfrac{U_{S1}}{R_1} - \dfrac{U_{S2}}{R_2} + I_{S1} - I_{S2}}{\dfrac{1}{R_1} + \dfrac{1}{R_2} + \dfrac{1}{R_3}} = \frac{\sum \dfrac{U_S}{R} + \sum I_S}{\sum \dfrac{1}{R}} \qquad (2\text{-}4\text{-}2)$$

在上式分子中，电压 U_S 符号的取法是 U_S 与 U_{ab} 参考方向一致时为正，反之为负；电流 I_S 符号的取法是电流源产生的电流流入节点 a 时为正，反之为负。分母是含有电压源支路(包括纯电阻支路)中电阻的倒数之和。

由式(2-4-2)求出节点电压 U_{ab} 后，代入式(2-4-1)即可计算各支路电流 $I_1 \sim I_3$。

这种以节点电压为待求量建立方程求解电路的方法称为节点电压法，式(2-4-2)也可以作为公式使用。节点电压法特别适用于求解支路多而节点少的电路。

例 2-4-1 用节点电压法计算图 2-4-2。

已知 $R_1 = 20\Omega$，$R_2 = 5\Omega$，$R_3 = 6\Omega$，$U_{S1} = 140V$，$U_{S2} = 90V$。

解： 图 2-4-2 所示的电路也只有两个节点 a 和 b。节点电压为

$$U_{ab} = \frac{\dfrac{U_{S1}}{R_1} + \dfrac{U_{S2}}{R_2}}{\dfrac{1}{R_1} + \dfrac{1}{R_2} + \dfrac{1}{R_3}} = \frac{\dfrac{140}{20} + \dfrac{90}{5}}{\dfrac{1}{20} + \dfrac{1}{5} + \dfrac{1}{6}} V = 60V$$

由此可计算出各支路电流如下：

$$I_1 = (U_{S1} - U_{ab})/R_1 = (140 - 60)/20A = 4A$$
$$I_2 = (U_{S2} - U_{ab})/R_2 = (90 - 60)/5A = 6A$$
$$I_3 = U_{ab}/R_3 = 60/6A = 10A$$

例 2-4-2 用节点电压法计算图 2-4-3。

解： 图 2-4-3 所示的电路也只有两个节点：A 和参考点 0。U_{A0} 即为节点电压或 A 点的电位 V_A。

$$U_{A0} = \frac{-\dfrac{4}{2} + \dfrac{6}{3} - \dfrac{8}{4}}{\dfrac{1}{2} + \dfrac{1}{3} + \dfrac{1}{4} + \dfrac{1}{4}} V = \frac{-2}{\dfrac{4}{3}} V = -1.5V$$

$$I_{A0} = -\frac{1.5}{4} A = -0.375A$$

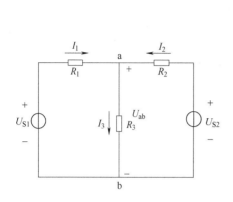

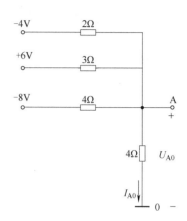

图 2-4-2 例 2-4-1 图   图 2-4-3 例 2-4-2 图

2.5 叠加定理

叠加定理是线性电路的一个重要定理，是线性电路可加性的反映。其内容可表述为：在线性电路中，某处的电压或电流都是电路中各个独立电源单独作用时在该处分别产生的电压或电流的代数和。

叠加定理

叠加定理的正确性可用例 2-5-1 来验证。

例 2-5-1 求解图 2-5-1 中各支路电流和电压 U。

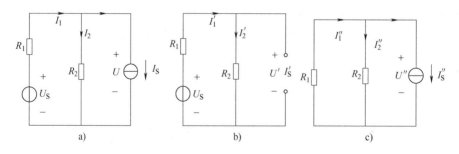

图 2-5-1 例 2-5-1 图

解： 在图 2-5-1a 所示电路中根据 KCL、KVL 列写方程，可求得各支路电流和电压为

$$I_1 = \frac{1}{R_1 + R_2} U_S + \frac{R_2}{R_1 + R_2} I_S = I_1' + I_1''$$

$$I_2 = \frac{1}{R_1 + R_2} U_S - \frac{R_1}{R_1 + R_2} I_S = I_2' + I_2''$$

$$U = \frac{R_2}{R_1+R_2}U_\text{S} - \frac{R_1 R_2}{R_1+R_2}I_\text{S} = U' + U''$$

由上述结果可以看出，在具有两个独立电源的电路中，支路电流和支路电压均由两部分组成，一部分与电压源有关，另一部分与电流源有关。可以证明，该结果等于每一个独立电源单独作用于电路时所产生响应的代数和。将图 2-5-1a 分为两个分电路，即图 2-5-1b 和图 2-5-1c。

当电压源单独作用时，电流源开路，电路如图 2-5-1b 所示。根据电路，可求得各支路电流和电压为

$$I_1' = \frac{1}{R_1+R_2}U_\text{S}, \qquad I_2' = \frac{1}{R_1+R_2}U_\text{S}, \qquad U' = \frac{R_2}{R_1+R_2}U_\text{S}$$

当电流源单独作用时，电压源短路，电路如图 2-5-1c 所示。根据电路，可求得各支路电流和电压为

$$I_1'' = \frac{R_2}{R_1+R_2}I_\text{S}, \qquad I_2'' = -\frac{R_1}{R_1+R_2}I_\text{S}, \qquad U'' = -\frac{R_1 R_2}{R_1+R_2}I_\text{S}$$

由上述分析可见

$$I_1 = I_1' + I_1'', \qquad I_2 = I_2' + I_2'', \qquad U = U' + U''$$

应用叠加定理时要注意以下几个问题：

① 叠加定理适用于线性电路，不适用于非线性电路。

② 某个独立电源单独作用时，应将其他独立电源置零，电压源置零，相当于电压源所在处用短路线替代；电流源置零，相当于电流源所在处用开路替代。

③ 叠加时注意各分量的参考方向，总电压(或电流)是各分量的代数和。

④ 功率的计算不能用叠加定理，因为功率是电压和电流的乘积，与激励不呈线性关系。

例 2-5-2 用叠加定理求图 2-5-2 所示电路中的 I，并求 R_1 所消耗的功率。

解：当 24V 电源单独作用时，得到如图 2-5-3a 所示电路，由此电路求得

$$I' = \frac{24}{20+12+4}\text{A} = \frac{2}{3}\text{A}$$

当 6A 电流源单独作用时，得到如图 2-5-3b 所示电路，由此电路求得

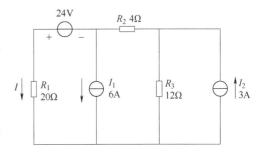

图 2-5-2 例 2-5-2 图

$$I'' = -\frac{12+4}{20+12+4}\times 6\text{A} = -\frac{8}{3}\text{A}$$

当 3A 电流源单独作用时，得到如图 2-5-3c 所示电路，由此电路求得

$$I''' = \frac{12}{20+12+4}\times 3\text{A} = 1\text{A}$$

因此，根据叠加定理，有

$$I = I' + I'' + I''' = \frac{2}{3}\text{A} - \frac{8}{3}\text{A} + 1\text{A} = -1\text{A}$$

负号表示实际方向与假设方向相反。

R_1 所消耗的功率为

$$P_{R_1} = I^2 R_1 = 1^2 \times 20W = 20W$$

显然，有

$$P_{R_1} = I^2 R_1 = (I' + I'' + I''')^2 R_1 \neq I'^2 R_1 + I''^2 R_1 + I'''^2 R_1$$

上式表明，叠加定理只能用于计算支路电流或电压，不能用于计算功率，即 R_1 所消耗的功率不等于各个独立电源单独作用时 R_1 所消耗功率的叠加。

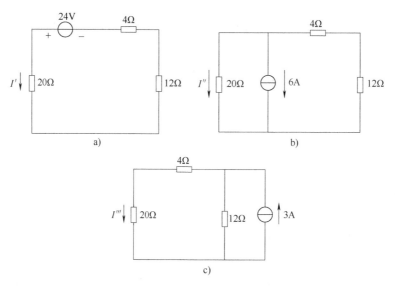

图 2-5-3 例 2-5-2 解图

例 2-5-3 如图 2-5-4 所示电路，其中 U_o 是该电路中某两点间的电压。当 $U_S = 4V$，$I_S = 2A$ 时，$U_o = 8V$；当 $U_S = 2V$，$I_S = 4A$ 时，$U_o = -2V$。求：当 $U_S = 3V$，$I_S = 3A$ 时，U_o 的值为多少？

解： 根据叠加定理，电压 U_o 应该是电压源 U_S 和电流源 I_S 的线性叠加，因此，设

$$U_o = K_1 U_S + K_2 I_S$$

式中，K_1、K_2 是常数。

将已知数据代入此方程，得

$$\begin{cases} 8 = 4K_1 + 2K_2 \\ -2 = 2K_1 + 4K_2 \end{cases}$$

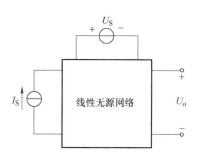

图 2-5-4 例 2-5-3 图

解此方程组，得 $K_1 = 3$，$K_2 = -2$。

因此，当 $U_S = 3V$，$I_S = 3A$ 时，有

$$U_o = 3U_S - 2I_S = 3 \times 3V - 2 \times 3V = 3V$$

2.6 戴维南定理和诺顿定理

戴维南定理指出，一个有源二端网络可以等效为一个电压源与一个电阻的串联组合；诺顿定理指出，一个有源二端网络可以等效为一个电流源

戴维南定理

与一个电阻的并联组合。两者统称为等效电源定理，应用戴维南定理和诺顿定理可以实现复杂电路的简化。

2.6.1 戴维南定理

具有两个出线端的部分电路称为二端网络。根据二端网络中是否含有电源，可分为有源二端网络和无源二端网络。若有源二端网络中的元件都是线性元件，则称该有源二端网络为有源二端线性网络。

任何一个有源二端线性网络，对外部电路而言，可以用一个电压源和电阻的串联组合等效代替。其中，电压源的电压等于该有源二端网络的开路电压，即有源二端网络两个出线端之间的电压；电阻等于该有源二端网络对应的无源二端网络的等效电阻，即将原有源二端网络内全部独立源置零(将电压源用短路替代、电流源用开路替代)后所得到的无源二端网络的等效电阻。这就是戴维南定理。

戴维南定理可用如图 2-6-1 所示的电路来说明：将图 2-6-1a 的有源二端线性网络等效成图 2-6-1c 的电压源和电阻串联的组合支路。其中，电压源的电压等于该有源二端网络出线端 a、b 之间的开路电压，电阻等于无源二端线性网络(图 2-6-1b)出线端 a、b 之间的等效电阻。

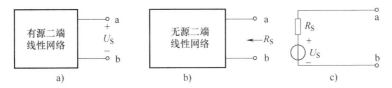

图 2-6-1 戴维南定理

戴维南定理在电路分析中应用广泛，在一个复杂电路中，如果只要求计算其中某一条支路的电流或某两点间的电压，就可应用该定理对电路进行简化。例如，要计算如图 2-6-2a 所示电路中 R_L 两端的电压 U_L 或流过 R_L 的电流 I_L，可用戴维南定理来求解，步骤如下：

① 先求将电阻 R_L 断开后 a、b 两端之间的电压 U_S 和戴维南等效电阻 R_S，得到图 2-6-2a 所示电路的戴维南等效电路图 2-6-2b；

② 由图 2-6-2b 所示电路计算 R_L 两端的电压或流过 R_L 的电流，得

$$U_L = \frac{R_L U_S}{R_S + R_L}, \qquad I_L = \frac{U_S}{R_S + R_L}$$

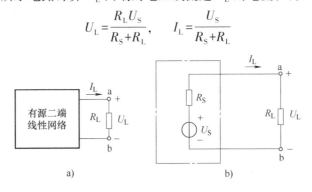

图 2-6-2 戴维南等效电路

例 2-6-1 图 2-6-3a 所示为一桥式电路，已知 $R_1 = 300\Omega$，$R_2 = 200\Omega$，$R_3 = 800\Omega$，$R_4 = 200\Omega$，$U_{S1} = 1.5V$，检流计的内阻 $R = 120\Omega$，求通过检流计的电流 I。

解： 利用戴维南定理求解，将检流计所在支路移除，可得到含源一端口电路如图 2-6-3b

所示，则一端口的开路电压 U_S 为

$$U_S = R_2 I_1 - R_4 I_2 = \frac{U_{S1} R_2}{R_1+R_2} - \frac{U_{S1} R_4}{R_3+R_4} = \frac{1.5 \times 200}{300+200}V - \frac{1.5 \times 200}{800+200}V = 0.3V$$

再将独立电压源置零，即用一条短路线代替电压源后，无源一端口的等效电阻为

$$R_S = \frac{R_1 R_2}{R_1+R_2} + \frac{R_3 R_4}{R_3+R_4} = \frac{300 \times 200}{300+200}\Omega + \frac{800 \times 200}{800+200}\Omega = 120\Omega + 160\Omega = 280\Omega$$

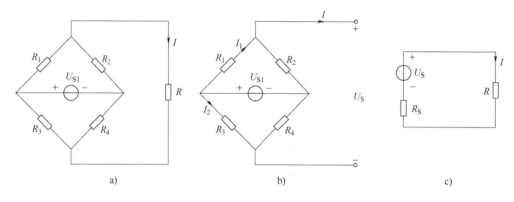

图 2-6-3　例 2-6-1 图

根据戴维南定理，可得如图 2-6-3c 所示的等效电路，求得通过检流计的电流为

$$I = \frac{U_S}{R_S+R} = \frac{0.3}{280+120}A = 0.00075A = 750\mu A$$

在例 2-6-1 中，等效电阻是利用电阻串、并联方法简化电路后计算得到的。

2.6.2　诺顿定理

任何一个有源二端线性网络，对外部电路而言，可以用一个电流源和电阻的并联组合等效代替。其中，电流源的电流等于该有源二端网络的短路电流，即有源二端网络两个输出端短接后其中的电流；电阻等于该有源二端网络对应的无源二端网络的等效电阻，即将原有源二端网络内全部独立置零（将电压源用短路替代、电流源用开路替代）后所得到的无源二端网络的等效电阻。这就是诺顿定理。

诺顿定理可用如图 2-6-4 所示的电路来说明：将图 2-6-4a 的有源二端线性网络等效成图 2-6-4b 的电流源和电阻并联的组合支路。其中，电流源的电流等于该有源二端网络出线端 a、b 之间的短路电流 I_S（由图 2-6-4c 求得），电阻等于无源二端网络出线端 a、b 之间的等效电阻 R_S（由图 2-6-4d 求得）。

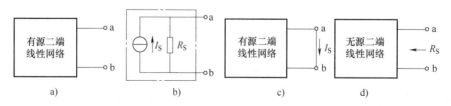

图 2-6-4　诺顿定理

例 2-6-2 用诺顿定理计算图 2-6-5 所示电路中的电流 I_4。

解： 根据诺顿定理，将图 2-6-5 所示电路化为如图 2-6-6a 所示电路，其中 I_S 用图 2-6-6b 求得，R_S 用图 2-6-6c 求得。

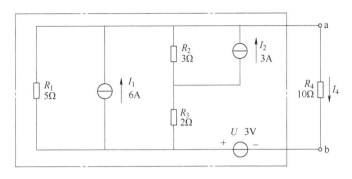

图 2-6-5　例 2-6-2 图

在图 2-6-6b 中，用叠加定理求得 6A 恒流源、3A 恒流源、3V 恒压源单独作用时在 ab 支路产生的电流分别为

$$I_S' = I_1 = 6A$$

$$I_S'' = \frac{I_2 R_2}{R_2 + R_3} = \frac{3 \times 3}{3 + 2}A = 1.8A$$

$$I_S''' = \frac{U}{R_1 /\!/ (R_2 + R_3)} = \frac{3}{5 /\!/ (2+3)}A = 1.2A$$

因此，有

$$I_S = I_S' + I_S'' + I_S''' = 6A + 1.8A + 1.2A = 9A$$

在图 2-6-6c 中，用电阻的串并联可求得等效电阻为

$$R_S = R_1 /\!/ (R_2 + R_3) = 5 /\!/ (2+3)\Omega = 2.5\Omega$$

由图 2-6-6a 得

$$I_4 = \frac{R_S}{R_S + R_4}I_S = \frac{2.5}{2.5 + 10} \times 9A = 1.8A$$

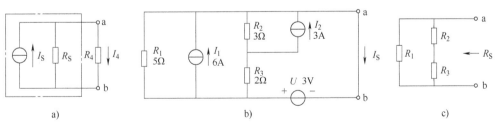

图 2-6-6　例 2-6-2 解图

本章小结

（1）叠加定理。在线性电路中，任一支路电压或电流都是电路中各独立电源单独作用时在该支路上电压或电流的代数和。应用叠加定理应注意：

① 只适用于线性电路，非线性电路一般不适用。

② 某独立电源单独作用时，其余独立源置零，置零电压源是短路，置零电流源是开路。电源的内阻以及电路其他部分结构参数应保持不变。

③ 只适用于任一支路电压或电流，任一支路的功率或能量是电压或电流的二次函数，不能直接用叠加定理来计算。

④ 响应叠加是代数和，应注意响应的参考方向。

（2）戴维南定理。任一线性有源二端网络 N，就其两个输出端而言，总可以用一个独立电压源和一个电阻的串联电路来等效，其中独立电压源的电压等于该二端网络 N 输出端的开路电压 U_s，串联电阻 R_s 等于将该二端网络 N 内所有独立源置零时从输出端看入的等效电阻。

（3）诺顿定理。任一线性有源二端网络 N，就其两个输出端而言，总可以用一个独立电流源和一个电阻的并联电路来等效，其中独立电流源的电流等于该二端网络 N 输出端的短路电流 I_s，并联电阻 R_s 等于将该二端网络 N 内所有独立源置零时从输出端看入的等效电阻。

拓展知识

电风扇调速电路

电风扇调速的电路原理图如图 2-拓展知识-1 所示。通过调节串联接入电路的电阻的大小，改变电路中的电流，从而改变电动机的功率，以达到控制电风扇转速的目的。当调速开关与"低速"连接时，三个串联电阻接入电路中，电阻值最大，电流最小，电动机的功率也最小，转速最慢。而当调速开关与"高速"连接时，电路中的电阻最小，电流最大，电动机的功率也最大，转速最快。

汽车照明系统电路

汽车照明系统的电路原理图如图 2-拓展知识-2 所示。照明灯(包括尾灯和近光灯)、远光灯以及制动灯相当于电阻并联电路，彼此独立。当照明开关合上时，作为照明灯的尾灯和近光灯都会打开；当照明开关和远光灯开关都闭合时，远光灯才会打开；只要驾驶人踩下制动踏板，即合上制动灯开关时，制动灯才亮。如果其中任何一盏灯烧掉(开路)，其他各灯都不会受到影响。

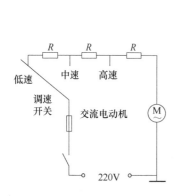

图 2-拓展知识-1　电风扇调速的电路原理图

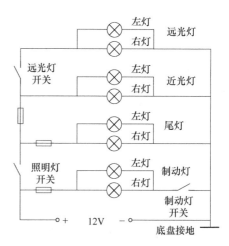

图 2-拓展知识-2　汽车照明系统的电路原理图

最大功率传输定理

实际电路中，许多电子设备所用的电源，无论是直流电源还是各种波形的信号发生源，其内部结构都是相当复杂的，但它们在向外提供激励源时，都是通过两个端子与负载相连，实质上就是一个有源二端网络。一个有源二端网络产生的功率通常分为两部分：消耗在电源及线路的内阻上；输出给负载。当所接负载不同时，这个有源二端网络向负载输出的功率就不同。在测量、电子通信和信息工程的各种实际电路中，希望负载从电路上获得的功率越大越好。

当**负载电阻与戴维南等效电阻**(或与诺顿等效电阻)**相等**时，此时负载上获得的功率最大，这就是**最大功率传输定理**。

在通信系统和测量系统中，由于信号一般很弱，首要考虑的问题是如何从给定的信号源获得尽可能大的信号功率(如收音机中供给扬声器的功率)，因而必须满足匹配条件，获得最大输出功率，但此时传输效率并不高。而在电力工程系统中，传输功率很大，使得传输引起的损耗尽可能小、传输效率尽可能高等成为首要考虑的问题，故应使电源内阻(以及输电线电阻)远小于负载电阻，以便提高传输效率。

习　　题

2-1 在习题 2-1 图所示的电路中，已知 U_{ab} 为 16V，试求等效电阻 R_{ab} 和电流 I。

2-2 求习题 2-2 图所示各电路 a、b 两点间的等效电阻 R_{ab}。

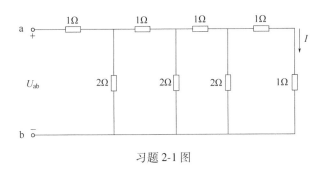 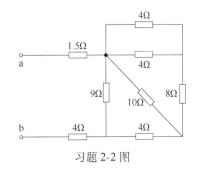

习题 2-1 图　　　　　　　　　　　　习题 2-2 图

2-3 计算习题 2-3 图所示两电路中 a、b 两点间的等效电阻 R_{ab}。

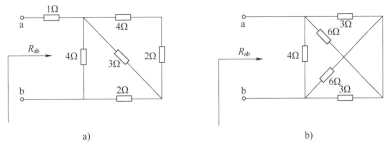

a)　　　　　　　　　　　　b)

习题 2-3 图

2-4 如习题 2-4 图所示电路，一未知电源外接一个电阻 R。当 $R=2\Omega$ 时，测得电阻两端的电压 $U=8V$；当 $R=5\Omega$ 时，测得 $U=10V$。求该电源的等效电压源模型。

2-5 求习题 2-5 图所示电路的等效电源模型。

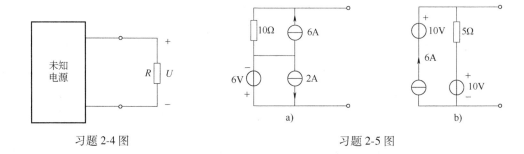

习题 2-4 图　　　　　　　　　　　　　习题 2-5 图

2-6　电路如习题 2-6 图所示，试求 I、I_1、U_S，并判断 20V 的理想电压源和 5A 的理想电流源是电源还是负载。

2-7　在习题 2-7 图所示的两个电路中，用电源模型等效变换法求电流 I。

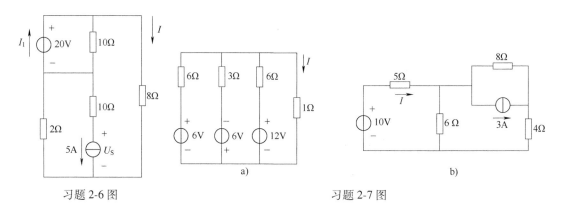

习题 2-6 图　　　　　　　　　　　　　习题 2-7 图

2-8　利用电源等效变换法求习题 2-8 图所示电路中的电流 I。

2-9　试用电压源和电流源等效变换的方法计算习题 2-9 图中的电流 I。

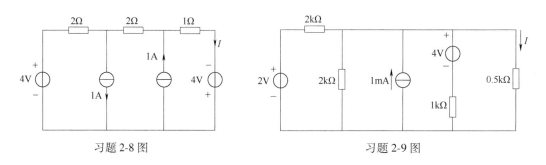

习题 2-8 图　　　　　　　　　　　　　习题 2-9 图

2-10　在习题 2-10 图所示电路中，已知电源电压 $U_{S1} = 42V$，$U_{S2} = 21V$，电阻 $R_1 = 12\Omega$，$R_2 = 3\Omega$，$R_3 = 6\Omega$，求各支路电流。

2-11　如习题 2-11 图所示电路中，已知 $R_1 = R_2 = 1\Omega$，$R_3 = 3\Omega$，用支路电流求电流 I_1、I_2、I_3。

2-12　用支路电流法求习题 2-12 图所示电路中各支路电流。

2-13　如习题 2-13 图所示电路，用节点电压求电流 I_1、I_2、I_3。

2-14　试用节点电压法求习题 2-14 图所示电路中的各支路电流。

2-15　电路如习题 2-15 图所示，试用节点电压法求电压 U，并计算理想电流源的功率。

2-16　应用叠加定理求习题 2-16 图所示电路中的电流 I。

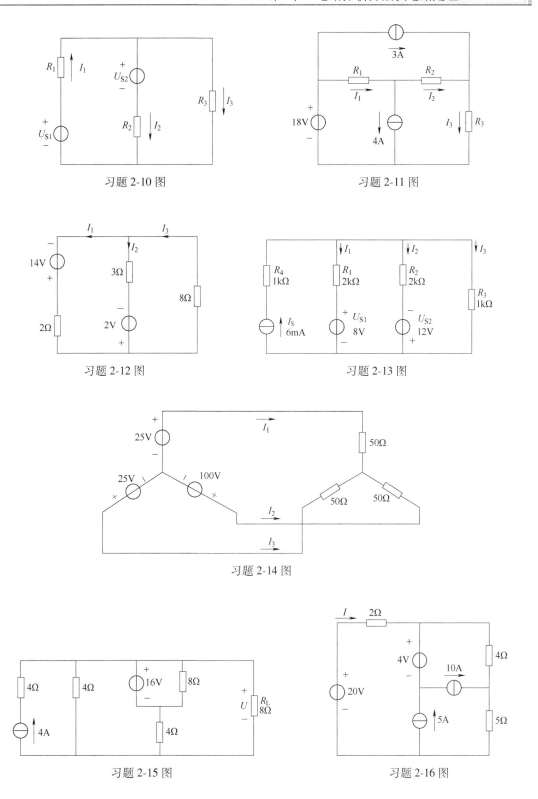

习题 2-10 图

习题 2-11 图

习题 2-12 图

习题 2-13 图

习题 2-14 图

习题 2-15 图

习题 2-16 图

2-17　用叠加定理求习题 2-17 图所示电路中的电流 I_2。

2-18　在习题 2-18 图中：（1）当将开关 S 合在 a 点时，求电流 I_1、I_2 和 I_3；（2）当将开关 S 合在 b 点时，利用（1）的结果，用叠加定理计算电流 I_1、I_2 和 I_3。

38

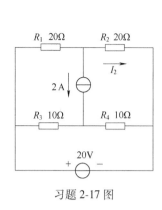

习题 2-17 图

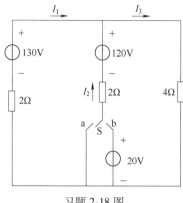

习题 2-18 图

2-19 在习题 2-19 图所示电路中，当电压源单独作用时，电阻 R_1 上消耗的功率为 18W。试问：（1）当电流源单独作用时，R_1 上消耗的功率为多少？（2）当电压源和电流源共同作用时，R_1 上消耗的功率为多少？（3）功率能否叠加？

2-20 应用叠加定理计算习题 2-20 图所示电路中各支路的电流和各元器件（电源和电阻）两端的电压，并说明功率平衡关系。

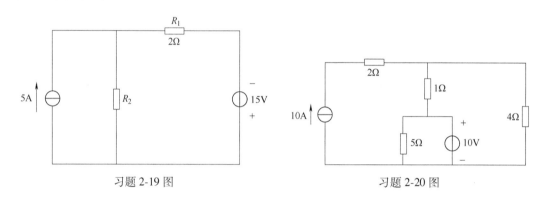

习题 2-19 图   习题 2-20 图

2-21 如习题 2-21 图所示电路中，已知 $U_S = 24V$，$I_S = 4A$，$R_1 = 6\Omega$，$R_2 = 3\Omega$，$R_3 = 4\Omega$，$R_4 = 2\Omega$，用戴维南定理计算电流 I。

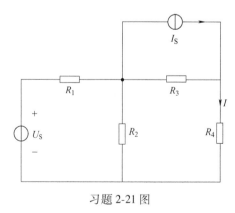

习题 2-21 图

2-22 在习题 2-22 图中，已知 $U_{S1} = 15V$，$U_{S2} = 13V$，$U_{S3} = 4V$，$R_1 = R_2 = R_3 = R_4 = 1\Omega$，$R_5 = 10\Omega$。（1）当开关 S 断开时，试求电阻 R_5 上的电压 U_5 和电流 I_5；（2）当开关 S 闭合后，试用戴维南定理计算 I_5。

2-23 习题 2-23 图中，用戴维南定理求电流 I。

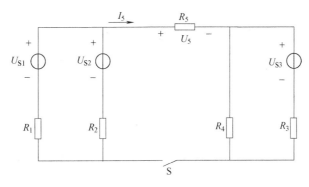

习题 2-22 图

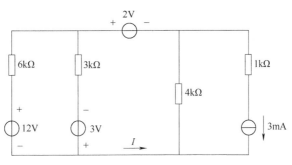

习题 2-23 图

2-24 用戴维南定理和诺顿定理分别计算习题 2-24 图所示桥式电路中电阻 R_1 上的电流。

2-25 电路如习题 2-25 图所示，试分别用戴维南定理和诺顿定理计算电阻 R_L 上的电流 I_L。

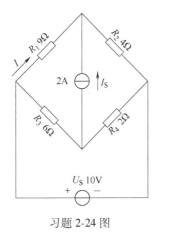

习题 2-24 图

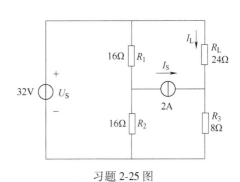

习题 2-25 图

第 3 章

一阶线性电路的暂态分析

导读

前面讨论的都是电阻元件电路，一旦接通或断开电源，电路立即处于稳定状态，但当电路中含有电感或电容元件时则不然。研究暂态过程的目的就是认识和掌握这种客观存在的物理规律，既要充分利用暂态过程的特性，同时也必须预防它所产生的危害。

本章首先讨论电阻元件、电感元件、电容元件的特征和引起暂态过程的原因，然后讨论暂态过程中电压与电流随时间而变化的规律和影响暂态过程快慢的电路时间常数。

本章学习要求

1）掌握电感和电容两类动态元件的伏安特性。
2）掌握换路定则和初始值的确定方法。
3）理解一阶电路的暂态时域分析。
4）重点掌握运用三要素法分析一阶电路的暂态。

3.1 电阻元件、电感元件与电容元件

3.1.1 电阻元件

电阻电感电容元件

电阻元件如图 3-1-1 所示，u 和 i 的参考方向相同，根据欧姆定律得出

$$u = Ri \tag{3-1-1}$$

电阻元件的参数为

$$R = \frac{u}{i}$$

称为电阻，它具有对电流起阻碍作用的物理性质。

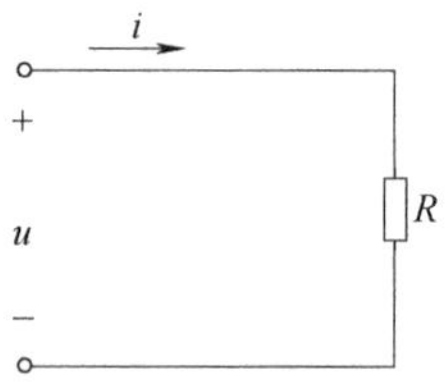

将式（3-1-1）两边乘以 i，并做积分，则得，

$$\int_0^t ui\mathrm{d}t = \int_0^t Ri^2\mathrm{d}t \tag{3-1-2}$$

图 3-1-1　电阻元件

上式表明电能全部消耗在电阻元件上，转换为热能，电阻元件是耗能元件。

3.1.2　电感元件

电感元件(线圈)如图 3-1-2 所示，其上电压为 u。当通过电流为 i 时，将产生磁通 Φ。设磁通通过每匝线圈，如果线圈有 N 匝，则电感元件的参数为

$$L=\frac{N\Phi}{i} \tag{3-1-3}$$

称为电感或自感。线圈的匝数 N 越多，其电感越大；线圈中单位电流产生的磁通越大，电感也越大。

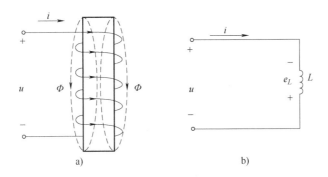

图 3-1-2　电感元件

电感的单位是亨[利](H)或毫亨(mH)，磁通的单位是韦[伯](Wb)。

当电感元件中磁通 Φ 或电流 i 发生变化时，则在电感元件中产生的感应电动势为

$$e_L=-N\frac{\mathrm{d}\Phi}{\mathrm{d}t}=-L\frac{\mathrm{d}i}{\mathrm{d}t}$$

根据基尔霍夫电压定律可写出

$$u+e_L=0 \text{ 或 } u=-e_L=L\frac{\mathrm{d}i}{\mathrm{d}t} \tag{3-1-4}$$

当线圈中通过恒定电流时，其上电压 u 为零，故电感元件可视为短路。

将式(3-1-4)两边乘以 i，并做积分，则得

$$\int_0^t ui\mathrm{d}t=\int_0^i Li\mathrm{d}i=\frac{1}{2}Li^2 \tag{3-1-5}$$

上式表明当电感元件中的电流增大时，磁场能量增大，在此过程中电能转换为磁场能，即电感元件从电源取用能量，$\frac{1}{2}Li^2$ 就是电感元件中的磁场能量；当电流减小时，磁场能量减小，磁能转化为电能，即电感元件向电源放还能量。可见，电感元件不消耗能量，是储能元件。

3.1.3　电容元件

电容元件如图 3-1-3 所示，其参数为

$$C=\frac{q}{u} \tag{3-1-6}$$

称为电容量，简称电容，它的单位是法[拉](F)。由于法[拉]单位太大，工程上多采用微

法（μF）或皮法（pF），$1\mu F = 10^{-6}F$，$1pF = 10^{-12}F$。

当电容元件上电荷（量）q 或电压 u 发生变化时，在电路中引起电流为

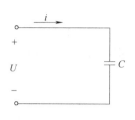

$$i = \frac{dq}{dt} = C\frac{du}{dt} \tag{3-1-7}$$

上式是在 u 和 i 的参考方向相同的情况下得出的，否则要加负号。

图 3-1-3　电容元件

当电容元件两端加恒定电压时，其中电流 i 为零，故电容元件可视为开路。

将式（3-1-7）两边乘以 u 并积分，则得

$$\int_0^t uidt = \int_0^u Cudu = \frac{1}{2}Cu^2 \tag{3-1-8}$$

上式表明当电容元件上的电压增加时，电场能量增大，在此过程中电容元件从电源取用能量（充电），$\frac{1}{2}Cu^2$ 就是电容元件中的电场能量；当电压降低时，电场能量减少，即电容元件向电源放还能量（放电）。可见，电容元件也是储能元件。

本节所讲的都是线性元件，R、L、C 都是常数。

3.2　换路定则和初始值的确定

换路定则和
初始值的确定

换路是指电路的接通、断开、短路、电压改变或参数改变等，使电路中的能量发生变化，但能量是不能跃变的，否则将使功率

$$P = \frac{dW}{dt}$$

达到无穷大，这在实际上是不可能的。因此，电感元件中储存的磁场能 $\frac{1}{2}Li_L^2$ 不能跃变，这反映在电感元件中的电流 i_L 不能跃变；电容元件中储有电能 $\frac{1}{2}Cu_C^2$ 不能跃变，这反映在电容元件上的电压 u_C 不能跃变。可见，电路的暂态过程是由于储能元件的能量不能跃变而产生的。

设 $t = 0$ 为换路瞬间，而以 $t = 0_-$ 表示换路前的终了瞬间，$t = 0_+$ 表示换路后的初始瞬间，0_- 和 0_+ 在数值上都等于 0。从 $t = 0_-$ 到 $t = 0_+$ 瞬间，电感元件中的电流和电容元件上的电压不能跃变，称为换路定则。若用公式表示，则为

$$\begin{cases} i_L(0_-) = i_L(0_+) \\ u_C(0_-) = u_C(0_+) \end{cases}$$

换路定则仅适用于换路瞬间，可根据它来确定 $t = 0_+$ 时电路中电压和电流的值，即暂态过程的初始值。确定各个电压和电流的初始值时，先由 $t = 0_-$ 的电路求出 $i_L(0_-)$ 或 $u_C(0_-)$，而后由 $t = 0_+$ 的电路在已求得的 $i_L(0_+)$ 或 $u_C(0_+)$ 的条件下求其他电压和电流的初始值。

例 3-2-1　设开关 S 闭合前电感元件和电容元件均未储能。试确定图 3-2-1a 所示电路中各电流和电压的初始值。

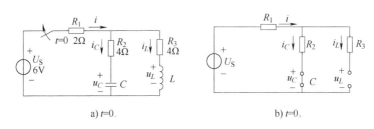

图 3-2-1　例 3-2-1 电路

解：先由 $t=0_-$ 的电路，即图 3-2-1a 开关 S 未闭合时的电路得知

$$u_C(0_-)=0, \qquad i_L(0_-)=0$$

因此，$u_C(0_+)=0$，$i_L(0_+)=0$。在图 3-2-1b 所示 $t=0_+$ 的电路中将电容元件短路，将电感元件开路，于是得出其他各个初始值为

$$i(0_+)=i_C(0_+)=\frac{U_S}{R_1+R_2}=\frac{6}{2+4}A=1A$$

$$u_L(0_+)=R_2 i_C(0_+)=4\times 1V=4V$$

3.3　RC 电路的响应

用经典法分析电路的暂态过程，就是根据激励（电压或电流），通过求解电路的微分方程得出电路的响应（电压和电流）。

RC 电路的响应

3.3.1　RC 电路的零状态响应

所谓 RC 电路的零状态，是指换路前电容元件未储有能量，$u_C(0_-)=0$。在此条件下，由电源激励所产生电路的响应称为零状态响应。

分析 RC 电路的零响应状态，实际上就是分析它的充电过程。图 3-3-1 所示就是一 RC 串联电路。在 $t=0$ 时，将开关 S 合到位置 1 上，电路与一恒定电压为 U_S 的电压源接通，对电容元件开始充电，其上电压为 u_C。

根据基尔霍夫电压定律，列出 $t\geqslant 0$ 时电路的微分方程为

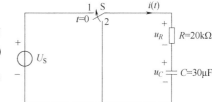

图 3-3-1　RC 串联电路

$$U_S=Ri+u_C=RC\frac{\mathrm{d}u_C}{\mathrm{d}t}+u_C \tag{3-3-1}$$

上式的通解有两个部分：一个是特解 u_C'，一个是补函数 u_C''。

特解取电路的稳态值，或称稳态分量，即

$$u_C'=u_C(\infty)=U_S$$

补函数是齐次微分方程，即

$$RC\frac{\mathrm{d}u_C}{\mathrm{d}t}+u_C=0$$

的通解，即为暂态分量，其式为

$$u_C''=A\mathrm{e}^{pt}$$

代入上式，得特征方程为

$$RCp+1=0$$

其根为

$$p=-\frac{1}{RC}=-\frac{1}{\tau}$$

式中，$\tau=RC$，它具有时间的量纲，所以称为 RC 电路的时间常数。

因此，式(3-3-1)的通解为

$$u_C=u'_C+u''_C=U_S+Ae^{-\frac{t}{\tau}}$$

设换路前电容元件未储有能量，即初始值 $u_C(0_+)=0$，则 $A=-U_S$，于是得

$$u_C=U_S-U_Se^{-\frac{t}{\tau}}=U_S(1-e^{-\frac{t}{\tau}}) \tag{3-3-2}$$

其随时间变化的曲线如图 3-3-2a 所示。

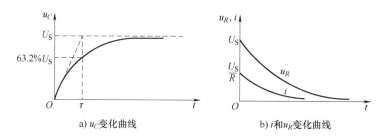

a) u_C变化曲线   b) i和u_R变化曲线

图 3-3-2 RC 电路零状态响应

当 $t=\tau$ 时，有

$$u_C=U_S(1-e^{-1})=U_S\left(1-\frac{1}{2.718}\right)$$

$$=U_S(1-0.368)=63.2\%U_S$$

即从 $t=0$ 经过 1 个 τ 的时间 u_C 增长到稳态值 U_S 的 63.2%。

从理论上讲，电路只有经过 $t=\infty$ 的时间才能达到稳态。但是，由于指数曲线开始变化较快，而后逐渐缓慢，因此，$e^{-\frac{t}{\tau}}$ 随时间而衰减，见表 3-3-1。

表 3-3-1 $e^{-\frac{t}{\tau}}$ 随时间而衰减

τ	2τ	3τ	4τ	5τ	6τ
e^{-1}	e^{-2}	e^{-3}	e^{-4}	e^{-5}	e^{-6}
0.368	0.135	0.050	0.018	0.007	0.002

因此，实际上经过 $t=5\tau$ 的时间就足可认为到达稳态了。这时，有

$$u_C=U_S(1-e^{-5})=U_S(1-0.007)=99.3\%U_S$$

时间常数 τ 越大，u_C 增长越慢。因此，改变电路的时间常数，也就是改变 R 或 C 的数值，就可以改变电容元件充电的快慢。

至于 $t \geqslant 0$ 时电容元件充电电路中的电流也可求出，即

$$i=C\frac{du_C}{dt}=\frac{U_S}{R}e^{-\frac{t}{\tau}} \tag{3-3-3}$$

因此，也可得出电阻元件 R 上的电压为

$$u_R = Ri = U_s e^{-\frac{t}{\tau}} \qquad (3\text{-}3\text{-}4)$$

所求 u_R 和 i 随时间变化的曲线如图 3-3-2b 所示。

例 3-3-1　在图 3-3-3a 所示的电路中，$U_s = 9\text{V}$，$R_1 = 6\text{k}\Omega$，$R_2 = 3\text{k}\Omega$，$C = 1000\text{pF}$，换路前电容初始储能为 0，试求 $t \geqslant 0$ 时的电压 u_C。

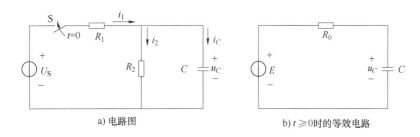

a) 电路图　　　　　　　　　　　　b) $t \geqslant 0$时的等效电路

图 3-3-3　例 3-3-1 电路

解：应用戴维南定理将换路后的电路化为图 3-3-3b 所示的等效电路（$R_0 C$ 串联电路）。等效电源的电动势和内阻分别为

$$E = \frac{R_2 U_s}{R_1 + R_2} = \frac{3 \times 10^3 \times 9}{(6+3) \times 10^3}\text{V} = 3\text{V}$$

$$R_0 = \frac{R_1 R_2}{R_1 + R_2} = \frac{(6 \times 3) \times 10^6}{(6+3) \times 10^3}\Omega = 2 \times 10^3 \Omega = 2\text{k}\Omega$$

电路的时间常数为

$$\tau = R_0 C = 2 \times 10^3 \times 1000 \times 10^{-12}\text{s} = 2 \times 10^{-6}\text{s}$$

于是由式(3-3-2)得

$$\begin{aligned}
u_C &= E(1 - e^{-\frac{t}{\tau}}) \\
&= 3(1 - e^{-\frac{t}{2 \times 10^{-6}}})\text{V} \\
&= 3(1 - e^{-5 \times 10^5 t})\text{V}
\end{aligned}$$

3.3.2　RC 电路的零输入响应

所谓 RC 电路的零输入，是指无电源激励，输入信号为零。在此条件下，由电容元件的初始状态 $u_C(0_+)$ 产生的电路的响应称为零输入响应。

分析 RC 电路的零输入响应，实际上就是分析它的放电过程。如果在图 3-3-1 中，当电容元件充电到 $u_C = U_0$ 时，即将开关 S 从位置 1 合到 2，使电路脱离电源，输入为零，此时，电容元件上电压的初始值 $u_C(0_+) = U_0$，于是电容元件经过电阻 R 开始放电。

$t \geqslant 0$ 时，电路的微分方程为

$$RC \frac{\mathrm{d}u_C}{\mathrm{d}t} + u_C = 0$$

经求解可得

$$u_C = U_0 e^{-\frac{t}{\tau}} = U_0 e^{-\frac{t}{RC}} \qquad (3\text{-}3\text{-}5)$$

其随时间变化的曲线如图 3-3-4a 所示。

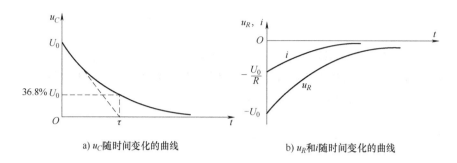

a) u_C 随时间变化的曲线　　　　b) u_R 和 i 随时间变化的曲线

图 3-3-4　RC 电路 u_C、u_R 和 i 随时间变化的曲线

当 $t=\tau$ 时，有

$$u_c = U_0 e^{-1} = 0.368U_0 = 36.8\%U_0$$

即从 $t=0$ 经过 1 个 τ 的时间 u_c 衰减到初始值 U_0 的 36.8%。τ 越小，u_c 衰减越快，即电容元件放电越快。

$t \geq 0$ 时，电容元件的放电电流和电阻元件 R 上的电压也可求出，即

$$i = C\frac{\mathrm{d}u_c}{\mathrm{d}t} = -\frac{U_0}{R}e^{-\frac{t}{\tau}} \tag{3-3-6}$$

$$u_R = Ri = -U_0 e^{-\frac{t}{\tau}} \tag{3-3-7}$$

上两式中的负号表示放电电流的实际方向与图 3-3-1 中所选定的参考方向相反。

所求 u_R 和 i 随时间变化的曲线如图 3-3-4b 所示。

3.3.3　RC 电路的全响应

所谓 RC 电路的全响应，是指电源激励和电容元件的初始状态 $u_C(0_+)$ 均不为零时电路的响应，也就是零输入响应与零状态响应两者的叠加。

在图 3-3-1 所示的电路中，电源激励电压为 U_S，$u_C(0_-)=U_0$。$t \geq 0$ 时，电路的微分方程和式(3-3-1)相同，也由此得出

$$u_C = u_C' + u_C'' = U_S + Ae^{-\frac{1}{RC}t}$$

但积分常数 A 与零状态时不同。在 $t=0_+$ 时，$u_C(0_+)=U_0$，则 $A=U_0-U$，所以有

$$u_C = U_S + (U_0-U_S)e^{-\frac{1}{RC}t} \tag{3-3-8}$$

经改写后得出

$$u_C = U_0 e^{-\frac{t}{\tau}} + U_S(1-e^{-\frac{t}{\tau}}) \tag{3-3-9}$$

显然，等号右边第一项即为式(3-3-5)，是零输入响应；第二项即为式(3-3-2)，是零状态响应。于是

全响应=零输入响应+零状态响应

这是叠加定理在暂态分析中的体现。在求全响应时，可把电容元件的初始状态 $u_C(0_+)$ 看作一种电压源。$u_C(0_+)$ 和电源激励分别单独作用时所得出的零输入响应和零状态响应叠加，即为全响应。

式(3-3-8)等号的右边也有两项：U_S 为稳态分量；$(U_0-U_S)e^{-\frac{t}{\tau}}$ 为暂态分量。于是全响应也可表示为

全响应 = 稳态分量 + 暂态分量

求出 u_C 后，就可得出

$$i = C\frac{\mathrm{d}u_C}{\mathrm{d}t}, \qquad u_R = Ri$$

例 3-3-2   在图 3-3-5 中，已知 $R_1 = 1\mathrm{k}\Omega$，$R_2 = 2\mathrm{k}\Omega$，$C = 3\mu\mathrm{F}$，电压源 $U_{S1} = 3\mathrm{V}$，$U_{S2} = 5\mathrm{V}$。开关长期合在位置 1 上，如在 $t = 0$ 时合到位置 2，试求电容元件上的电压 u_C。

解：在 $t = 0_-$ 时，有

$$u_C(0_-) = \frac{U_{S1}R_2}{R_1 + R_2} = \frac{3\times(2\times10^3)}{(1+2)\times10^3}\mathrm{V} = 2\mathrm{V}$$

在 $t \geq 0$ 时，根据基尔霍夫电流定律列出

$$i_1 - i_2 - i_C = 0$$

$$\frac{U_{S2} - u_C}{R_1} - \frac{u_C}{R_2} - C\frac{\mathrm{d}u_C}{\mathrm{d}t} = 0$$

经整理后得

$$R_1 C\frac{\mathrm{d}u_C}{\mathrm{d}t} + \left(1 + \frac{R_1}{R_2}\right)u_C = U_{S2}$$

或得

$$(3\times10^{-3})\frac{\mathrm{d}u_C}{\mathrm{d}t} + \frac{3}{2}u_C = 5$$

解得

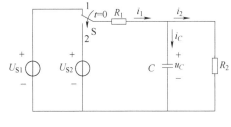

$$u_C = u_C' + u_C'' = \left(\frac{10}{3} + A\mathrm{e}^{-\frac{1}{2\times10^{-3}}t}\right)\mathrm{V}$$

图 3-3-5   例 3-3-2 电路

当 $t = 0_+$ 时，$u_C(0_+) = 2\mathrm{V}$，则 $A = -\frac{4}{3}$，所以有

$$u_C = \left(\frac{10}{3} - \frac{4}{3}\mathrm{e}^{-\frac{1}{2\times10^{-3}}t}\right)\mathrm{V} = \left(\frac{10}{3} - \frac{4}{3}\mathrm{e}^{-500t}\right)\mathrm{V}$$

3.4   一阶线性电路暂态分析的三要素法

三要素法

只含有一个储能元件或可等效为一个储能元件的线性电路，无论是简单的或复杂的，它的微分方程都是一阶常系数线性微分方程，如式（3-3-1）所示。这种电路称为一阶线性电路。

上述的 RC 电路是一阶线性电路，电路的响应由稳态分量（包括零值）和暂态分量两部分相加而得，即

$$f(t) = f'(t) + f''(t) = f(\infty) + A\mathrm{e}^{-\frac{t}{\tau}}$$

式中，$f(t)$ 是电流或电压；$f(\infty)$ 是稳态分量（即稳态值）；$A\mathrm{e}^{-\frac{t}{\tau}}$ 是暂态分量。若初始值为 $f(0_+)$，则得 $A = f(0_+) - f(\infty)$。于是，有

$$f(t) = f(\infty) + (f(0_+) - f(\infty))\mathrm{e}^{-\frac{t}{\tau}}$$

这就是分析一阶线性电路暂态过程中任意变量的一般公式，式（3-3-8）中的变量是 u_C。只要求得 $f(0_+)$、$f(\infty)$ 和 τ 这三个"要素"，就能直接写出电路的响应（电流或电压）。电路

响应的变化曲线都是按指数规律变化(增长或衰减)的。

例 3-4-1 应用三要素法求例 3-3-2 中的 u_C。

解：（1）初始值为

$$u_C(0_+) = \frac{R_2}{R_1+R_2}U_{S1} = \frac{2}{1+2} \times 3\text{V} = 2\text{V}$$

（2）稳态值为

$$u_C(\infty) = \frac{R_2}{R_1+R_2}U_{S2} = \frac{2}{1+2} \times 5\text{V} = \frac{10}{3}\text{V}$$

（3）时间常数为

$$\tau = (R_1 /\!/ R_2)C = \frac{1 \times 2 \times 10^6}{(1+2) \times 10^3} \times 3 \times 10^{-6}\text{s}$$

$$= 2 \times 10^{-3}\text{s}$$

于是由式(3-4-1)可写出

$$u_C = \frac{10}{3}\text{V} + \left(2 - \frac{10}{3}\right)e^{-\frac{1}{2 \times 10^{-3}}t}\text{V}$$

$$= \left(\frac{10}{3} - \frac{4}{3}e^{-500t}\right)\text{V}$$

3.5 *RL* 电路的响应

3.5.1 *RL* 电路的零状态响应

图 3-5-1 所示是一 *RL* 串联电路。在 $t=0$ 时，开关 S 合到位置 1 上，电路即与一恒定电压为 U_S 的电压源接通，其中电流为 i。

在换路前电感元件未储有能量，$i(0_-) = i(0_+) = 0$，即电路处于零状态。

根据基尔霍夫电压定律，列出 $t \geqslant 0$ 时电路的微分方程为

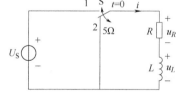

图 3-5-1 *RL* 串联电路

$$U_S = Ri + L\frac{\mathrm{d}i}{\mathrm{d}t} \qquad (3\text{-}5\text{-}1)$$

参照 3.3.1 节，可知其通解为

$$i = \frac{U_S}{R} - \frac{U_S}{R}e^{-\frac{R}{L}t} = \frac{U_S}{R}(1 - e^{-\frac{t}{\tau}}) \qquad (3\text{-}5\text{-}2)$$

也是由稳态分量和暂态分量相加而得的。电路的时间常数为

$$\tau = \frac{L}{R}$$

它也具有时间的量纲。

所求电流随时间变化的曲线如图 3-5-2a 所示。

由式(3-5-2)可得出 $t \geqslant 0$ 时电阻元件和电感元件上的电压分别为

$$u_R = Ri = U_S(1 - e^{-\frac{t}{\tau}}) \qquad (3\text{-}5\text{-}3)$$

$$u_L = L\frac{\mathrm{d}i}{\mathrm{d}t} = U_{\mathrm{S}}\mathrm{e}^{-\frac{t}{\tau}} \tag{3-5-4}$$

它们随时间变化的曲线如图 3-5-2b 所示。在稳态时，电感元件相当于短路，其上电压为零，所以电阻元件上的电压就等于电源电压。

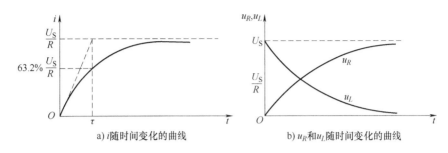

a) i 随时间变化的曲线　　　　　b) u_R 和 u_L 随时间变化的曲线

图 3-5-2　RL 电路 i、u_L 和 u_R 随时间变化的曲线

例 3-5-1　在图 3-5-1 所示的 RL 串联电路中，已知 $R = 50\Omega$，$L = 10\mathrm{H}$，$U_{\mathrm{S}} = 100\mathrm{V}$。当 $t = 0$ 时，将开关 S 合到位置 1 上。试求：（1）$t \geqslant 0$ 时的 i、u_R 和 u_L；（2）$t = 0.5\mathrm{s}$ 时的电流 i；（3）出现 $u_R = u_L$ 的时间；（4）电感储能。

解：（1）
$$\tau = \frac{L}{R} = \frac{10}{50}\mathrm{s} = 0.2\mathrm{s}$$

由式(3-5-2)、式(3-5-3)及式(3-5-4)可得
$$i = \frac{100}{50}(1 - \mathrm{e}^{-\frac{t}{0.2}})\mathrm{A} = 2(1 - \mathrm{e}^{-5t})\mathrm{A}$$

$$u_R = 100(1 - \mathrm{e}^{-5t})\mathrm{V}$$

$$u_L = 100\mathrm{e}^{-5t}\mathrm{V}$$

（2）$t = 0.5\mathrm{s}$ 时，有
$$i = 2(1 - \mathrm{e}^{2.5})\mathrm{A} = 2(1 - 0.082)\mathrm{A} = 1.84\mathrm{A}$$

（3）当 $u_R = u_L$ 时，$u_R = u_L = 50\mathrm{V}$，于是有
$$50 = 100\mathrm{e}^{-5t}$$
$$\mathrm{e}^{-5t} = 0.5$$
$$5t = 0.693\mathrm{s}$$
$$t \approx 0.139\mathrm{s}$$

（4）电感储能为
$$W_L = \int_0^{\infty} u_L i\mathrm{d}t = \int_0^{\infty} 100\mathrm{e}^{-5t} \times 2(1 - \mathrm{e}^{-5t})\mathrm{d}t$$
$$= \int_0^{\infty} 200(\mathrm{e}^{-5t} - \mathrm{e}^{-10t})\mathrm{d}t = 20\mathrm{J}$$

3.5.2　RL 电路的零输入响应

在图 3-5-1 中，电路接通电源后，当其中电流 i 达到 I_0 时，即将开关 S 从位置 1 合到位置 2 使电路脱离电源，输入为零，电流初始值 $i(0_+) = I_0$。

$t \geqslant 0$ 时，电路微分方程为

$$Ri + L\frac{\mathrm{d}i}{\mathrm{d}t} = 0 \qquad\qquad (3\text{-}5\text{-}5)$$

参照 3.3.2 节，可知其通解为

$$i = I_0 \mathrm{e}^{-\frac{R}{L}t} = I_0 \mathrm{e}^{-\frac{t}{\tau}} \qquad\qquad (3\text{-}5\text{-}6)$$

式中

$$\tau = \frac{L}{R}$$

i 随时间变化的曲线如图 3-5-3a 所示。

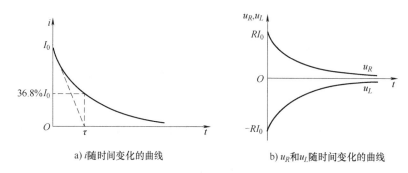

a) i随时间变化的曲线   b) u_R和u_L随时间变化的曲线

图 3-5-3 RL 电路 i、u_R 和 u_L 随时间变化的曲线

由式(3-5-6)可得出 $t \geqslant 0$ 时电阻元件和电感元件上的电压分别为

$$u_R = Ri = RI_0 \mathrm{e}^{-\frac{t}{\tau}} \qquad\qquad (3\text{-}5\text{-}7)$$

$$u_L = L\frac{\mathrm{d}i}{\mathrm{d}t} = -RI_0 \mathrm{e}^{-\frac{t}{\tau}} \qquad\qquad (3\text{-}5\text{-}8)$$

其变化曲线如图 3-5-3b 所示。

3.5.3 RL 电路的全响应

在图 3-5-4 所示电路中，电源电压为 U_S，$i(0_-) = I_0$。当将开关闭合时，即和图 3-5-1 开关合到位置 1 一样，是一个 RL 串联电路。

$t \geqslant 0$ 时，电路的微分方程与式(3-5-1)相同，参照 3.3.3 节，可知其通解为

$$i = \frac{U_S}{R} + \left(I_0 - \frac{U_S}{R}\right)\mathrm{e}^{-\frac{R}{L}t} \qquad (3\text{-}5\text{-}9)$$

式中，等号右边第一项为稳态分量；等号右边第二项为暂态分量。两者相加即为全响应 i。

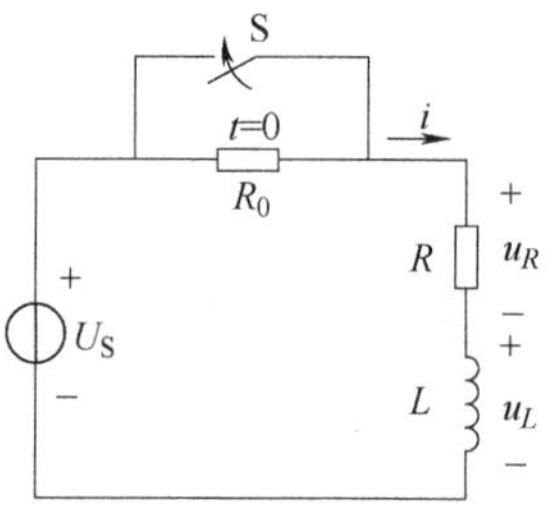

可见，式(3-5-9)的一般式子就是式(3-4-1)。因此，三要素法可以应用于一阶 RL 线性电路，由它直接得出上式。

图 3-5-4 RL 电路的全响应

式(3-5-9)经改写后得出

$$i = I_0 \mathrm{e}^{-\frac{t}{\tau}} + \frac{U_S}{R}(1 - \mathrm{e}^{-\frac{t}{\tau}}) \qquad\qquad (3\text{-}5\text{-}10)$$

式中，等号右边第一项即为式(3-5-6)，就是零输入响应；等号右边第二项即为式(3-5-2)，

是零状态响应。两者叠加即为全响应 i。

例 3-5-2　在图 3-5-5 所示电路中，若在稳定状态下 R_1 被短路，试问短路后经多少时间电流才达到 15A？

解： 先应用三要素法求 i。

（1）确定 i 的初始值，即

$$i(0_+) = \frac{U_S}{R_1 + R_2} = \frac{220}{8+12}\text{A} = 11\text{A}$$

（2）确定 i 的稳态值，即

$$i(\infty) = \frac{U_S}{R_2} = \frac{220}{12}\text{A} = 18.3\text{A}$$

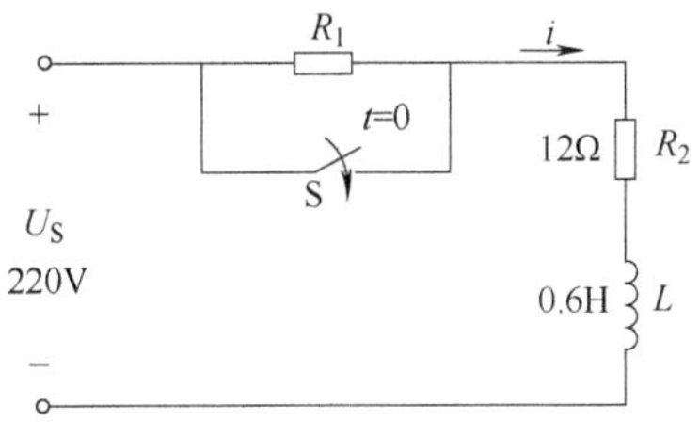

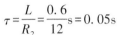

图 3-5-5　例 3-5-2 电路

（3）确定电路的时间常数，即

$$\tau = \frac{L}{R_2} = \frac{0.6}{12}\text{s} = 0.05\text{s}$$

于是根据式（3-4-1）可写出

$$i = 18.3\text{A} + (11-18.3)\text{e}^{-\frac{1}{0.05}t}\text{A} = (18.3-7.3\text{e}^{-20t})\text{A}$$

当电流到达 15A 时，有

$$15\text{A} = (18.3-7.3\text{e}^{-20t})\text{A}$$

所经过的时间为

$$t = 0.039\text{s}$$

本章小结

电阻是非储能元件，电感和电容是储能元件，只有含有电感或电容的电路发生换路的时候，才会发生暂态过程。求解暂态过程的有效方法是三要素法，通过求解三要素即初值、终值、时间常数，代入通用表达式里得到相应的暂态响应。

拓展知识

储能技术

2021 年 7 月 23 日，国家发展改革委和国家能源局发布了最新储能政策《关于加快推动新型储能发展的指导意见》（简称《指导意见》），提出到 2030 年，实现新型储能全面市场化发展。由于储能在电力消纳方面至关重要，近年来我国发布了一系列相关政策推动储能装机规模持续增长，尤其是新型储能的占比有所增大。

储能技术分类如图 3-拓展知识-1 所示。

由于化石能源是有限的，而且会产生污染，因此全球开始开展清洁能源的开发利用。但清洁能源最大的困境就是不稳定、利用率低，且存在明显的波峰波谷。随着风电、光伏等新能源平价进程不断推进，新能源装机容量的不断提高，而新能源发电具有间歇性和不稳定性的特点，由此引发的能源消纳问题日益凸显。

储能在电力消纳方面至关重要，电力系统是一个稳态平衡的系统，储能电站在多种电力能源与电力需求之间进行调节缓冲，相当于"蓄水池"的作用。

在政策的推动下，我国储能项目装机规模稳步增长。据中关村储能产业技术联盟（CNESA）

数据，截至 2020 年底，我国已投运储能项目累计装机规模为 35.6GW，占全球市场总规模的 18.6%，同比增长 9.8%。

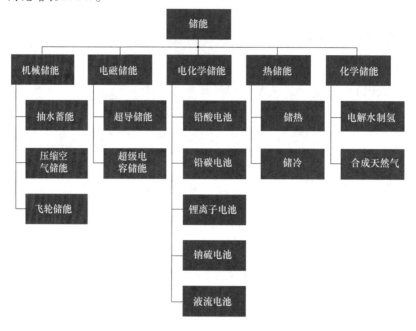

图 3-拓展知识-1 储能技术分类

近年来，在政策的推动下我国新型储能加速发展。2019—2020 年新型储能占全部储能比重有所上升，尤其是电化学储能从 4.9% 增长至 9.2%。

从我国投运储能项目的装机结构来看，抽水蓄能仍然是我国主要的储能方式，占比达 89.3%；我国新型储能的结构占比仍较小，新型储能中电化学储能为主要储能方式，而其中以锂离子电池为主，占比达 88.8%。

《指导意见》强调了推动储能技术进步和成本下降。过去十余年，伴随着行业技术进步，储能投资成本不断下降。CNESA 数据显示，储能电池成本每年以 20%~30% 的幅度下降。近年来，新能源电站项目储能招标价大幅降低。

2020 年年初以来，风储项目中标价从 2.15 元/（W·h）降至 1.06 元/（W·h）。除此之外，储能行业的上游锂电池，逐年高增的市场需求，有助于拉动成本的降低。"十四五"期间，我国电力体制改革政策的落实、电力现货市场的逐步建立、可再生能源实现大规模并网、分布式能源体系的完善、电动汽车的快速普及以及能源互联网的发展完善等将持续推动储能市场规模稳步攀升。

未来，储能技术与应用策略的成熟、标准与规范的制定、成本下降与规模化生产的实现、储能应用市场与价格机制的建立都将保障储能为支撑我国实现能源结构向低碳化转型发挥更加坚实的作用。据《指导意见》的主要目标，到 2025 年，新型储能装机规模将达到 30GW。

习　题

3-1 在直流稳态时，电感元件上（　　　）。

A. 有电流，有电压　　　　B. 有电流，无电压　　　　C. 无电流，有电压

3-2　在直流稳态时，电容元件上(　　)。

A. 有电压，有电流　　　B. 有电压，无电流　　　C. 无电压，有电流

3-3　在习题3-3图中，开关S闭合前电路已处于稳态，闭合开关S的瞬间，$u_L(0_+)$为(　　)。

A. 0V　　　B. 100V　　　C. 63.2V

3-4　在习题3-4图中，开关S闭合前电路已处于稳态，闭合开关S的瞬间，初始值$i_L(0_+)$和$i(0_+)$分别为(　　)。

A. 0A，1.5A　　　B. 3A，3A　　　C. 3A，1.5A

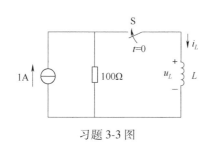

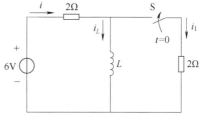

习题3-3图　　　　　　　　　　　　　习题3-4图

3-5　在习题3-5图中，开关S闭合前电路已处于稳态，闭合开关S的瞬间，初始值$i(0_+)$为(　　)。

A. 1A　　　B. 0.8A　　　C. 0A

3-6　在习题3-6图中，开关S闭合前电容元件和电感元件均未储能，闭合开关瞬间发生跃变的是(　　)。

A. i 和 i_1　　　B. i 和 i_3　　　C. i_2 和 u_C

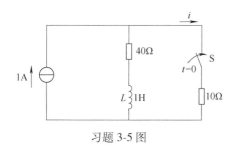

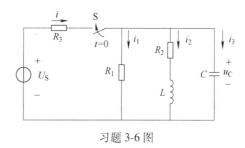

习题3-5图　　　　　　　　　　　　　习题3-6图

3-7　在电路的暂态过程中，电路的时间常数 τ 越大，则电流和电压的增长或衰减就(　　)。

A. 越快　　　B. 越慢　　　C. 无影响

3-8　电路的暂态过程从 $\tau=0$ 大致经过(　　)时间，就可认为到达稳定状态了。

A. τ　　　B. $3\tau \sim 5\tau$　　　C. 10τ

3-9　RL 串联电路的时间常数 τ 为(　　)。

A. RL　　　B. $\dfrac{L}{R}$　　　C. $\dfrac{R}{L}$

3-10　在习题3-10图所示电路中，在开关S闭合前电路已处于稳态。当开关闭合后，(　　)。

A. i_1、i_2、i_3 均不变

B. i_1 不变，i_2 增长为 i_1，i_3 衰减为零

C. i_1 增长，i_2 增长，i_3 不变

3-11　习题3-11图所示各电路在换路前都处于稳态，试求换路后电流 i 的初始值 $i(0_+)$ 和稳态值 $i(\infty)$。

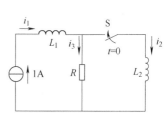

习题3-10图

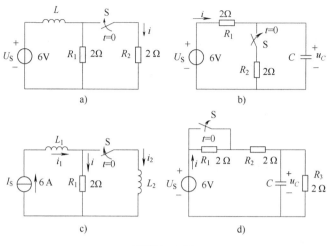

习题 3-11 图

3-12 在习题 3-12 图所示电路中，$u_C(0_-)=0$。试求：（1）$t \geqslant 0$ 时的 u_C 和 i；（2）u_C 达到 5V 所需时间。

3-13 在习题 3-13 图中，$U_S=20\text{V}$，$R_1=12\text{k}\Omega$，$R_2=6\text{k}\Omega$，$C_1=10\mu\text{F}$，$C_2=20\mu\text{F}$。电容元件初始均未储能。当开关闭合后，试求两串联电容元件两端的电压 u_C。

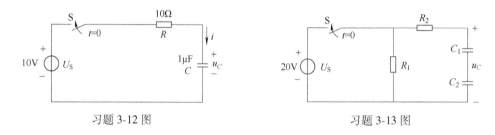

习题 3-12 图　　　　　　　　　　　习题 3-13 图

3-14 在习题 3-14 图中，$I_S=10\text{mA}$，$R_1=3\text{k}\Omega$，$R_2=3\text{k}\Omega$，$R_3=6\text{k}\Omega$，$C=2\mu\text{F}$。在开关 S 闭合前电路已处于稳态。求 $t \geqslant 0$ 时的 u_C 和 i_1，并作出它们随时间变化的曲线。

3-15 电路如习题 3-15 图所示，在开关闭合前电路已处于稳态，求开关闭合后的电压 u_C。

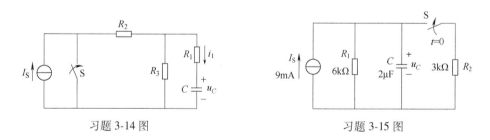

习题 3-14 图　　　　　　　　　　　习题 3-15 图

3-16 电路如习题 3-16 图所示，$u_C(0_-)=U_0=40\text{V}$，试问闭合开关 S 后需多长时间 u_C 才能增长到 80V？

3-17 电路如习题 3-17 图所示，$u_C(0_-)=10\text{V}$，试求 $t \geqslant 0$ 时的 u_C 和 u_o，并画出它们的变化曲线。

3-18 电路如习题 3-18 图所示，换路前已处于稳态，试求换路后（$t \geqslant 0$）的 u_C。

3-19 在习题 3-19 图所示电路中，$U_{S1}=24\text{V}$，$U_{S2}=20\text{V}$，$R_1=60\Omega$，$R_2=120\Omega$，$R_3=40\Omega$，$L=4\text{H}$，换路前电路已处于稳态，试求换路后的电流 i_L。

3-20 在习题 3-20 图所示电路中，$U_S=15\text{V}$，$R_1=R_2=R_3=30\Omega$，$L=2\text{H}$，换路前电路已处于稳态，试求当开关 S 从位置 1 合到位置 2 后（$t \geqslant 0$）的电流 i_L、i_2、i_3。

3-21 电路如习题 3-21 图所示,换路前电路处于稳态,试用三要素法求 $t \geqslant 0$ 时的 i_1、i_2 及 i_L。

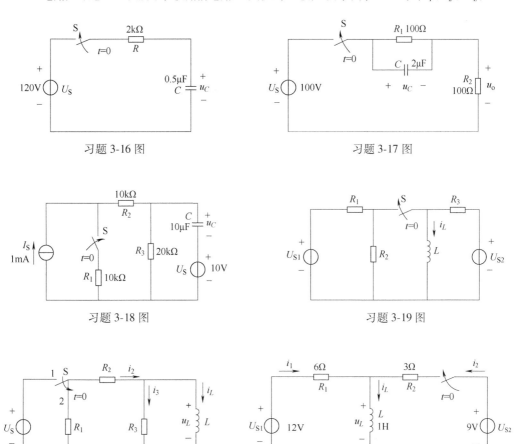

习题 3-16 图　　　　　　　　　　习题 3-17 图

习题 3-18 图　　　　　　　　　　习题 3-19 图

习题 3-20 图　　　　　　　　　　习题 3-21 图

第 **4** 章

正弦交流电路

导读

　　交流电在生产、输送和使用方面比直流电优越得多，得到了广泛的应用。因此，正弦交流电路的分析与计算是电工学中很重要的一个部分。对本章中所讨论的一些基本概念、基本理论和基本分析方法，应很好地掌握，并能合理运用，为后面学习交流电机及电子技术打下理论基础。

　　交流电的大小和方向随时间不断变化。交流电路具有用直流电路的概念无法理解和分析的物理现象，因此，在学习时必须牢固地建立交流电路的基本概念，否则容易引起错误。

　　交流电路的分析计算比直流电路复杂得多，本章首先介绍正弦量的相量表示法，其次介绍单一元件交流电路中电压电流大小相位和功率的分析计算，再次介绍复杂正弦交流电路电压电流大小相位和功率的分析计算，最后介绍电路的谐振现象和如何提高电路的功率因数。

本章学习要求

　　1）建立正弦量的概念；复习复数及其四则运算；理解正弦量与相量之间的对应关系。

　　2）掌握单一参数正弦电路伏安特性的相量模型、基尔霍夫定律的相量模型。

　　3）理解复阻抗的定义，会进行复阻抗的计算。

　　4）重点掌握单相正弦交流电路的相量分析法。

　　5）理解各种功率的概念，并会计算单相正弦交流电路有功功率。

　　6）了解串联谐振和并联谐振，理解功率因数提高的意义。

4.1　正弦电压与电流的三要素

　　前三章分析的是直流电路，在稳定状态下其中的电流和电压的大小与方向（或电压的极性）是不随时间而变化的。电路中按正弦规律变化的电压或电流统称为正弦量。对正弦量的数学描述可以采用 sin 函数，也可以采用 cos 函数。本书采用 sin 函数，用相量法分析时，要注意采用的是哪种形式，不要两者同时混用。

正弦量的三要素

　　一个正弦量可以由频率（或周期）、幅值（或有效值）和初相位三个特征或要素来确定。

例如，一段电路中有正弦电流 i，其数学表达式为

$$i(t) = I_m \sin(\omega t + \psi)$$

式中，I_m 为幅值；ω 为角频率；ψ 为初相位。

4.1.1　频率与周期

正弦量变化一次所需的时间(秒)称为周期 T。每秒内变化的次数称为频率 f，它的单位是赫[兹](Hz)。

频率是周期的倒数，即

$$f = \frac{1}{T} \tag{4-1-1}$$

我国和大多数国家都采用 50Hz 作为电力标准频率，有些国家(如美国、日本等)采用 60Hz。这种频率在工业上应用广泛，习惯上也称之为工频。通常，交流电动机和照明负载都用这种频率。

正弦量变化的快慢除用周期和频率表示外，还可用角频率 ω 来表示，它是正弦量的相位随时间变化的角速度，角频率为

$$\omega = \frac{2\pi}{T} = 2\pi f \tag{4-1-2}$$

它的单位是弧度/秒(rad/s)。

上式表示 T、f、ω 三者之间的关系，只要知道其中之一，则其余均可求出。

例 4-1-1　已知 $f = 1000\text{Hz}$，试求 T 和 ω。

解：
$$T = \frac{1}{f} = \frac{1}{1000}\text{s} = 0.001\text{s}$$

$$\omega = 2\pi f = 2 \times 3.14 \times 1000 \text{rad/s} = 6280 \text{rad/s}$$

4.1.2　幅值与有效值

正弦量在任一瞬间的值称为瞬时值，用小写字母来表示，如 i、u 及 u_S 分别表示电流、电压及电源电压的瞬时值。瞬时值中最大的值称为幅值或最大值，用带下标 m 的大写字母来表示，如 I_m、U_m、U_{Sm} 分别表示电流、电压及电源电压的幅值。

图 4-1-1 是正弦电流波形图，它的数学表达式为

$$i = I_m \sin\omega t \tag{4-1-3}$$

正弦电流、电压和电源电压的大小往往不是用它们的幅值，而是常用有效值(均方根值)来计量。

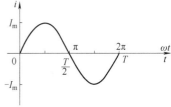

图 4-1-1　正弦电流波形图

有效值是从电流的热效应来规定的。工程中常将周期电流或电压在一个周期内产生的平均效应换算为在效应上与之相等的直流量，以衡量和比较周期电流或电压的效应。这一直流量就称为周期量的有效值，用相对应的大写字母表示。例如，某一个周期电流 i 通过电阻 R(譬如电阻炉)在一个周期内产生的热量和另一个直流 I 通过同样大小的电阻在相等的时间内产生的热量相等，那么这个周期性变化的电流 i 的有效值在数值上就等于这个直流 I。

根据上述，可得

$$\int_0^T Ri^2 \mathrm{d}t = RI^2 T$$

由此可得出周期电流的有效值为

$$I = \sqrt{\frac{1}{T}\int_0^T i^2 \mathrm{d}t} \qquad (4\text{-}1\text{-}4)$$

式(4-1-4)适用于周期性变化的量，但不能用于非周期量。

当周期电流为正弦量时，即 $i = I_\mathrm{m}\sin\omega t$，则

$$I = \sqrt{\frac{1}{T}\int_0^T I_\mathrm{m}^2 \sin^2\omega t \mathrm{d}t}$$

因为

$$\int_0^T \sin^2\omega t \mathrm{d}t = \int_0^T \frac{1-\cos 2\omega t}{2}\mathrm{d}t = \frac{1}{2}\int_0^T \mathrm{d}t - \frac{1}{2}\int_0^T \cos 2\omega t \mathrm{d}t$$

$$= \frac{T}{2} - 0 = \frac{T}{2}$$

所以

$$I = \sqrt{\frac{1}{T}I_\mathrm{m}^2 \frac{T}{2}} = \frac{I_\mathrm{m}}{\sqrt{2}} \qquad (4\text{-}1\text{-}5)$$

同理，正弦电压的有效值为

$$U = \frac{U_\mathrm{m}}{\sqrt{2}} \qquad (4\text{-}1\text{-}6)$$

按照规定，有效值都用大写字母表示，和表示直流的字母一样。

一般所讲的正弦电压或电流的大小，如交流电压 380V 或 220V，都是指它的有效值。一般交流电流表和电压表的刻度也是根据有效值来定的。

例 4-1-2 已知 $u = U_\mathrm{m}\sin\omega t$，$U_\mathrm{m} = 311\mathrm{V}$，$f = 50\mathrm{Hz}$，试求有效值 U 和 $t = \frac{1}{100}$s 时的瞬时值。

解：

$$U = \frac{U_\mathrm{m}}{\sqrt{2}} = \frac{311}{\sqrt{2}}\mathrm{V} = 220\mathrm{V}$$

$$u = U_\mathrm{m}\sin 2\pi ft = 311\sin\frac{100\pi}{100}\mathrm{V} = 0\mathrm{V}$$

4.1.3 相位、初相位和相位差

随时间变化的角度 $(\omega t + \psi)$ 称为正弦量的相位，它反映正弦量变化的进程。当相位随时间连续变化时，正弦量的瞬时值随之做连续变化。

ψ 是正弦量在 $t = 0$ 时刻的相位称为正弦量的初相位，初相位的单位用弧度（rad）或度（°）表示。初相位与计时零点的确定有关，对任一正弦量，初相位是允许任意指定的，但对于一个电路中的许多相关的正弦量，它们只能相对于一个共同的计时零点确定各自的相位。

在一个正弦交流电路中，电压 u 和电流 i 的频率是相同的，但初相位不一定相同，如图 4-1-2 所示，u 和 i 的波形可表示为

$$\begin{cases} u = U_{\mathrm{m}}\sin(\omega t + \psi_1) \\ i = I_{\mathrm{m}}\sin(\omega t + \psi_2) \end{cases} \qquad (4\text{-}1\text{-}7)$$

它们的初相位分别为 ψ_1 和 ψ_2。

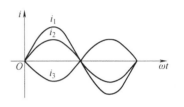

两个同频率正弦量的相位角之差或初相位角之差称为相位角差或相位差，用 ϕ 表示。在式（4-1-7）中，u 和 i 的相位差为

$$\phi = (\omega t + \psi_1) - (\omega t + \psi_2) = \psi_1 - \psi_2 \qquad (4\text{-}1\text{-}8)$$

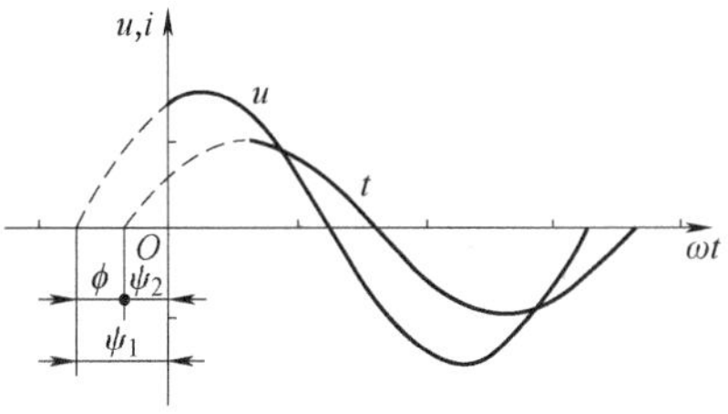

图 4-1-2　正弦电压、电流波形图

当两个同频率正弦量的计时起点（$t=0$）改变时，它们的相位和初相位即跟着改变，但是两者之间的相位差仍保持不变。

由图 4-1-2 所示的正弦波形可见，因为 u 和 i 的初相位不同（不同相），所以它们的变化步调是不一致的，即不是同时到达正的幅值或零值。图 4-1-2 中，$\psi_1 > \psi_2$，所以 u 较 i 先到达正的幅值，这时说在相位上 u 比 i 超前 ϕ 角，或者说 i 比 u 滞后 ϕ 角。在如图 4-1-3 所示的情况下，i_1 和 i_2 具有相同的初相位，即相位差 $\phi=0$，则两者同相（相位相同）；而 i_1 和 i_3 反相（相位相反），即两者的相位差 $\phi=180°$。

图 4-1-3　正弦电流波形图

4.2　正弦量的相量表示法

交流电路中的电流、电压都是随时间不断变化的正弦量，并没有东、南、西、北的方向，为什么可以用相量表示正弦量呢？

先来看看正弦量和向量之间的关系。

直角坐标中有一向量 $\boldsymbol{r}$，它的长度等于正弦电流 i 的最大值 I_{m}，它与横轴的夹角 ψ 等于正弦电流的初相位（按三角学的规定，夹角 ψ 由 x 轴的正方向按逆时针方向为正，顺时针方向为负）。当向量 $\boldsymbol{r}$ 以角速度 ω 逆时针等速旋转时，它在纵轴上的投影是

正弦量的相量
表示法

$$i = I_{\mathrm{m}}\sin(\omega t + \psi)$$

向量 $\boldsymbol{r}$ 继续旋转，可以得出各个不同时刻的纵轴投影值。由此可见，正弦量可以用一个旋转向量来表示，为了与空间向量相区别，把代表正弦量的旋转向量称为相量。相量的大小代表正弦量的最大值，相量的初始位置代表正弦量的初始相位，相量旋转的角速度代表正弦量的角频率，相量旋转时在纵轴上的投影代表正弦量的瞬时值。因此，这种相量叫作时间向量。为了和空间向量相区别，用上面加"·"的符号来表示时间向量，如 $\dot{I}$。时间向量与空间向量所代表的意义虽然不同，但是时间向量进行加减运算的方法与空间向量是相同的（作平行四边形）。

在实际工作中，需要计算的往往是正弦量的有效值，因此，常使相量的长度等于正弦量的有效值，这样就可以从相量图中直接得到有效值的计算结果。但是，有效值相量是静止的相量，它在纵轴上的投影就不再代表正弦量的瞬时值了。

前面已经讲过交流电三种表示法。一种是用三角函数式来表示，如 $i = I_{\mathrm{m}}\sin\omega t$，这是正弦量的基本表示法，准确而严格；一种是用正弦波形来表示，直观而形象；还有一种用时间向量即相量表示正弦量，可利用平行四边形法则，使正弦量的加减运算变得方便而迅速，还能直观地表示出正弦交流电路中各处电压、电流的相位和幅值关系，是分析计算正弦交流电

路的有力工具。

但是，正弦交流电路的相量分析法实际上是用几何的方法对电路进行分析计算。如果电路简单，应用起来当然比较方便，但是对于比较复杂的电路就不那么容易了。可以设想，若能把这种几何表示方法转换为对应的代数表示方法，那么复杂交流电路的分析计算就会简单和方便得多。这种代数表示方法就是复数。

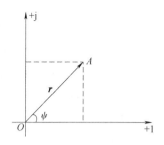

图 4-2-1　复平面图

设有一复数 A，可以用复平面上一个向量来表示，如图 4-2-1 所示。其模为 r，代表向量的长度；辐角为 ψ，代表向量与实轴的夹角。它可用下列三种式子表示：

$$A = a + jb = r\cos\psi + jr\sin\psi = r(\cos\psi + j\sin\psi) \tag{4-2-1}$$

$$A = re^{j\psi} \tag{4-2-2}$$

$$A = r \angle \psi \tag{4-2-3}$$

因此，一个复数可用上述几种复数式来表示。式(4-2-1)称为复数的代数式和三角式，式(4-2-2)称为指数式，式(4-2-3)则称为极坐标式，三者可以互相转换。复数的加减运算可用代数式，复数的乘除运算可用指数式或极坐标式。

由上可知，正弦量可用时间向量表示，向量的长度代表正弦量的最大值，向量与横轴的夹角代表正弦量的初相位。又知道，复平面上的向量可以用复数来表示，这样，如果能用复平面上的向量代表时间向量，那么交流电路中的正弦电压、电流就可以用复数来表示了。一个复数由模和辐角两个特征来确定，而正弦量由幅值、初相位和频率三个特征来确定。但在分析线性电路时，正弦激励和响应均为同频率的正弦量，频率是已知的，可不必考虑。因此，一个正弦量由幅值(或有效值)和初相位就可确定了。

比照复数和正弦量，正弦量可用复数表示。复数的模即为正弦量的幅值或有效值，复数的辐角即为正弦量的初相位。

为了与一般的复数相区别，把表示正弦量的复数称为相量，并在大写字母上加"·"。于是，表示正弦电压 $u = U_m\sin(\omega t + \psi)$ 的相量式为

$$\dot{U} = U(\cos\psi + j\sin\psi) = Ue^{j\psi} = U \angle \psi \tag{4-2-4}$$

注意，相量只是表示正弦量，而不是等于正弦量。

上式中的 j 是复数的虚数单位，即 $j = \sqrt{-1}$，并由此得 $j^2 = -1$，$\dfrac{1}{j} = -j$。

按照各个正弦量的大小和相位关系画出的若干个相量的图形称为相量图。在相量图上能形象地看出各个正弦量的大小和相互间的相位关系。例如，在图 4-1-2 中用正弦波形表示的电压 u 和电流 i 两个正弦量，在式(4-1-7)中是用三角函数式表示的，若用相量图表示，则如图 4-2-2 所示。电压相量 $\dot{U}$ 比电流相量 $\dot{I}$ 超前 ϕ 角，也就是正弦电压 u 比正弦电流 i 超前 ϕ 角。

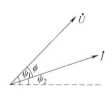

图 4-2-2　相量图

只有正弦周期量才能用相量表示，非正弦周期量不能用相量表示。只有同频率的正弦量才能画在同一相量图上，不同频率的正弦量不能画在一个相量图上，否则就无法比较和计算。

综上可知，表示正弦量的相量有两种形式：相量图和相量式。

当 $\varphi = \pm 90°$ 时，则

$$e^{\pm j90°} = \cos 90° \pm j\sin 90° = 0 \pm j = \pm j$$

因此，任意一个相量乘上 +j 后，即向前（逆时针方向）旋转了 90°；乘上 -j 后，即向后（顺时针方向）旋转了 90°。

例 4-2-1　在图 4-2-3 所示的电路中，设 $i_1 = I_{1m}\sin(\omega t + \psi_1) =$ 100$\sin(\omega t + 45°)$ A，$i_2 = I_{2m}\sin(\omega t + \psi_2) = 60\sin(\omega t - 30°)$ A，求总电流 i，并画相量图。

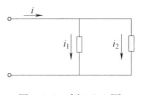

图 4-2-3　例 4-2-1 图

解：将 $i = i_1 + i_2$ 化为基尔霍夫电流定律的相量表示式，求 i 的相量 $\dot{I}$，有

$$
\begin{aligned}
\dot{I} &= \dot{I}_1 + \dot{I}_2 = I_1 e^{j\psi_1} + I_2 e^{j\psi_2} \\
&= (50\sqrt{2}\,e^{j45°} + 30\sqrt{2}\,e^{-j30°})\,\text{A} \\
&= [(50\sqrt{2}\cos 45° + j50\sqrt{2}\sin 45°) + \\
&\quad (30\sqrt{2}\cos 30° - j30\sqrt{2}\sin 30°)]\,\text{A} \\
&= 89.6 e^{j18°20'}\,\text{A}
\end{aligned}
$$

于是得

$$i = 129\sin(\omega t + 18°20')\,\text{A}$$

电流相量图如图 4-2-4 所示。

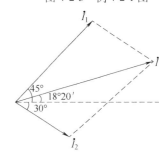

图 4-2-4　例 4-2-1 解图

4.3　单一参数的交流电路

分析各种正弦交流电路，要确定电路中电压与电流之间的关系（大小和相位），并讨论电路中能量的转换和功率问题。

分析各种交流电路时，必须首先掌握单一参数（电阻、电感、电容）元件电路中电压与电流之间的关系，因为其他电路无非是一些单一参数元件的组合而已。

4.3.1　电阻元件的交流电路

图 4-3-1a 是一个线性电阻元件的交流电路图，电压和电流的参考方向如图所示，两者的关系由欧姆定律确定，即

$$u = Ri$$

电阻元件的
交流电路

为了分析方便起见，选择电流经过零值并将向正值增加的瞬间作为计时起点（$t = 0$），即设

$$i = I_m \sin\omega t$$

为参考正弦量，则

$$u = Ri = RI_m \sin\omega t = U_m \sin\omega t \qquad (4\text{-}3\text{-}1)$$

也是一个同频率的正弦量。

比较上列两式即可看出，在电阻元件的交流电路中，电流和电压是同相的（相位差 $\varphi = 0$），表示电压和电流的正弦波形如图 4-3-1b 所示。

在式（4-3-1）中，有

$$U_m = RI_m$$

或有

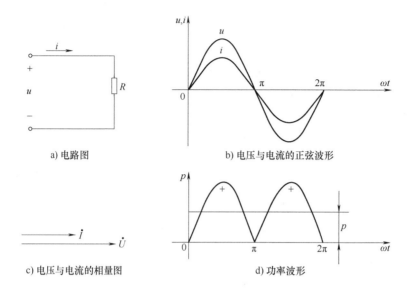

a) 电路图   b) 电压与电流的正弦波形

c) 电压与电流的相量图   d) 功率波形

图 4-3-1　电阻元件交流电路图

$$\frac{U_{\mathrm{m}}}{I_{\mathrm{m}}}=\frac{U}{I}=R \qquad (4\text{-}3\text{-}2)$$

由此可知，在电阻元件电路中，电压的幅值(或有效值)与电流的幅值(或有效值)之比就是电阻 R。

若用相量表示电压与电流的关系，则为

$$\dot{U}=U\mathrm{e}^{\mathrm{j}0^{\circ}},\quad \dot{I}=I\mathrm{e}^{\mathrm{j}0^{\circ}}$$

$$\frac{\dot{U}}{\dot{I}}=\frac{U}{I}=R$$

或有

$$\dot{U}=R\dot{I} \qquad (4\text{-}3\text{-}3)$$

此即欧姆定律的相量表示式。电压和电流的相量图如图 4-3-1c 所示。

知道了电压与电流的变化规律和相互关系后，便可计算出电路中的功率。在任意瞬间，电压瞬时值 u 与电流瞬时值 i 的乘积称为瞬时功率，用小写字母 p 代表，即

$$\begin{aligned}
p &= p_R = ui \\
&= U_{\mathrm{m}}I_{\mathrm{m}}\sin^2\omega t \\
&= \frac{U_{\mathrm{m}}I_{\mathrm{m}}}{2}(1-\cos 2\omega t) \qquad (4\text{-}3\text{-}4) \\
&= UI(1-\cos 2\omega t)
\end{aligned}$$

由式(4-3-4)可见，p 是由两部分组成的，第一部分是常数 UI，第二部分是幅值为 UI 并以 2ω 的角频率随时间而变化的交变量 $UI\cos 2\omega t$。p 随时间而变化的波形如图 4-3-1d 所示。

由于在电阻元件的交流电路中 u 与 i 同相，它们同时为正，同时为负，因此，瞬时功率总是正值，即 $p \geqslant 0$。瞬时功率为正，表示外电路从电源取用能量，在这里就是电阻元件从电源取用电能而转换为热能。

瞬时功率一个周期内的平均值称为平均功率 P。在电阻元件电路中，平均功率为

$$P = \frac{1}{T}\int_0^T p\,\mathrm{d}t = \frac{1}{T}\int_0^T UI(1 - \cos2\omega t)\,\mathrm{d}t = UI = RI^2 = \frac{U^2}{R} \qquad (4\text{-}3\text{-}5)$$

例 4-3-1 把一个 10Ω 的电阻元件接到频率为 50Hz、电压有效值为 10V 的正弦电源上，问电流是多少？如保持电压值不变，而电源频率改变为 5000Hz，这时电流将为多少？

解： 因为电阻与频率无关，所以电压有效值保持不变时，电流有效值相等，即

$$I = \frac{U}{R} = \frac{10}{10}\,\mathrm{A} = 1\,\mathrm{A}$$

4.3.2 电感元件的交流电路

图 4-3-2a 是一个线性电感元件的交流电路图。

当电感线圈中通过交流 i 时，其中产生自感电动势 e_L。设电流 i、电动势 e_L 和电压 u 的参考方向如图 4-3-2a 所示，根据基尔霍夫电压定律得出

$$u = -e_L = L\frac{\mathrm{d}i}{\mathrm{d}t}$$

电感元件的
交流电路

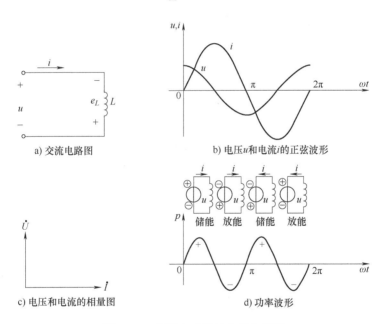

a) 交流电路图   b) 电压u和电流i的正弦波形

c) 电压和电流的相量图   d) 功率波形

图 4-3-2 线性电感元件交流电路图

设电流为参考正弦量，即

$$i = I_\mathrm{m}\sin\omega t$$

则有

$$u = L\frac{\mathrm{d}(I_\mathrm{m}\sin\omega t)}{\mathrm{d}t} = \omega LI_\mathrm{m}\cos\omega t = \omega LI_\mathrm{m}\sin(\omega t + 90°) = U_\mathrm{m}\sin(\omega t + 90°) \qquad (4\text{-}3\text{-}6)$$

也是一个同频率的正弦量。

比较上列两式可知，在电感元件电路中，在相位上电流比电压滞后 $90°$（相位差 $\varphi = +90°$）。

表示电压 u 和电流 i 的正弦波形如图 4-3-2b 所示。

在式(4-3-6)中，有

$$U_m = \omega L I_m$$

或有

$$\frac{U_m}{I_m} = \frac{U}{I} = \omega L \tag{4-3-7}$$

由此可知，在电感元件电路中，电压的幅值（或有效值）与电流的幅值（或有效值）之比为 ωL，它的单位为欧［姆］(Ω)。当电压 U 一定时，ωL 越大，则电流 I 越小。可见，它具有对交流电流起阻碍作用的物理性质，所以称为感抗，用 X_L 代表，即

$$X_L = \omega L = 2\pi f L \tag{4-3-8}$$

感抗 X_L 与电感 L、频率 f 成正比。因此，电感线圈对高频电流的阻碍作用很大，而对直流则可视作短路，即对直流讲，$X_L = 0$（注意，不是 $L = 0$，而是 $f = 0$）。

应该注意，感抗只是电压与电流的幅值或有效值之比，而不是它们的瞬时值之比，即 $\dfrac{u}{i} \neq X_L$，因为这与上述电阻电路不一样。在这里，电压与电流之间成导数关系，而不是成正比关系。

若用相量表示电压与电流的关系，则为

$$\dot{U} = U e^{j90°}, \quad \dot{I} = I e^{j0°}$$

$$\frac{\dot{U}}{\dot{I}} = \frac{U}{I} e^{j90°} = jX_L$$

或者

$$\dot{U} = jX_L \dot{I} = j\omega L \dot{I} \tag{4-3-9}$$

式（4-3-9）表示电压的有效值等于电流的有效值与感抗的乘积，在相位上电压比电流超前 $90°$，因为电流相量 $\dot{I}$ 乘上 j 后即向前（逆时针方向）旋转 $90°$。电压和电流的相量图如图 4-3-2c 所示。

电感元件交流电路的瞬时功率为

$$\begin{aligned} p &= p_L = ui \\ &= U_m I_m \sin\omega t \sin(\omega t + 90°) \\ &= U_m I_m \sin\omega t \cos\omega t \\ &= \frac{U_m I_m}{2}\sin 2\omega t \\ &= UI\sin 2\omega t \end{aligned} \tag{4-3-10}$$

由上式可见，p 是一个幅值为 UI，并以 2ω 的角频率随时间而变化的交变量，其波形如图 4-3-2d 所示。

在第一个和第三个 $\frac{1}{4}$ 周期内，p 是正的（u 和 i 正负相同）；在第二个和第四个 $\frac{1}{4}$ 周期内，p 是负的（u 和 i 一正一负）。瞬时功率的正负可以这样来理解：当瞬时功率为正值时，电感元件处于充电状态，它从电源取用电能；当瞬时功率为负值时，电感元件处于放电状态，它把电能归还电源。

在电感元件电路中，平均功率为

$$P = \frac{1}{T}\int_0^T p\,\mathrm{d}t = \frac{1}{T}\int_0^T UI\sin 2\omega t\,\mathrm{d}t = 0$$

从上述可知，在电感元件的交流电路中没有能量消耗，只有电源与电感元件间的能量互换。这种能量互换的规模用无功功率 Q 来衡量，规定无功功率等于瞬时功率 p_L 的幅值，即

$$Q = UI = X_L I^2 \tag{4-3-11}$$

它并不等于单位时间内互换了多少能量。无功功率的单位是乏（var）或千乏（kvar）。

与无功功率相对应，平均功率也可称为有功功率。

例 4-3-2　把一个 0.1H 的电感元件接到频率为 50Hz、电压有效值为 100V 的正弦电源上，求电流的值。如保持电压值不变，而电源频率改变为 5000Hz，这时电流将为多少？

解：当 $f = 50\text{Hz}$ 时，有

$$X_L = 2\pi f L = 2 \times 3.14 \times 50 \times 0.1\Omega = 31.4\Omega$$

$$I = \frac{U}{X_L} = \frac{100}{31.4}\text{A} = 3.18\text{A} = 3180\text{mA}$$

当 $f = 5000\text{Hz}$ 时，有

$$X_L = 2 \times 3.14 \times 5000 \times 0.1\Omega = 3140\Omega$$

$$I = \frac{100}{3140}\text{A} = 0.0318\text{A} = 31.8\text{mA}$$

可见，在电压有效值一定时，频率越高，则通过电感元件的电流有效值越小。

4.3.3　电容元件的交流电路

电容元件的
交流电路

图 4-3-3a 是一个线性电容元件的交流电路图，电流 i 和电压 u 的参考方向如图所示，两者相同，则有

$$i = C\frac{\mathrm{d}u}{\mathrm{d}t}$$

如果在电容器的两端加一正弦电压，即

$$u = U_\text{m}\sin\omega t$$

则有

$$i = C\frac{\mathrm{d}(U_\text{m}\sin\omega t)}{\mathrm{d}t} = \omega C U_\text{m}\cos\omega t = \omega C U_\text{m}\sin(\omega t + 90°) = I_\text{m}\sin(\omega t + 90°) \tag{4-3-12}$$

也是一个同频率的正弦量。

比较上列两式可知，在电容元件电路中，在相位上电流比电压超前 $90°$（$\varphi = -90°$）。规定：当电流比电压滞后时，其相位差 φ 为正；当电流比电压超前时，其相位差 φ 为负。这样的规定是为了便于说明电路是电感性的还是电容性的。

表示电压和电流的正弦波形如图 4-3-3b 所示。

在式（4-3-12）中，有

$$I_\text{m} = \omega C U_\text{m}$$

或有

$$\frac{U_\text{m}}{I_\text{m}} = \frac{U}{I} = \frac{1}{\omega C} \tag{4-3-13}$$

由此可知，在电容元件电路中，电压的幅值（或有效值）与电流的幅值（或有效值）之比为 $\dfrac{1}{\omega C}$，显然，它的单位是欧［姆］（Ω）。当电压 U 一定时，$\dfrac{1}{\omega C}$ 越大，则电流 I 越小。可见，

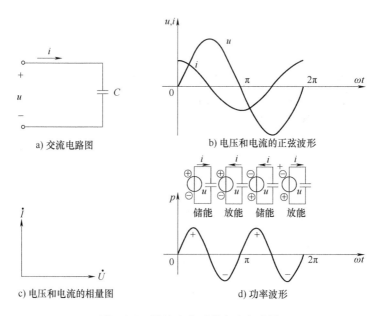

图 4-3-3　线性电容元件交流电路图

它具有对电流起阻碍作用的物理性质，所以称为容抗，用 X_C 代表，即

$$X_C = \frac{1}{\omega C} = \frac{1}{2\pi f C} \tag{4-3-14}$$

　　容抗 X_C 与电容 C、频率 f 成反比，所以电容元件对高频电流所呈现的容抗很小，是一捷径，而对直流 $(f=0)$ 所呈现的容抗 $X_C \to \infty$，可视作开路。因此，电容元件有隔断直流的作用。

　　若用相量表示电压与电流的关系，则为

$$\dot{U} = U e^{j0°}, \quad \dot{I} = I e^{j90°}$$

$$\frac{\dot{U}}{\dot{I}} = \frac{U}{I} e^{-j90°} = -jX_C$$

或有

$$\dot{U} = -jX_C\dot{I} = -j\frac{\dot{I}}{\omega C} = \frac{\dot{I}}{j\omega C} \tag{4-3-15}$$

　　式(4-3-15)表示电压的有效值等于电流的有效值与容抗的乘积，而在相位上电压比电流滞后 90°，因为电流相量 $\dot{I}$ 乘 $(-j)$ 后，即向后(顺时针方向)旋转 90°。电压和电流的相量图如图 4-3-3c 所示。

　　电容元件交流电路的瞬时功率为

$$\begin{aligned} p = p_C &= ui \\ &= U_m I_m \sin\omega t \sin(\omega t + 90°) \\ &= U_m I_m \sin\omega t \cos\omega t \\ &= \frac{U_m I_m}{2}\sin 2\omega t \\ &= UI\sin 2\omega t \end{aligned} \tag{4-3-16}$$

　　由上式可见，p 是一个以 2ω 的角频率随时间而变化的交变量，它的幅值为 UI，波形如

图 4-3-3d 所示。

在第一个和第三个 $\frac{1}{4}$ 周期内，电压值在增高，就是电容元件在充电，这时电容元件从电源取

用电能而储存在它的电场中，所以 p 是正的；在第二个和第四个 $\frac{1}{4}$ 周期内，电压值在降低，就是

电容元件在放电，这时电容元件放出在充电时所储存的能量，把它归还给电源，所以 p 是负的。

在电容元件电路中，平均功率为

$$P = \frac{1}{T}\int_0^T p\mathrm{d}t = \frac{1}{T}\int_0^T UI\sin2\omega t\,\mathrm{d}t = 0$$

这说明电容元件是不消耗能量的，在电源与电容元件之间只发生能量的互换。能量互换的规模用无功功率来衡量，它等于瞬时功率 p_C 的幅值。

为了同电感元件电路的无功功率相比较，也设电流

$$i = I_\mathrm{m}\sin\omega t$$

为参考正弦量，则

$$u = U_\mathrm{m}\sin(\omega t - 90°)$$

于是得出瞬时功率为

$$p = p_C = ui = -UI\sin2\omega t$$

由此可见，电容元件电路的无功功率为

$$Q = -UI = -X_C I^2 \tag{4-3-17}$$

即电容性无功功率取负值，而电感性无功功率取正值，以示区别。

例 4-3-3 把一个 $25\mu\mathrm{F}$ 的电容元件接到频率为 50Hz、电压有效值为 10V 的正弦电源上，则电流是多少？如保持电压值不变，而电源频率改为 500Hz，这时电流将为多少？

解： 当 $f = 50\mathrm{Hz}$ 时，有

$$X_C = \frac{1}{2\pi fC} = \frac{1}{2\times3.14\times50\times(25\times10^{-6})}\Omega = 127.4\Omega$$

$$I = \frac{U}{X_C} = \frac{10}{127.4}\mathrm{A} = 0.078\mathrm{A} = 78\mathrm{mA}$$

当 $f = 500\mathrm{Hz}$ 时，有

$$X_C = \frac{1}{2\times3.14\times500\times(25\times10^{-6})}\Omega = 12.74\Omega$$

$$I = \frac{U}{X_C} = \frac{10}{12.74}\mathrm{A} = 0.78\mathrm{A}$$

可见，在电压有效值一定时，频率越高，则通过电容元件的电流有效值越大。

4.4 RLC 串并联交流电路

4.4.1 RLC 串联交流电路

电阻、电感与电容元件串联的交流电路如图 4-4-1 所示。电路的各元件通过同一电流，电流与各个电压的参考方向如图 4-4-1 所示。分析这种电路

RLC 串联交流
电路分析

可以应用上节所得的结果。

根据基尔霍夫电压定律可列出

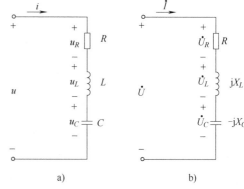

$$u = u_R + u_L + u_C$$

$$= Ri + L\frac{\mathrm{d}i}{\mathrm{d}t} + \frac{1}{C}\int i \mathrm{d}t \qquad (4\text{-}4\text{-}1)$$

若用相量表示电压与电流的关系，则为

$$\dot{U} = \dot{U}_R + \dot{U}_L + \dot{U}_C = R\dot{I} + jX_L\dot{I} - jX_C\dot{I}$$

$$= [R + j(X_L - X_C)]\dot{I} \qquad (4\text{-}4\text{-}2)$$

此即为基尔霍夫电压定律的相量表示式。

将上式写成

$$\frac{\dot{U}}{\dot{I}} = R + j(X_L - X_C) \qquad (4\text{-}4\text{-}3)$$

图 4-4-1　电阻、电感与电容元件串联的交流电路

式中，$R + j(X_L - X_C)$ 称为电路的复阻抗，是一个复数，用大写的 Z 代表，其中 jX 叫作复电抗，$jX = j(X_L - X_C)$，是复感抗和复容抗的代数和，即

$$Z = R + j(X_L - X_C) = \sqrt{R^2 + (X_L - X_C)^2}\, \mathrm{e}^{\mathrm{j}\arctan\frac{X_L - X_C}{R}} = |Z|\mathrm{e}^{\mathrm{j}\varphi} \qquad (4\text{-}4\text{-}4)$$

在上式中，有

$$|Z| = \sqrt{R^2 + (X_L - X_C)^2} = \sqrt{R^2 + \left(\omega L - \frac{1}{\omega C}\right)^2} \qquad (4\text{-}4\text{-}5)$$

是阻抗的模，称为阻抗模，即

$$\frac{U}{I} = \sqrt{R^2 + (X_L - X_C)^2} = |Z| \qquad (4\text{-}4\text{-}6)$$

阻抗的单位也是欧[姆](Ω)，也具有对电流起阻碍作用的性质。又有

$$\varphi = \arctan\frac{U_L - U_C}{U_R} = \arctan\frac{X_L - X_C}{R} \qquad (4\text{-}4\text{-}7)$$

是阻抗的辐角，即为电流与电压之间的相位差。

设电流

$$i = I_{\mathrm{m}}\sin\omega t$$

为参考正弦量，则电压为

$$u = U_{\mathrm{m}}\sin(\omega t + \varphi)$$

图 4-4-2 是电流与各个电压的相量图。

由式（4-4-4）可见，阻抗的实部为"阻"，虚部为"抗"，它表示了电路的电压与电流之间的关系，既表示了大小关系(反映在阻抗模 $|Z|$ 上)，又表示了相位关系(反映在辐角 φ 上)。

对电感性电路($X_L > X_C$)，φ 为正；对电容性电路($X_L < X_C$)，φ 为负。当然，也可以使 $X_L = X_C$，即 $\varphi = 0$，则为电阻性电路。因此，φ 角的正负和大小是由电路(负载)的参数决定的。

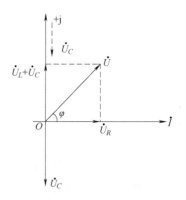

图 4-4-2　电流与各个电压的相量图

最后讨论电路的功率。电阻、电感与电容元件串联的交流电路的瞬时功率为

$$p = ui = U_{\mathrm{m}}I_{\mathrm{m}}\sin(\omega t + \varphi)\sin\omega t \qquad (4\text{-}4\text{-}8)$$

并可推导出

$$p = UI\cos\varphi - UI\cos(2\omega t + \varphi) \qquad (4\text{-}4\text{-}9)$$

由于电阻元件上要消耗电能，相应的平均功率为

$$P = \frac{1}{T}\int_0^T p\,\mathrm{d}t = \frac{1}{T}\int_0^T \left[UI\cos\varphi - UI\cos(2\omega t + \varphi) \right]\mathrm{d}t = UI\cos\varphi \qquad (4\text{-}4\text{-}10)$$

从图 4-4-2 所示的相量图可得出

$$U\cos\varphi = U_R = RI$$

于是

$$P = U_R I = RI^2 = UI\cos\varphi \qquad (4\text{-}4\text{-}11)$$

而电感元件与电容元件要储放能量，即它们与电源之间要进行能量互换，相应的无功功率可根据式(4-3-11)和式(4-3-17)得出，即

$$Q = U_L I - U_C I = (U_L - U_C)I = (X_L - X_C)I^2 = UI\sin\varphi \qquad (4\text{-}4\text{-}12)$$

由上述可知，一个交流发电机输出的功率不仅与发电机的端电压及其输出电流的有效值的乘积有关，而且还与电路(负载)的参数有关。电路所具有的参数不同，则电压与电流间的相位差 φ 就不同，在同样电压 U 和电流 I 之下，这时电路的有功功率和无功功率也就不同。式(4-4-11)中的 $\cos\varphi$ 称为功率因数。

在交流电路中，平均功率一般不等于电压与电流有效值的乘积，若将两者的有效值相乘，则得出所谓视在功率 S，即

$$S = UI = |Z|I^2 \qquad (4\text{-}4\text{-}13)$$

交流电气设备是按照规定了的额定电压 U_{N} 和额定电流 I_{N} 来设计和使用的，变压器的容量就是以额定电压和额定电流的乘积，即所谓额定视在功率 $S_{\mathrm{N}} = U_{\mathrm{N}}I_{\mathrm{N}}$ 来表示的。视在功率的单位是伏·安(V·A)或千伏·安(kV·A)。由于平均功率 P、无功功率 Q 和视在功率 S 三者所代表的意义不同，为了区别起见，各采用不同的单位。交流电路中电压与电流的关系(大小和相位)有一定的规律性，是容易掌握的。

现将几种正弦交流电路中电压与电流的关系列入表 4-4-1 中，以帮助读者总结和记忆。

表 4-4-1　正弦交流电路中电压与电流的关系

电路	一般关系式	相位关系	大小关系	复数式
R	$u = Ri$		$I = \dfrac{U}{R}$	$\dot{I} = \dfrac{\dot{U}}{R}$
L	$u = L\dfrac{\mathrm{d}i}{\mathrm{d}t}$		$I = \dfrac{U}{X_L}$	$\dot{I} = \dfrac{\dot{U}}{\mathrm{j}X_L}$
C	$u = \dfrac{1}{C}\int i\,\mathrm{d}t$		$I = \dfrac{U}{X_C}$	$\dot{I} = \dfrac{\dot{U}}{-\mathrm{j}X_C}$
RL 串联	$u = Ri + L\dfrac{\mathrm{d}i}{\mathrm{d}t}$		$I = \dfrac{U}{\sqrt{R^2 + X_L^2}}$	$\dot{I} = \dfrac{\dot{U}}{R + \mathrm{j}X_L}$

（续）

电路	一般关系式	相位关系	大小关系	复数式
RC 串联	$u = Ri + \dfrac{1}{C}\int i\,\mathrm{d}t$		$I = \dfrac{U}{\sqrt{R^2 + X_C^2}}$	$\dot{I} = \dfrac{\dot{U}}{R - \mathrm{j}X_C}$
RLC 串联	$u = Ri + L\dfrac{\mathrm{d}i}{\mathrm{d}t} + \dfrac{1}{C}\int i\,\mathrm{d}t$	$\varphi < 0$ $\varphi = 0$ $\varphi > 0$	$I = \dfrac{U}{\sqrt{R^2 + (X_L - X_C)^2}}$	$\dot{I} = \dfrac{\dot{U}}{R + \mathrm{j}(X_L - X_C)}$

例 4-4-1　在电阻、电感与电容元件串联的交流电路中，已知 $R = 8\Omega$，$L = 15\mathrm{mH}$，$C = 50\mu\mathrm{F}$，电源电压 $u = 220\sqrt{2}\sin(1000t + 20°)\,\mathrm{V}$。

（1）求电流 i 及各部分电压 u_R、u_L、u_C；（2）作相量图；（3）求功率 P 和 Q。

解：（1）
$$X_L = \omega L = 1000 \times 15 \times 10^{-3}\,\Omega = 15\,\Omega$$

$$X_C = \frac{1}{\omega C} = \frac{1}{1000 \times 50 \times 10^{-6}}\,\Omega = 20\,\Omega$$

$$Z = R + \mathrm{j}(X_L - X_C) = [\,8 + \mathrm{j}(15 - 20)\,]\,\Omega$$
$$= (8 - \mathrm{j}5)\,\Omega = 9.44\,\angle -32°\,\Omega$$

$$\dot{U} = 220\,\angle 20°\,\mathrm{V}$$

于是得
$$\dot{I} = \frac{\dot{U}}{Z} = \frac{220\,\angle 20°}{9.44\,\angle -32°}\,\mathrm{A} = 23.3\,\angle 52°\,\mathrm{A}$$

$$i = 23.3\sqrt{2}\sin(1000t + 52°)\,\mathrm{A}$$

$$\dot{U}_R = R\dot{I} = 8 \times 23.3\,\angle 52°\,\mathrm{A} = 186\,\angle 52°\,\mathrm{V}$$

$$u_R = 186\sqrt{2}\sin(1000t + 52°)\,\mathrm{V}$$

$$\dot{U}_L = \mathrm{j}X_L\dot{I} = \mathrm{j}15 \times 23.3\,\angle 52°\,\mathrm{V} = 349.5\,\angle 142°\,\mathrm{V}$$

$$u_L = 349.5\sqrt{2}\sin(314t + 142°)\,\mathrm{V}$$

$$\dot{U}_C = -\mathrm{j}X_C\dot{I} = -\mathrm{j}20 \times 23.3\,\angle 52°\,\mathrm{V} = 466\,\angle -38°\,\mathrm{V}$$

$$u_C = 466\sqrt{2}\sin(314t - 38°)\,\mathrm{V}$$

注意，有
$$\dot{U} = \dot{U}_R + \dot{U}_L + \dot{U}_C$$
$$U \neq U_R + U_L + U_C$$

（2）电流和各个电压的相量图如图 4-4-3 所示。

（3）$P = UI\cos\varphi = 220 \times 23.3 \times \cos(-32°)\,\mathrm{W}$
$$= 220 \times 23.3 \times 0.85\,\mathrm{W} = 4357.1\,\mathrm{W}$$

$Q = UI\sin\varphi = 220 \times 23.3 \times \sin(-32°)\,\mathrm{var}$
$$= 220 \times 23.3 \times (-0.55)\,\mathrm{var} = -2819.3\,\mathrm{var}（电容性）$$

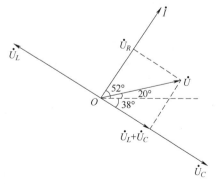

图 4-4-3　例 4-4-1 的相量图

4.4.2　*RLC* 并联交流电路

图 4-4-4a 是一个由 *R*、*L* 和 *C* 并联组成的电路。电路在正弦电压 $u(t)$ 的激励下，在各元件上引起的响应 $i_R(t)$、$i_L(t)$ 和 $i_C(t)$ 也是同频率的正弦量。各支路电流分别表示为

$$\dot{I}_R=\frac{\dot{U}}{R},\ \dot{I}_L=\frac{\dot{U}}{jX_L}=-j\frac{\dot{U}}{X_L},\ \dot{I}_C=\frac{\dot{U}}{-jX_C}=j\frac{\dot{U}}{X_C}$$

并且电路中的电压、电流可用相量表示，各元件的参数可用复数表示，即可做出与原电路对应的相量模型，如图 4-4-4b 所示。

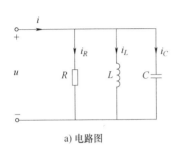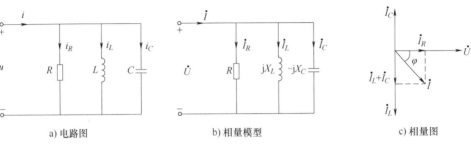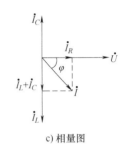

a) 电路图　　　　　　　　　b) 相量模型　　　　　　　　c) 相量图

图 4-4-4　*RLC* 并联电路

根据 KCL 的相量形式有

$$\dot{I}=\dot{I}_R+\dot{I}_L+\dot{I}_C \tag{4-4-14}$$

总电流的相量形式为

$$\dot{I}=\dot{I}_R+\dot{I}_L+\dot{I}_C=\frac{\dot{U}}{R}-j\frac{\dot{U}}{X_L}+j\frac{\dot{U}}{X_C}=\dot{U}\left[\frac{1}{R}+j\left(\frac{1}{X_C}-\frac{1}{X_L}\right)\right] \tag{4-4-15}$$

设 $X_C>X_L$，从而 $I_L>I_C$，设 $\dot{U}=U\angle0°$，则相量图如图 4-4-4c 所示。由相量图可知，$\dot{U}$ 超前于 $\dot{I}$，电路呈电感性质，称为感性电路。总电流的有效值为

$$I=\sqrt{I_R^2+(I_L-I_C)^2}=U\sqrt{\left(\frac{1}{R}\right)^2+\left(\frac{1}{X_L}-\frac{1}{X_C}\right)^2} \tag{4-4-16}$$

电路中电压与电流的相位差为

$$\varphi=\psi_u-\psi_i=\arctan\frac{I_L-I_C}{I_R}=\arctan\frac{\frac{1}{X_L}-\frac{1}{X_C}}{\frac{1}{R}} \tag{4-4-17}$$

设 $X_L>X_C$，从而 $I_C>I_L$，$\dot{U}$ 滞后于 $\dot{I}$，电路呈电容性质，称为容性电路。

设 $X_L=X_C$，从而 $I_C=I_L$，$\dot{U}$ 与 $\dot{I}$ 同相，电路呈纯阻性，称为谐振电路。

例 4-4-2　试用相量法求图 4-4-5 所示交流电路中未知电流表 A_0 的读数。

解：设电压 $\dot{U}=U\angle0°$ 为参考量，其相量图如图 4-4-6 所示，可得

（a）$I_0=I_1+I_2=3A+6A=9A$

（b）$I_0=\sqrt{I_1^2+I_2^2}=10A$

（c）$I_0=-I_1+I_2=8A-6A=2A$

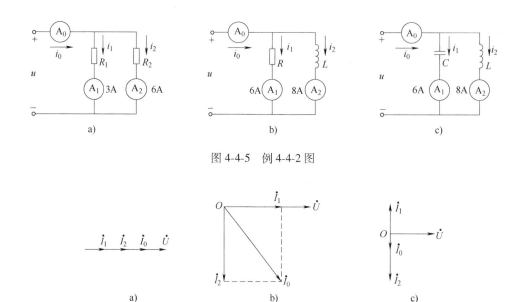

图 4-4-5　例 4-4-2 图

图 4-4-6　例 4-4-2 的相量图

4.5　单相正弦交流电路分析

在交流电路中，常采用相量法来分析电路，为此，需要掌握欧姆定律和基尔霍夫定律的相量形式。直流电路中由欧姆定律和基尔霍夫定律所推导出的结论、分析方法和定理，都可以扩展到交流电路中。

4.5.1　基尔霍夫定律的相量形式

根据基尔霍夫电流定律，在电路的任意节点，任何时刻，都有

$$i_1+i_2+\cdots+i_n=0 \qquad (4\text{-}5\text{-}1)$$

或

$$\sum i_k=0, \ k=1,2,\cdots,n \qquad (4\text{-}5\text{-}2)$$

若这些电流都是同频率的正弦量，则可以用相量形式表示为

$$\dot I_1+\dot I_2+\cdots+\dot I_n=0 \qquad (4\text{-}5\text{-}3)$$

或

$$\sum \dot I_k=0, \ k=1,2,\cdots,n \qquad (4\text{-}5\text{-}4)$$

式(4-5-4)是基尔霍夫电流定律在正弦交流电路中的相量形式，它与直流电路中的基尔霍夫电流定律 $\sum I_k=0$ 在形式上是相似的。

基尔霍夫电压定律对电路中任何一回路在任意瞬时都是成立的，即 $\sum u_k=0$，同样，这些电压 u_k 都是同频率的正弦量，可以用相量形式表示为

$$\sum \dot U_k=0 \qquad (4\text{-}5\text{-}5)$$

式(4-5-5)是基尔霍夫电压定律在正弦交流电路中的相量形式，它与直流电路中的基尔霍夫电压定律 $\sum U_k=0$ 在形式上是相似的。

4.5.2　阻抗的串联

图 4-5-1a 是两个阻抗串联的电路。根据基尔霍夫电压定律可写出它的相量表示式，即

正弦交流电路的阻抗

$$\dot{U} = \dot{U}_1 + \dot{U}_2 = Z_1\dot{I} + Z_2\dot{I} = (Z_1 + Z_2)\dot{I} \qquad (4\text{-}5\text{-}6)$$

两个串联的阻抗可用一个等效阻抗 Z 来代替，在同样电压的作用下，电路中电流的有效值和相位保持不变。根据图 4-5-1b 所示的等效电路可写出

$$\dot{U} = Z\dot{I} \qquad (4\text{-}5\text{-}7)$$

比较上列两式，则得

$$Z = Z_1 + Z_2 \qquad (4\text{-}5\text{-}8)$$

因为一般有

$$U \neq U_1 + U_2$$

即有

$$|Z|I \neq |Z_1|I + |Z_2|I$$

所以

$$|Z| \neq |Z_1| + |Z_2|$$

由此可见，只有等效阻抗才等于各个串联阻抗之和。

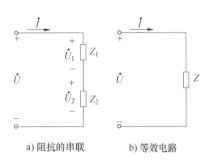

a) 阻抗的串联　　　b) 等效电路

图 4-5-1　两个阻抗串联的电路

例 4-5-1　在图 4-5-1a 中，有两个阻抗 $Z_1 = (6+j9)\ \Omega$ 和 $Z_2 = (3-j4)\ \Omega$，它们串联接在 $\dot{U} = 220\angle 30°\text{V}$ 的电源上。试用相量计算电路中的电流 $\dot{I}$ 和各个阻抗上的电压 $\dot{U}_1$ 和 $\dot{U}_2$，并作相量图。

解：
$$\begin{aligned} Z = Z_1 + Z_2 &= \sum R_k + j\sum X_k \\ &= [(6+3)+j(9-4)]\ \Omega \\ &= (9+j5)\ \Omega = 10.3\angle 28°\ \Omega \end{aligned}$$

$$\dot{I} = \frac{\dot{U}}{Z} = \frac{220\angle 30°}{10.3\angle 28°}\text{A} = 22\angle 2°\text{A}$$

$$\dot{U}_1 = Z_1\dot{I} = (6+j9)22\angle 2°\text{V} = 10\angle 56°\times 22\angle 2°\text{V} = 220\angle 58°\text{V}$$

$$\dot{U}_2 = Z_2\dot{I} = (3-j4)22\angle 2°\text{V} = 5\angle -58°\times 22\angle 2°\text{V} = 103.6\angle -56°\text{V}$$

可用 $\dot{U} = \dot{U}_1 + \dot{U}_2$ 验算。电流与电压的相量图如图 4-5-2 所示。

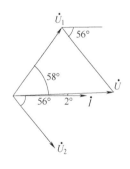

图 4-5-2　例 4-5-1 图

4.5.3　阻抗的并联

图 4-5-3a 是两个阻抗并联的电路。根据基尔霍夫电流定律可写出它的相量表示式，即

$$\dot{I} = \dot{I}_1 + \dot{I}_2 = \frac{\dot{U}}{Z_1} + \frac{\dot{U}}{Z_2} = \dot{U}\left(\frac{1}{Z_1} + \frac{1}{Z_2}\right) \qquad (4\text{-}5\text{-}9)$$

两个并联的阻抗也可用一个等效阻抗 Z 来代替。根据图 4-5-3b 所示的等效电路可写出

$$\dot{I} = \frac{\dot{U}}{Z} \qquad (4\text{-}5\text{-}10)$$

比较上列两式，则得

$$\frac{1}{Z} = \frac{1}{Z_1} + \frac{1}{Z_2} \qquad (4\text{-}5\text{-}11)$$

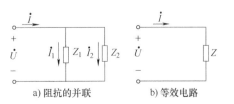

a) 阻抗的并联　　　b) 等效电路

图 4-5-3　阻抗并联电路

或者

$$Z = \frac{Z_1 Z_2}{Z_1 + Z_2}$$

因为一般有

$$I \neq I_1 + I_2$$

即有

$$\frac{U}{|Z|} \neq \frac{U}{|Z_1|} + \frac{U}{|Z_2|}$$

所以

$$\frac{1}{|Z|} \neq \frac{1}{|Z_1|} + \frac{1}{|Z_2|}$$

74

由此可见，只有等效阻抗的倒数才等于各个并联阻抗的倒数之和。

例 4-5-2　在图 4-5-4 中，电源电压 $\dot{U} = 220 \angle 0°$ V。试求：（1）等效阻抗 Z；（2）电流 $\dot{I}$、$\dot{I}_1$ 和 $\dot{I}_2$。

解：（1）等效阻抗为

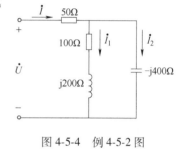

图 4-5-4　例 4-5-2 图

$$
\begin{aligned}
Z &= 50 + \frac{(100+j200)(-j400)}{100+j200-j400} \\
&= (50+320+j240)\,\Omega = (370+j240)\,\Omega \\
&= 440 \angle 33°\,\Omega
\end{aligned}
$$

（2）电流为

$$\dot{I} = \frac{\dot{U}}{Z} = \frac{220 \angle 0°}{440 \angle 33°}\text{A} = 0.5 \angle -33°\,\text{A}$$

$$
\begin{aligned}
\dot{I}_1 &= \frac{-j400}{100+j200-j400} \times 0.5 \angle -33°\,\text{A} \\
&= \frac{400 \angle -90°}{224 \angle -63.4°} \times 0.5 \angle -33°\,\text{A} \\
&= 0.89 \angle -59.6°\,\text{A}
\end{aligned}
$$

$$
\begin{aligned}
\dot{I}_2 &= \frac{100+j200}{100+j200-j400} \times 0.5 \angle -33°\,\text{A} \\
&= \frac{224 \angle 63.4°}{224 \angle -63.4°} \times 0.5 \angle -33°\,\text{A} \\
&= 0.5 \angle 93.8°\,\text{A}
\end{aligned}
$$

4.5.4　复杂正弦交流电路分析

在正弦交流电路中以相量形式表示的欧姆定律和基尔霍夫定律与直流电路有相似的表达式，因而在直流电路中，由欧姆定律和基尔霍夫定律推导出的支路电流法、节点电压法、叠加定理、等效电源定理等都可以同样扩展到正弦交流电路中。在扩展中，直流电路中的各物理量在交流电路中用相量的形式来代替，直流电路的电阻 R 用阻抗 Z 来代替。

例 4-5-3　已知图 4-5-5a 中电流表 A_1、A_2、A_3 的读数都是 10A，图 4-5-5b 中电压表 V_1、V_2、V_3 的读数分别是 30V、30V、70V，试求电路中电流表 A 和电压表 V 的读数。

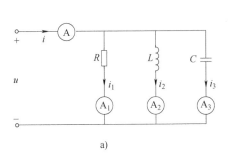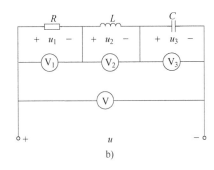

图 4-5-5　例 4-5-3 图

解： 在图 4-5-5a 中，由于并联电路中各支路电压相同，所以设端电压为参考相量，即

$$\dot{U} = U \angle 0°$$

则

$$\dot{I}_1 = 10 \angle 0° \text{A}$$

$$\dot{I}_2 = 10 \angle -90° \text{A}$$

$$\dot{I}_3 = 10 \angle 90° \text{A}$$

由 KCL 可知

$$\dot{I} = \dot{I}_1 + \dot{I}_2 + \dot{I}_3 = 10 \text{A}$$

所以，图 4-5-5a 中电流表 A 的读数为 10A。

在图 4-5-5b 中，由于串联电路中各元件的电流相同，所以设电流为参考相量，即

$$\dot{I} = I \angle 0°$$

则

$$\dot{U}_1 = 30 \angle 0° \text{V}（电阻元件电流与电压同相）$$

$$\dot{U}_2 = 30 \angle 90° \text{V}（电感元件电流滞后电压 90°）$$

$$\dot{U}_3 = 70 \angle -90° \text{V}（电容元件电流超前电压 90°）$$

由 KVL 可知

$$\dot{U} = \dot{U}_1 + \dot{U}_2 + \dot{U}_3 = 50 \angle -53.13° \text{V}$$

所以，图 4-5-5b 中电压表 V 的读数为 50V

4.6　电路中的谐振

在含有电感和电容元件的电路中，电路两端的电压与其中的电流一般是不同相的。如果调节电路的参数或电源的频率而使它们同相，这时电路中就会发生谐振现象。按发生谐振的电路的不同，谐振现象可分为串联谐振和并联谐振。下面分别讨论这两种谐振的条件和特征。

4.6.1　串联谐振

在 RLC 串联电路(图 4-4-1)中，当

$$X_L = X_C \text{ 或 } 2\pi f L = \frac{1}{2\pi f C} \tag{4-6-1}$$

时，则

串联谐振

$$\varphi = \arctan = \frac{X_L - X_C}{R} = 0$$

即电源电压 u 与电路中电流 i 同相,这时电路中发生串联谐振。式(4-6-1)是发生串联谐振的条件,并由此得出谐振频率为

$$f = f_0 = \frac{1}{2\pi\sqrt{LC}} \tag{4-6-2}$$

可见,只要调节 L、C 或电源频率 f,就能使电路发生谐振。

串联谐振具有下列特征:

电路的阻抗模 $|Z| = \sqrt{R^2 + (X_L - X_C)^2} = R$,其值最小。因此,在电源电压 U 不变的情况下,电路中的电流将在谐振时达到最大值,即

$$I = I_0 = \frac{U}{R}$$

在图 4-6-1 中分别画出了阻抗模和电流随频率变化的曲线。

由于电源电压与电路中电流同相($\varphi = 0$),因此电路对电源呈现电阻性。电源供给电路的能量全被电阻所消耗,电源与电路之间不发生能量的互换。能量的互换只能发生在电感线圈与电容器之间。

由于 $X_L = X_C$,于是 $U_L = U_C$,而 $\dot{U}_L$ 与 $\dot{U}_C$ 在相位上相反,相互抵消,对整个电路不起作用,因此电源电压 $\dot{U} = \dot{U}_R$(见图 4-6-2)。

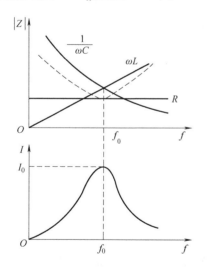

图 4-6-1 阻抗模和电流随频率变化的曲线

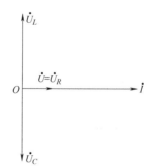

图 4-6-2 串联谐振相量图

但是,U_L 和 U_C 的单独作用不容忽视,因为

$$\begin{cases} U_L = X_L I = X_L \dfrac{U}{R} \\ U_C = X_C I = X_C \dfrac{U}{R} \end{cases} \tag{4-6-3}$$

当 $X_L = X_C > R$ 时,U_L 和 U_C 都高于电源电压 U。如果电压过高,则可能会击穿线圈和电容器的绝缘。因此,在电力工程中一般应避免发生串联谐振。但在无线电工程中,则常利用

串联谐振以获得较高电压，电容或电感元件上的电压常高于电源电压几十倍或几百倍。

U_C 或 U_L 与电源电压 U 的比值，通常用 Q（品质因数）来表示，即

$$Q = \frac{U_C}{U} = \frac{U_L}{U} = \frac{1}{\omega_0 CR} = \frac{\omega_0 L}{R} \tag{4-6-4}$$

例 4-6-1　某收音机的输入电路如图 4-6-3 所示，线圈的电感 $L = 0.3\text{mH}$，电阻 $R = 16\Omega$。欲收听 640kHz 某电台的广播，应将可变电容 C 调到多少皮法？如在调谐回路中感应出电压 $U = 2\mu\text{V}$，这时回路中该信号的电流多大，在线圈（或电容）两端得出多大电压？（图 4-6-3b 是图 4-6-3a 的等效电路）

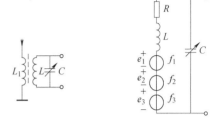

a) 收音机的调谐接收电路　　b) 等效电路

图 4-6-3　收音机的输入电路

解：根据 $f = \dfrac{1}{2\pi\sqrt{LC}}$ 可得

$$640 \times 10^3 = \frac{1}{2 \times 3.14 \sqrt{0.3 \times 10^{-3} C}}$$

由此算出

$$C = 204\text{pF}$$

这时，有

$$I = \frac{U}{R} = \frac{2 \times 10^{-6}}{16}\text{A} = 1.3 \times 10^{-7}\text{A} = 0.13\mu\text{A}$$

$$X_C = X_L = 2\pi f L = 2 \times 3.14 \times 640 \times 10^3 \times 0.3 \times 10^{-3}\Omega = 1200\Omega$$

$$U_C \approx U_L = X_L I = 1200 \times 0.13 \times 10^{-6}\text{V} = 156 \times 10^{-6}\text{V} = 156\mu\text{V}$$

4.6.2　并联谐振

由线圈 RL 与电容 C 组成并联电路，由于电感 L 有损耗，可等效为如图 4-6-4a 所示的电路。当发生并联谐振时，电压 u 与电流 i 同相，相量图如图 4-6-4b 所示。

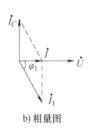

并联谐振

由相量图可得

$$I_1 \sin\varphi_1 = I_C \tag{4-6-5}$$

由于

$$I_1 = \frac{U}{\sqrt{R^2 + X_L^2}} = \frac{U}{\sqrt{R^2 + (2\pi f L)^2}}$$

$$\sin\varphi_1 = \frac{X_L}{\sqrt{R^2 + X_L^2}} = \frac{2\pi f L}{\sqrt{R^2 + (2\pi f L)^2}}$$

a) 电路图　　　　　b) 相量图

图 4-6-4　并联电路

$$I_C = \frac{U}{X_C} = 2\pi f C U$$

将上列三式代入式（4-6-5）后，就可得出谐振频率为

$$f = f_0 = \frac{1}{2\pi}\sqrt{\frac{1}{LC} - \frac{R^2}{L^2}} \tag{4-6-6}$$

通常线圈的电阻值 R 很小，所以一般在谐振时，$2\pi f_0 L \gg R$，通过计算也可以得出上式

中谐振频率的近似式子，即

$$f=f_0=\approx\frac{1}{2\pi\sqrt{LC}}$$

并联谐振具有下列特征：

1）谐振时电路的阻抗模为 $|Z_0|=\dfrac{L}{RC}$。图 4-6-4a 是线圈 RL 与电容器并联的电路，其等效阻抗为

$$Z=\frac{(R+\mathrm{j}\omega L)\left(-\mathrm{j}\dfrac{1}{\omega C}\right)}{R+\mathrm{j}\omega L-\mathrm{j}\dfrac{1}{\omega C}}\approx\frac{\mathrm{j}\omega L\left(-\mathrm{j}\dfrac{1}{\omega C}\right)}{R+\mathrm{j}\omega L-\mathrm{j}\dfrac{1}{\omega C}}$$

$$=\frac{\dfrac{L}{C}}{R+\mathrm{j}\left(\omega L-\dfrac{1}{\omega C}\right)}$$

$$(4\text{-}6\text{-}7)$$

当发生并联谐振时，其值最大。因此，在电源电压 U 一定的情况下，电流 I 将在谐振时达到最小值，即 $I=I_0=\dfrac{U}{|Z_0|}$。阻抗模与电流谐振曲线如图 4-6-5 所示。

2）由于电源电压与电路中电流同相（$\varphi=0$），因此电路对电源呈现电阻性。谐振时电路的阻抗模 $|Z_0|$ 相当于一个电阻。

3）谐振时各并联支路的电流为

$$I_1=\frac{U}{\sqrt{R^2+(\omega_0 L)^2}}\approx\frac{U}{\omega_0 L}$$

$$I_C=\frac{U}{\dfrac{1}{\omega_0 C}}$$

因为

$$\omega_0 L\approx\frac{1}{\omega_0 C},\ \ \omega_0 L\gg R,\ \ \varphi_1\approx90°$$

所以由上列各式和图 4-6-4b 所示的相量图可知

$$I_1\approx I_C\gg I$$

即在谐振时，各并联支路的电流近于相等，而比总电流大许多倍。

I_C 和 I_1 与总电流 I 的比值为电路的品质因数 Q，即

$$Q=I_1/I=\omega_0 L/R \qquad (4\text{-}6\text{-}8)$$

即在谐振时，支路电流 I_C 或 I_1 是总电流 I 的 Q 倍，也就是谐振时的阻抗模是支路阻抗模的 Q 倍。

在 L 和 C 值不变时，R 值越小，品质因数 Q 值越大，阻抗模 $|Z_0|$ 也越大，阻抗模谐振曲线也越尖锐（见图 4-6-6），选择性也就越强。

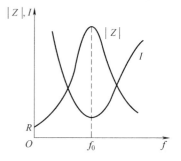

图 4-6-5　阻抗模与电流谐振曲线

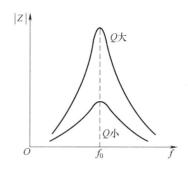

图 4-6-6　不同 Q 值时阻抗模谐振曲线

并联谐振在无线电工程和工业电子技术中也常应用。例如，利用并联谐振时阻抗模高的特点来选择信号或消除干扰。

注：由于假设发生并联谐振时 $\omega_0 L \gg R$，因此式（4-6-6）与式（4-6-7）都是近似的。

4.7　功率因数的提高

功率因数的提高

大家都已知道，直流电路的功率等于电流与电压的乘积，但交流电路则不然。在计算交流电路的平均功率时还要考虑电压与电流间的相位差 φ，即

$$P = UI\cos\varphi$$

式中，$\cos\varphi$ 是电路的功率因数。前面已讲过，电压与电流间的相位差或电路的功率因数取决于电路（负载）的参数。只有在电阻负载（如白炽灯、电阻炉等）的情况下，电压和电流才同相，其功率因数为 1；对其他负载来说，其功率因数均介于 0 与 1 之间。

当电压与电流之间有相位差，即功率因数不等于 1 时，电路中发生能量互换，出现无功功率 $Q = UI\sin\varphi$，这样就引起下面两个问题。

1）发电设备的容量不能充分利用，即

$$P = U_N I_N \cos\varphi$$

由上式可见，当负载的功率因数 $\cos\varphi < 1$，而发电机的电压和电流又不允许超过额定值时，显然发电机所能发出的有功功率就减小了。功率因数越低，发电机所发出的有功功率就越小，而无功功率却越大。无功功率越大，即电路中能量互换的规模越大，则发电机发出的能量就不能充分利用，其中有一部分即在发电机与负载之间进行互换。

例如，容量为 1000kV·A 的变压器，如果 $\cos\varphi = 1$，即能发出 1000kW 的有功功率，而在 $\cos\varphi = 0.6$ 时，则只能发出 600kW 的功率。

2）增加线路和发电机绕组的功率损耗。当发电机的电压 U 和输出的功率 P 一定时，电流 I 与功率因数成反比，而线路和发电机绕组上的功率损耗 ΔP 则与 $\cos\varphi$ 的二次方成反比，即

$$\Delta P = rI^2 = \left(r\,\frac{P^2}{U^2} \right)\frac{1}{\cos^2\varphi}$$

式中，r 是发电机绕组和线路的电阻。

由上述可知，提高电网的功率因数对国民经济的发展有着极为重要的意义。功率因数的提高能使发电设备的容量得到充分利用，同时也能使电能得到大量节约，也就是说，在同样的发电设备条件下能够多发电。

功率因数不高，根本原因就是电感性负载的存在。例如，生产中最常用的异步电动机在额定负载时的功率因数为 0.7~0.9，如果在轻载时，其功率因数就更低。其他如工频炉、电焊变压器以及荧光灯等负载的功率因数也都是较低的。电感性负载的功率因数之所以小于 1，是因为负载本身需要一定的无功功率。从技术经济观点出发，如何解决这个矛盾，也就是如何才能减少电源与负载之间能量的互换，而又使电感性负载能取得所需的无功功率，这就是要提高功率因数的实际意义。

按照供用电规则，高压供电的工业企业的平均功率因数不低于 0.95，其他单位不低于 0.9。

常用的提高功率因数的方法就是与电感性负载并联静电电容器（设置在用户或变电所

中），其电路图和相量图如图 4-7-1 所示。

并联电容器后，电感性负载的电流 $I_1 = \dfrac{U}{\sqrt{R^2+X_L^2}}$ 和功率因数 $\cos\varphi_1 = \dfrac{R}{\sqrt{R^2+X_L^2}}$ 均未变化，这是因为所加电压和负载参数没有改变。但电压 u 和线路电流 i 之间的相位差 φ 变小了，即 $\cos\varphi$ 变大了。这里所讲的提高功率因数，是指提高电源或电网的功率因数，而不是指提高某个电感性负载的功率因数。

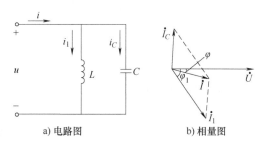

a) 电路图   b) 相量图

图 4-7-1　电容器与电感性负载
并联以提高功率因数

在电感性负载上并联了电容器以后，电源与负载之间的能量互换减少了。这时电感性负载所需的无功功率大部分或全部都是就地供给（由电容器供给），也就是说，能量的互换现在主要或完全发生在电感性负载与电容器之间，使发电机容量能得到充分利用。

其次，由相量图可见，并联电容器以后线路电流也减小了，所以减小了功率损耗。

应该注意，并联电容器以后有功功率并未改变，因为电容器是不消耗电能的。从相量图上也可看出 $P = UI\cos\varphi = UI_1\cos\varphi_1$。

例 4-7-1　有一电感性负载，其功率 $P = 10\text{kW}$，功率因数 $\cos\varphi_1 = 0.6$，接在电压 $U = 220\text{V}$ 的电源上，电源频率 $f = 50\text{Hz}$。

（1）如果将功率因数提高到 $\cos\varphi = 0.95$，试求与负载并联的电容器的电容值；

（2）求电容器并联前后的线路电流；

（3）若要将功率因数从 0.95 再提高到 1，试问并联电容器的电容值还需增加多少？

解：（1）计算并联电容器的电容值，可从图 4-7-1 的相量图中导出一个公式，可得

$$I_C = I_1\sin\varphi_1 - I\sin\varphi = \left(\frac{P}{U\cos\varphi_1}\right)\sin\varphi_1 - \left(\frac{P}{U\cos\varphi}\right)\sin\varphi$$

$$= \frac{P}{U}(\tan\varphi_1 - \tan\varphi)$$

又因为

$$I_C = \frac{U}{X_C} = U\omega C$$

所以

$$U\omega C = \frac{P}{U}(\tan\varphi_1 - \tan\varphi)$$

由此得

$$C = \frac{P}{\omega U^2}(\tan\varphi_1 - \tan\varphi)$$

$$\cos\varphi_1 = 0.6,\qquad \varphi_1 = 53°$$

$$\cos\varphi = 0.95,\qquad \varphi = 18°$$

因此，所需电容值为

$$C = \frac{10\times10^3}{2\pi\times50\times220^2}(\tan53° - \tan18°)\,\text{F} = 656\mu\text{F}$$

（2）电容器并联前的线路电流（即负载电流）为

$$I_1 = \frac{P}{U\cos\varphi_1} = \frac{10\times10^3}{220\times0.6}A = 75.6A$$

电容器并联后的线路电流为

$$I = \frac{P}{U\cos\varphi} = \frac{10\times10^3}{220\times0.95}A = 47.8A$$

（3）若要将功率因数由 0.95 再提高到 1，则需要增加的电容值为

$$C = \frac{10\times10^3}{2\pi\times50\times220^2}(\tan18°-\tan0°)F = 213.6\mu F$$

可见，在功率因数已经接近 1 时继续提高，则所需的电容值是很大的，因此，一般不必提高到 1。

本章小结

（1）正弦电压和正弦电流的大小和方向都随时间按正弦规律变化，最大值（有效值）、角频率（频率）、初相位是确定正弦量的三要素。

（2）初相位是正弦量在计时起点的相位，它的大小和所选取的计时起点有关。相位差是表示两个同频率正弦量的相位关系，其值等于它们的初相位之差。

（3）用复数的模来表示正弦量的幅值（或有效值）；用复数的辐角来表示正弦量的初相位。为了与一般复数相区别，把表示正弦量的复数称为相量。

（4）复阻抗 Z 不仅表示了对应端点上电压与电流之间关系，也指出了两者之间的相位关系。复阻抗在正弦交流电路的计算中是一个十分重要的概念。

（5）交流电路中的功率计算公式为

$$P = U_R I = RI^2 = UI\cos\varphi$$

$$Q = U_L I - U_C I = (U_L - U_C)I = (X_L - X_C)I^2 = UI\sin\varphi$$

$$S = UI = |Z|I^2$$

（6）提高功率因数能提高电源设备利用率，并能减少线路的功率损耗，是节能措施之一。感性负载过多造成线路功率因数较低时，可通过与感性负载并联电容来提高。

（7）RLC 串联电路中发生的谐振称为串联谐振，电容和电感两端的电压可能大大超过电源电压，故串联谐振又称为电压谐振。在并联谐振电路中，电路呈高阻抗，总电流很小，电感和电容中的电流比总电流有可能大许多倍，故并联谐振又称为电流谐振。

拓展知识

为什么要提高功率因数？

无功补偿的主要目的就是提升补偿系统的功率因数。因为供电局发出来的电是以 kV·A 或者 MV·A 为单位来计算的，但是收费计算单位却是 kW·h，也就是按实际所做的有用功来收费，两者之间有一个无效功率的差值，一般而言就是以 kvar 为单位的无功功率。大部分的无效功率都是电感性的，也就是一般所谓的电动机、变压器、荧光灯……几乎所有的无效功率都是电感性的，电容性的非常少见。也就是因为这个电感性的存在，造成了系统里存在一个无功功率值，三者之间的关系是：$S^2 = P^2 + Q^2$，其中视在功率 S 的单位是 kV·A；有

功功率 P 的单位是 kW；无功功率 Q 的单位是 kvar。

简单来讲，在上面的公式中，如果 Q 的值为零的话，S 就会与 P 相等，那么供电局发出来的 1kV·A 的电就等于用户 1kW 的消耗，此时成本效益最高，所以功率因数是供电局非常在意的一个系数。用户如果没有达到理想的功率因数，相对地就是在消耗供电局的资源，所以这也是为什么功率因数要有一个法规的限制。就国内而言，规定功率因数必须介于电感性的 0.9~1 之间，低于 0.9 需要接受处罚。这就是为什么我们必须要把功率因数控制在一个非常精密的范围。

供电局为了提高他们的成本效益要求用户提高功率因数，那提高功率因数对用户端有什么好处呢？

1）通过改善功率因数，减少了线路中总电流和供电系统中电气元器件(如变压器、电器设备、导线等)的容量，因此不但减少了投资费用，而且降低了本身电能的损耗。

2）能确保良好的功率因数，从而减少供电系统中的电压损失，可以使负载电压更稳定，改善电能的质量。

3）可以增加系统的裕度，挖掘出发供电设备的潜力。如果系统的功率因数低，那么在既有设备容量不变的情况下，装设电容器后，可以提高功率因数，增加负载的容量。

举例而言，将 1000kV·A 变压器的功率因数从 0.8 提高到 0.98 时：

补偿前 1000kV·A×0.8＝800kW；

补偿后 1000kV·A×0.98＝980kW。

同样一台 1000kV·A 的变压器，功率因数改变后，它就可以多承担 180kW 的负载。

4）减少了用户的电费支出(通过上述各元器件损失的减少及功率因数提高的电费优惠)。

此外，有些电力电子设备如整流器、变频器、开关电源等，可饱和设备如变压器、电动机、发电机等，电弧设备及电光源设备如电弧炉、荧光灯等，这些设备均是主要的谐波源，运行时将产生大量的谐波。谐波对发动机、变压器、电动机、电容器等所有连接于电网的电气设备都有大小不等的危害，主要表现为产生谐波附加损耗，使得设备过载过热以及谐波过电压加速设备的绝缘老化等。

并联到线路上进行无功补偿的电容器对谐波会有放大作用，使得系统电压及电流的畸变更加严重。另外，谐波电流叠加在电容器的基波电流上，会使电容器的电流有效值增加，造成温度升高，减少电容器的使用寿命。

谐波电流使变压器的铜损耗增加，引起局部过热、振动、噪声增大、绕组附加发热等。

谐波污染也会增加电缆等输电线路的损耗。而且，谐波污染对通信质量也会有影响。当电流谐波分量较高时，可能会引起继电保护的过电压保护、过电流保护的误动作。

因此，如果系统量测出谐波含量过高时，除了电容器端需要串联适宜的调谐电抗外，并需针对负载特性专案研讨加装谐波改善装置。

习　题

4-1　有一正弦电流，其初相位 $\psi=30°$，初始值 $i_0=10\text{A}$，则该电流的幅值为(　　　)。

A. $10\sqrt{2}\,\text{A}$　　　　　　　　B. 20A　　　　　　　　C. 10A

4-2　$u=10\sqrt{2}\sin(\omega t-30°)\text{V}$ 的相量表达式为(　　　)。

A. $\dot{U}=10\sqrt{2}\angle-30°\text{V}$　　　B. $\dot{U}=10\angle-30°\text{V}$　　　C. $\dot{U}=10\text{e}^{j(\omega t-30°)}\text{V}$

4-3 $i=i_1+i_2+i_3=\left[4\sqrt{2}\sin\omega t+8\sqrt{2}\sin\left(\omega t+90°\right)+4\sqrt{2}\sin\left(\omega t-90°\right)\right]$A，则总电流 i 的相量表达式为（　　）。

A. $\dot{I}=4\sqrt{2}\angle 45°$A

B. $\dot{I}=4\sqrt{2}\angle -45°$A

C. $\dot{I}=4\angle 45°$A

4-4 在电感元件的交流电路中，已知 $u=\sqrt{2}U\sin\omega t$，则（　　）。

A. $\dot{I}=\dfrac{\dot{U}}{\mathrm{j}\omega L}$

B. $\dot{I}=\mathrm{j}\dfrac{\dot{U}}{\omega L}$

C. $\dot{I}=\mathrm{j}\omega L\dot{U}$

4-5 在电容元件的交流电路中，已知 $u=\sqrt{2}U\sin\omega t$，则（　　）。

A. $\dot{I}=\dfrac{\dot{U}}{\mathrm{j}\omega C}$

B. $\dot{I}=\mathrm{j}\dfrac{\dot{U}}{\omega C}$

C. $\dot{I}=\mathrm{j}\omega C\dot{U}$

4-6 在 RLC 串联电路中，阻抗模（　　）。

A. $|Z|=\dfrac{u}{i}$

B. $|Z|=\dfrac{U}{I}$

C. $|Z|=\dfrac{\dot{U}}{\dot{I}}$

4-7 在 RC 串联电路中，（　　）。

A. $\dot{I}=\dfrac{\dot{U}}{R+\mathrm{j}X_C}$

B. $\dot{I}=\dfrac{\dot{U}}{R-\mathrm{j}\omega C}$

C. $I=\dfrac{U}{\sqrt{R^2+X_C^2}}$

4-8 在 RLC 串联电路中，已知 $R=3\Omega$，$X_L=8\Omega$，$X_C=4\Omega$，则电路的功率因数 $\cos\varphi$ 等于（　　）。

A. 0.8

B. 0.6

C. 0.75

4-9 在 RLC 串联电路中，已知 $R=X_L=X_C=5\Omega$，$\dot{I}=1\angle 0°$A，则电路的端电压 $\dot{U}$ 等于（　　）。

A. $5\angle 0°$V

B. $1\angle 0°\cdot(5+\mathrm{j}10)$V

C. $15\angle 0°$V

4-10 在习题 4-10 图中，$I=$（　　），$Z=$（　　）。

A. 7A

B. 1A

C. $\mathrm{j}(3-4)\Omega$

D. $12\angle 90°\Omega$

4-11 在习题 4-11 图中，$u=20\sin\left(\omega t+90°\right)$V，则 i 等于（　　）。

A. $4\sin\left(\omega t+90°\right)$A

B. $4\sin\omega t$A

C. $4\sqrt{2}\sin\left(\omega t+90°\right)$A

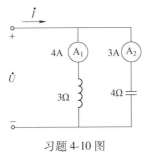

习题 4-10 图

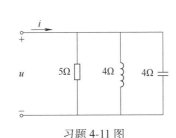

习题 4-11 图

4-12 已知正弦量 $\dot{U}=220\mathrm{e}^{\mathrm{j}30°}$V 和 $\dot{I}=(-4-\mathrm{j}3)$A，试分别用三角函数式、正弦波形及相量图表示它们。如 $\dot{I}=(4-\mathrm{j}3)$A，则又如何？

4-13 有一 RLC 串联交流电路，$R=10\Omega$，$L=\dfrac{1}{31.4}$H，$C=\dfrac{10^6}{3140}\mu$F。在电容元件的两端并联一短路开关 S。（1）当电源电压为 220V 的直流电压时，试分别计算在短路开关闭合和断开两种情况下电路中的电流 I 及各元件上的电压 U_R、U_L、U_C；（2）当电源电压为正弦电压 $u=220\sqrt{2}\sin 314t$V 时，试分别计算在上述两种情况下电流及各电压的有效值。

4-14 有一 CJ0-10A 交流接触器，其线圈数据为 380V/30mA/50Hz，线圈电阻为 1.6kΩ，试求线圈电感。

4-15 一个线圈接在 $U=120$V 的直流电源上，$I=20$A。若接在 $f=50$Hz，$U=220$V 的交流电源上，则 $I=28.2$A。试求线圈的电阻 R 和电感 L。

4-16 有一 JZ7 型中间继电器，其线圈数据为 380V/50Hz，线圈电阻为 2kΩ，线圈电感为 43.3H，试求线圈电流及功率因数。

4-17 荧光灯管与镇流器串联接到交流电压上，可视为 RL 串联电路。已知某灯管的等效电阻 $R_1 = 280Ω$，镇流器的电阻和电感分别为 $R_2 = 20Ω$ 和 $L = 1.65H$，电源电压 $U = 220V$，电源频率 $f = 50Hz$。试求电路中的电流和灯管两端与镇流器上的电压。这两个电压加起来是否等于 220V？

4-18 在习题 4-18 图所示的各电路图中，除 A_0 和 V_0 外，其余电流表和电压表的读数（都是正弦量的有效值）在图上都已标出，试求电流表 A_0 或电压表 V_0 的读数。

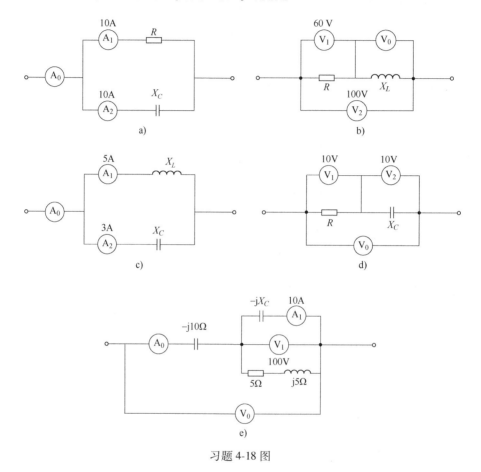

习题 4-18 图

4-19 在习题 4-19 图中，电流表 A_1 和 A_2 的读数分别为 $I_1 = 3A$ 和 $I_2 = 4A$。（1）设 $Z_1 = R$，$Z_2 = -jX_C$，则电流表 A_0 的读数应为多少？（2）设 $Z_1 = R$，问 Z_2 为何种参数才能使电流表 A_0 的读数最大，此读数应为多少？（3）设 $Z_1 = jX_L$，问 Z_2 为何种参数才能使电流表 A_0 的读数最小，此时读数应为多少？

4-20 在习题 4-20 图中，已知 $U = 220V$，$R_1 = 10Ω$，$X_1 = 10\sqrt{3}\,Ω$，$R_2 = 20Ω$，试求各个电流和平均功率。

4-21 在习题 4-21 图中，已知 $u = 220\sqrt{2}\sin314t\,V$，$i_1 = 22\sin(314t-45°)\,A$，$i_2 = 11\sqrt{2}\sin(314t+90°)\,A$，试求各仪表读数及电路参数 R、L 和 C。

4-22 求习题 4-22 图所示电路的阻抗 Z_{ab}。

4-23 求习题 4-23 图中的电流 $\dot{I}$。

4-24 计算习题 4-23 图中理想电流源两端的电压。

4-25 在习题 4-25 图所示的电路中，已知 $\dot{U}_C = 1\angle0°\,V$，求 $\dot{U}$。

4-26 在习题 4-26 图所示的电路中，$R_1 = 5Ω$，调节电容 C 值使并联电路发生谐振，并此时测得 $I_1 = 10A$，$I_2 = 6A$，$U_Z = 113V$，电路总功率 $P = 1140W$，求阻抗 Z 的值。

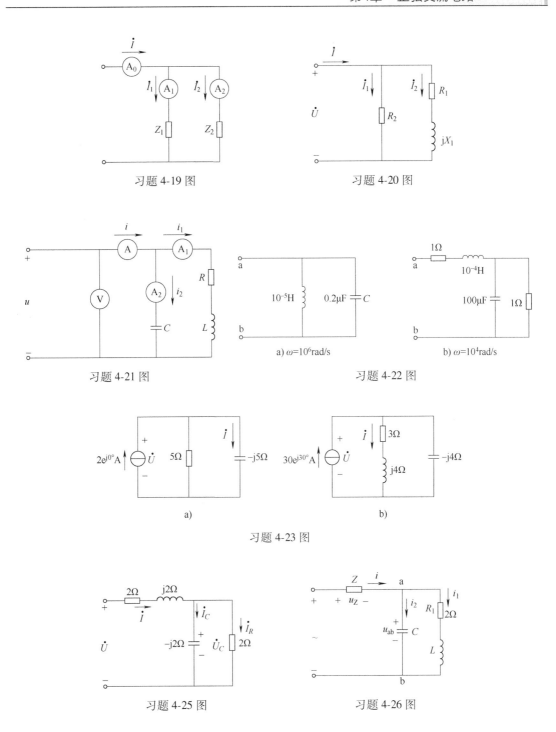

习题 4-19 图

习题 4-20 图

85

习题 4-21 图

a) $\omega=10^6\text{rad/s}$

b) $\omega=10^4\text{rad/s}$

习题 4-22 图

a)

b)

习题 4-23 图

习题 4-25 图

习题 4-26 图

4-27 电路如习题 4-27 图所示，已知 $R=R_1=R_2=10\Omega$，$L=31.8\text{mH}$，$C=318\mu\text{F}$，$f=50\text{Hz}$，$U=10\text{V}$，试求并联支路端电压 U_{ab} 和电路的 P、Q、S 及 $\cos\varphi$ 的值。

4-28 今有 40W 的荧光灯一个，使用时灯管与镇流器(可近似地把镇流器看作纯电感)串联在电压为 220V、频率为 50Hz 的电源上。已知灯管工作时属于纯电阻负载，灯管两端的电压等于 110V，试求镇流器的感抗与电感，这时电路的功率因数等于多少? 若将功率因数提高到 0.8，应并联多大电容?

4-29 用习题 4-29 图所示的电路测得无源线性二端网络 N 的数据如下: $U=220\text{V}$，$I=5\text{A}$，$P=500\text{W}$。又知当与 N 并联一个适当数值的电容 C 后，电流 I 减小，而其他读数不变。试确定该网络的性质(电阻性、电感性或电容性)、等效参数及功率因数。其中，$f = 50\text{Hz}$。

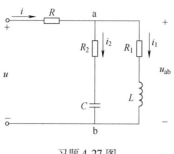

习题 4-27 图

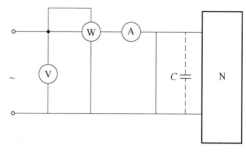

习题 4-29 图

第 **5** 章

三相交流电路及用电常识

导读

三相电力系统由三相交流电源、三相负载和三相交流输电线路三部分组成，是我国目前电力系统采用的供电方式。本章首先介绍三相交流电路中电源部分和负载部分的联结方式，线电压、相电压、线电流、相电流的概念以及它们之间的关系；其次介绍三相交流电路的计算方法；最后介绍三相交流用电的特点及组成，以及防止触电的保护措施和安全绿色用电的常识。

本章学习要求

1) 在了解三相交流电源的基础上，掌握三相交流电路电压、电流及功率的计算方法。
2) 重点掌握星形联结和三角形联结的三相对称电路的分析计算方法。
3) 理解中性线的作用，了解三相功率的测量。
4) 了解用电常识。

5.1　三相交流电路的基本概念

三相交流电路是指三相交流发电机向三相负载供电的系统。三相交流电路是一种工程实用电路，世界各国发电、输电和用电几乎全部采用三相模式。由于使用三相电路电气设备用料最省、制造成本最低、使用效率最

三相电源

高，因此三相交流电路得到广泛的应用，我国电力生产、配送都采用三相交流电路。

5.1.1　对称三相交流电源的产生

对称三相交流电源是指三个幅值相等、频率相等、相位互相差120°的正弦交流电压源，通常是由三相交流发电机产生的。图5-1-1是三相交流发电机的示意图。三相同步交流发电机最主要的组成部分是转子和定子。在定子铁心内圆的槽里按一定规律安装完全相同的三相绕组，分别称为 AX、BY 和 CZ 绕组，其中 A、B、C 是绕组始端，X、Y、Z 是绕组末端，三相绕组在空间位置上互差120°，在转子的铁心上绕有励磁绕组，用直流励磁，选择合适的结构，可使定子和转子气隙中产生按正弦规律分布的磁场。

当转子以均匀的角频率 ω 按顺时针方向旋转时，三相绕组切割转子产生的磁力线便会

产生三个幅值相等、频率相等、相位互相差 120°的正弦交流感应电动势，称为三相电动势，选择电动势的参考方向为从绕组的首端指向尾端，如图 5-1-2 所示。

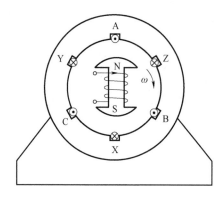

图 5-1-1　三相交流同步发电机主要结构示意图

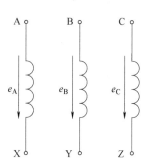

图 5-1-2　三相电动势

这三个频率相同、幅值相同、相位互差 120°的感应电动势可用电压源表示为三相电压，每一相绕组中产生的感应电压称为电源的一相，依次称为 A 相、B 相、C 相。对称三相电源符号如图 5-1-3 所示，其波形如图 5-1-4 所示。

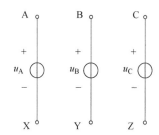

图 5-1-3　对称三相电源符号

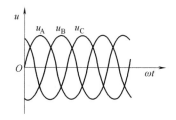

图 5-1-4　对称三相交流电源正弦波形图

对称三相电压瞬时值可表示为

$$\begin{cases} u_A(t) = \sqrt{2}\,U\sin\omega t \\ u_B(t) = \sqrt{2}\,U\sin(\omega t - 120°) \\ u_C(t) = \sqrt{2}\,U\sin(\omega t + 120°) \end{cases} \tag{5-1-1}$$

对称三相电压用相量表示为

$$\begin{cases} \dot{U}_A = U\angle 0° \\ \dot{U}_B = U\angle -120° \\ \dot{U}_C = U\angle 120° \end{cases} \tag{5-1-2}$$

对称三相电压的相量图如图 5-1-5 所示。

由式(5-1-1)可见，三相交流发电机产生的三相电压具有三个特征：幅值相同、频率相同、相位互差 120°，满足上述三个特征的三相电压、电流统称为对称三相正弦量。显然，对称三相电压的瞬时值之和与相量之和都为零，即

$$\dot{U}_A + \dot{U}_B + \dot{U}_C = 0 \tag{5-1-3}$$

　　三相交流电源中每相电压达到最大值(或零值)的先后顺序称为相序。根据三相交流电源依次出现波峰(或零值或波谷)的顺序定义相序,工程上规定:三相交流电源按照 ABC 相序称为顺序(正序),而按 ACB 这样的相序则为逆序(反序)。三相交流电动机在正序电源供电时则正转,而反序电源供电时则反转。因此,使用三相交流电路时必须注意其相序。一些需要正反转的生产设备可通过改变供电相序来控制三相交流电动机的正反转。如不加说明,一般都认为是正相序,并用黄、绿、红三色区分 A、B、C 三相。

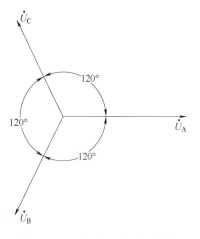

5.1.2　三相交流电源的联结

图 5-1-5　三相交流电源相量图

　　在三相交流电路中,三相交流电源联结方式有星形(丫)联结和三角形(△)联结两种。

1. 星形(丫)联结

　　三相交流电源的联结方式一般为星形(丫)联结,较为常见的是星形联结的三相四线制供电系统。将上述三相绕组的末端 X、Y、Z 接在一起并引出一条线,从电源的三个始端 A、B、C 引出三条线,这种连接方式称为星形(丫)联结,如图 5-1-6a 所示。

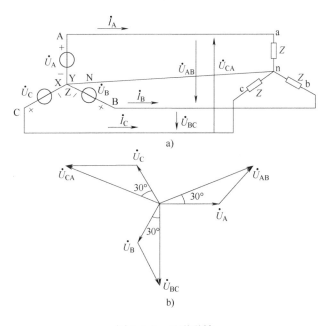

图 5-1-6　星形联结

　　图 5-1-6a 中从 A、B、C 引出的线称为端线(又称相线),连接三绕组末端 X、Y、Z 的连接点 N 称为中性点,从中性点引出的线称为中性线(又称零线)。

　　图 5-1-6a 中任意两相电压源的始端之间的电压,即两根相线之间的电压称为线电压,如图 5-1-6b 所示的 $\dot{U}_{AB}$、$\dot{U}_{BC}$、$\dot{U}_{CA}$,其有效值可用 U_L 表示;每一相电压源的始端到末端的电压,即相线与中性线之间的电压称为相电压,如图 5-1-6b 所示的 $\dot{U}_A$、$\dot{U}_B$、$\dot{U}_C$,其有效值可用 U_P 表示。有中性线的三相交流电路称为三相四线制电路,无中性线的则称为三相三线制

电路。

设三相交流电路中相电压为

$$\begin{cases} \dot{U}_A = U\angle 0° \\ \dot{U}_B = U\angle -120° \\ \dot{U}_C = U\angle 120° \end{cases}$$

根据基尔霍夫电压定律，线电压与相电压之间的关系为

$$\begin{cases} \dot{U}_{AB} = \dot{U}_A - \dot{U}_B = U\angle 0° - U\angle -120° = \sqrt{3}\,U\angle 30° \\ \dot{U}_{BC} = \dot{U}_B - \dot{U}_C = U\angle -120° - U\angle 120° = \sqrt{3}\,U\angle -90° \\ \dot{U}_{CA} = \dot{U}_C - \dot{U}_A = U\angle 120° - U\angle 0° = \sqrt{3}\,U\angle 150° \end{cases}$$

由此得出星形联结中线电压与相电压之间的关系为

$$\begin{cases} \dot{U}_{AB} = \sqrt{3}\,\dot{U}_A \angle 30° \\ \dot{U}_{BC} = \sqrt{3}\,\dot{U}_B \angle 30° \\ \dot{U}_{CA} = \sqrt{3}\,\dot{U}_C \angle 30° \end{cases}$$

由上式得出，对称三相交流电源作星形联结中：线电压幅值是相电压幅值的$\sqrt{3}$倍，线电压相位超前对应相电压相位30°，则线电压和相电压的大小关系为

$$U_L = \sqrt{3}\,U_P \tag{5-1-4}$$

因此，三个线电压也是与相电压同相序的一组对称三相正弦量。相量图如图 5-1-6b 所示。

三相交流电源星形联结供电时，有三相四线制和三相三线制。

2. 三角形(△)联结

三相交流电源绕组首尾顺次序相连，组成一个闭环，再从三个连接点引出三根端线 A、B、C，这种连接方式称为三角形(△)联结，如图 5-1-7 所示。

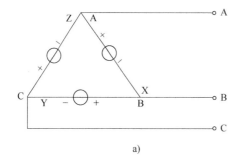
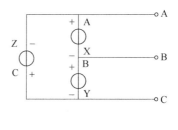

a) b)

图 5-1-7 三角形联结

三相交流电路电源端为三角形联结如图 5-1-7 所示，由图看出线电压就是相应的相电压，即

$$\dot{U}_{AB} = \dot{U}_A, \quad \dot{U}_{BC} = \dot{U}_B, \quad \dot{U}_{CA} = \dot{U}_C$$

也可以写成

$$U_L = U_P$$

在三角形联结中，要注意接线的正确性，当三相电压源连接正确时，由于三相电源绕组的感应电压对称，三角形闭合回路中总电压为零，即

$$\dot{U}_A + \dot{U}_B + \dot{U}_C = U \angle 0° + U \angle -120° + U \angle 120° = 0$$

这样才能保证在未接负载的情况下，电源回路内部无电流。但若有一相接反时，就会在电源回路内造成很大的环流，从而烧坏电源绕组，故三相电源绕组首端尾端要依次相连不能接错。在实际三相电源绕组作三角形联结时，为确保无误，一般要先把三相电源绕组留一个开口，开口处连接一个阻抗极大的电压表，当电压表读数为零时说明连接无误，才能将开口合拢。

因此，三相四线制的供电系统可以供给负载两种不同的电压。我国通用的低压供电系统中，相电压为220V，线电压为380V。

5.2 负载星形联结的三相交流电路

负载星形联结的
三相交流电路计算

三相交流电路中负载的联结方法有两种：星形联结和三角形联结。负载如何联结，应视其额定电压而定。由 A 相、B 相、C 相三相电源共同供电的负载称为三相负载。如果三相负载阻抗模和阻抗角相等，则称为三相对称负载，否则称为三相不对称负载。

对于不对称的三相负载，供电系统为三相四线制。三相负载星形联结的三相四线制电路如图 5-2-1 所示，流过每相负载的电流，即每一相电压源上流过的电流称为相电流，如图所标 $\dot{I}_A$、$\dot{I}_B$、$\dot{I}_C$；端线上流过的电流称为线电流，如图 5-2-1 所标 $\dot{I}_A$、$\dot{I}_B$、$\dot{I}_C$。由图可知，负载星形联结时线电流与对应的相电流相等。

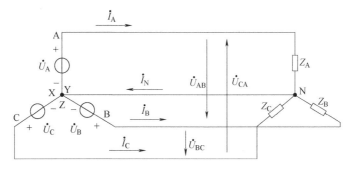

图 5-2-1　三相四线制电路

如果不计连接导线的阻抗，每相负载承受的电压就是电源的相电压。各相构成一个单独回路，电流计算方法和单相电路一样，即

$$\dot{I}_A = \frac{\dot{U}_A}{Z_A}, \quad \dot{I}_B = \frac{\dot{U}_B}{Z_B}, \quad \dot{I}_C = \frac{\dot{U}_C}{Z_C}$$

对负载的中性点应用基尔霍夫电流定律，可得中性线电流 $\dot{I}_N$ 为

$$\dot{I}_N = \dot{I}_A + \dot{I}_B + \dot{I}_C$$

在负载星形联结时，如果负载对称，就是指各相阻抗相等，即 $Z_A = Z_B = Z_C = Z$，也即阻抗模和相位角相等，即 $|Z_A| = |Z_B| = |Z_C| = |Z|$ 和 $\varphi_A = \varphi_B = \varphi_C = \varphi$，因为三相对称电源中

相电压对称，所以有

$$
\begin{cases}
\dot{I}_A = \dfrac{U_P}{|Z|} \angle 0° - \varphi \\[2mm]
\dot{I}_B = \dfrac{U_P}{|Z|} \angle -120° - \varphi = \dot{I}_A \angle -120° \\[2mm]
\dot{I}_C = \dfrac{U_P}{|Z|} \angle -240° - \varphi = \dot{I}_A \angle -240° = \dot{I}_A \angle 120°
\end{cases}
$$

即三相电路中负载相电流对称，所以计算时只要求出一相电流，根据对称性，便可知其他两相电流；同时可知 $\dot{I}_N = \dot{I}_A + \dot{I}_B + \dot{I}_C = 0$，即中性线上电流为 0。既然中性线没有电流，就可以取消中性线，中性线取消后便成为三相三线制电路，如图 5-2-2 所示。星形联结的三相交流电动机和电炉都采用此供电制。

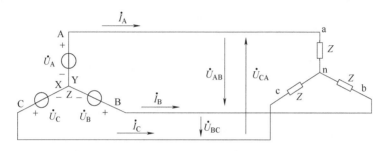

图 5-2-2　三相三线制电路

对于星形联结不对称负载，线电流不对称，由 $\dot{I}_N = \dot{I}_A + \dot{I}_B + \dot{I}_C$，可知必不等于 0，即中性线上有电流，因此必须要接中性线，中性线断开是一种电路故障，应尽量避免。

例 5-2-1　对称三相三线制的电压为 380V，星形联结对称负载每相阻抗 $Z = 10 \angle 10° \Omega$，求电流。

解： 在三相电路问题中，若不加说明，电压都是指线电压，且为有效值。线电压为 380V，则相电压为 380V/$\sqrt{3}$ = 220V。设 A 相电压的初相位为零，则

$$\dot{U}_A = 220 \angle 0° \text{V}$$

$$\dot{I}_A = \frac{\dot{U}_A}{Z} = 22 \angle -10° \text{A}, \quad \dot{I}_B = 22 \angle -130° \text{A}, \quad \dot{I}_C = 22 \angle 110° \text{A}$$

例 5-2-2　已知电路如图 5-2-3 所示，电源电压 $U_L = 380\text{V}$，每相负载的阻抗为 $R = X_L = X_C = 10\Omega$，计算中性线电流和各相电流。

解： 因为三相负载的阻抗性质不同，其阻抗角也不相同，因此三相负载不对称。但由于有中性线，各相电压仍对称，保持不变。电源电压为 380V，是线电压，则相电压为 380V/$\sqrt{3}$ = 220V。设 A 相电压的初相位为零，则

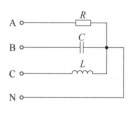

图 5-2-3　例 5-2-2 图

$$\dot{U}_A = 220 \angle 0° \text{V}, \quad \dot{U}_B = 220 \angle -120° \text{V}, \quad \dot{U}_C = 220 \angle 120° \text{V}$$

$$\dot{I}_A = \frac{\dot{U}_A}{R} = 22 \angle 0° \text{A}, \quad \dot{I}_B = \frac{\dot{U}_B}{-jX_C} = 22 \angle -30° \text{A}, \quad \dot{I}_C = \frac{\dot{U}_C}{jX_L} = 22 \angle 30° \text{A}$$

所以，$\dot{I}_N = \dot{I}_A + \dot{I}_B + \dot{I}_C = 60.1 \angle 0° \text{A}$。

5.3   负载三角形联结的三相交流电路

负载三角形联结的
三相交流电路计算

三相负载三角形（△）联结时，各相首末端依次相连，三个联结点分别与电源的端线相连接，要求供电系统为三相三线制，图5-3-1所示为三角形联结的三相负载电路。三相负载无论对称与否，相电压总是对称的。三角形联结的特点是每相负载所承受的电压等于电源的线电压，出于各相负载的电压是固定的，故各相负载的工作情况不会相互影响，各相的电流可以按单相电路的方法进行计算。该接法经常用于三相对称负载，如正常运行时三个绕组接成三角形的三相电动机。

在分析计算三角形联结的电路时，各相负载的电压（线电压）和电流的正方向可按电源的正相序依次设定，即相电压 $\dot{U}_A$、$\dot{U}_B$、$\dot{U}_C$，如图5-3-1所示。由图看出线电压与相电压是相等的，即

$$U_{AB} = U_A = U_L = U_P \tag{5-3-1}$$

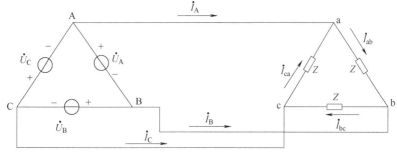

图 5-3-1   三角形联结的三相负载

设三相交流电路中相电压为

$$\begin{cases} \dot{U}_A = U \angle 0° \\ \dot{U}_B = U \angle -120° \\ \dot{U}_C = U \angle 120° \end{cases}$$

每相负载的电流，即相电流用 $\dot{I}_{ab}$、$\dot{I}_{bc}$、$\dot{I}_{ca}$ 表示，根据三角形联结中线电压与相电压相等，可求得

$$\begin{cases} \dot{I}_{ab} = \dfrac{\dot{U}_{AB}}{Z} = I \angle 0° \\ \\ \dot{I}_{bc} = \dfrac{\dot{U}_{BC}}{Z} = I \angle -120° \\ \\ \dot{I}_{ca} = \dfrac{\dot{U}_{CA}}{Z} = I \angle 120° \end{cases}$$

根据基尔霍夫电流定律（KCL），即可得到线电流与相电流的关系：

$$\begin{cases} \dot{I}_A = \dot{I}_{ab} - \dot{I}_{ca} = \sqrt{3}\,\dot{I}_{ab} \angle -30° \\ \dot{I}_B = \dot{I}_{bc} - \dot{I}_{ab} = \sqrt{3}\,\dot{I}_{bc} \angle -30° \\ \dot{I}_C = \dot{I}_{ca} - \dot{I}_{bc} = \sqrt{3}\,\dot{I}_{ca} \angle -30° \end{cases}$$

由上式可得出，三角形联结中：线电流幅值是相电流幅值的 $\sqrt{3}$ 倍，而线电流相位滞后对应相电流相位 $30°$，则线电流和相电流的大小关系可表示为

$$I_{\mathrm{L}}=\sqrt{3}I_{\mathrm{P}} \tag{5-3-2}$$

综上所述，三相负载中各电压之间及各电流之间的关系见表 5-3-1。

表 5-3-1 三相负载在不同联结下，各电压之间及各电流之间的关系

负载的联结		电压		电流	
		对称负载	不对称负载	对称负载	不对称负载
星形	有中性线	$U_{\mathrm{L}}=\sqrt{3}U_{\mathrm{P}}$	$U_{\mathrm{L}}=\sqrt{3}U_{\mathrm{P}}$	$I_{\mathrm{L}}=I_{\mathrm{P}}$ $I_{\mathrm{N}}=0$	$I_{\mathrm{L}}=I_{\mathrm{P}}$ 电流不对称 $I_{\mathrm{N}}\neq0$
	无中性线	$U_{\mathrm{L}}=\sqrt{3}U_{\mathrm{P}}$	相电压不对称	$I_{\mathrm{L}}=I_{\mathrm{P}}$	$I_{\mathrm{L}}=I_{\mathrm{P}}$ 电流不对称
三角形		$U_{\mathrm{L}}=U_{\mathrm{P}}$	$U_{\mathrm{L}}=U_{\mathrm{P}}$	$I_{\mathrm{L}}=\sqrt{3}I_{\mathrm{P}}$	相电流不对称 线电流不对称

例 5-3-1 在图 5-3-1 中，已知：（1）Z_{ab}、Z_{bc} 和 Z_{ca} 均为 $10\angle30°\Omega$，电源线电压为 380V，求各相电流及线电流；（2）若 Z_{bc} 改为 $5\angle30°\Omega$，其余条件不变，求各相电流及线电流。

解：（1）由于各负载对称，故各相电流及线电流对称，则

$$\dot{U}_{AB}=380\angle0°\mathrm{V},\ \dot{U}_{BC}=380\angle-120°\mathrm{V},\ \dot{U}_{CA}=380\angle120°\mathrm{V}$$

$$\dot{I}_{ab}=\frac{\dot{U}_{AB}}{Z_{ab}}=38\angle-30°\mathrm{A}$$

$$\dot{I}_{bc}=38\angle-150°\mathrm{A}$$

$$\dot{I}_{ca}=38\angle90°\mathrm{A}$$

$$\dot{I}_{A}=\sqrt{3}I_{P}\angle-30°-30°\mathrm{A}=65.82\angle-60°\mathrm{A}$$

$$\dot{I}_{B}=65.82\angle-60°-120°\mathrm{A}=65.82\angle-180°\mathrm{A}$$

$$\dot{I}_{C}=65.82\angle-60°+120°\mathrm{A}=65.82\angle60°\mathrm{A}$$

（2）由于仅 Z_{bc} 改为 $5\angle30°\Omega$，则有

$$\dot{I}_{bc}=\frac{\dot{U}_{BC}}{Z_{bc}}=76\angle-150°\mathrm{A},\ \dot{I}_{ab}、\dot{I}_{ca}不变$$

$$\dot{I}_{B}=\dot{I}_{bc}-\dot{I}_{ab}=100.54\angle-169.1°\mathrm{A}$$

$$\dot{I}_{C}=\dot{I}_{ca}-\dot{I}_{bc}=100.54\angle49.1°\mathrm{A}$$

$$\dot{I}_{A}=65.82\angle-60°\mathrm{A}$$

例 5-3-2 对称三相负载分别接成Y和△如图 5-3-2 所示，分别求出其线电流。

解：设负载相电压为 $\dot{U}_{AN}$，则

负载为Y联结时，线电流为 $\dot{I}_{AY}=\dfrac{\dot{U}_{AN}}{Z}$；

负载为△联结时，线电流为 $\dot{I}_{A\triangle} = \dfrac{\dot{U}_{AN}}{Z/3}$。

即 $I_\triangle = 3I_Y$。

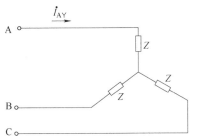 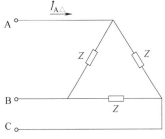

图 5-3-2 例 5-3-2 图

由例 5-3-2 可以看出，线电压不变时，对称负载由丫联结改为△联结后负载的相电压和相电流增加到丫联结时的 $\sqrt{3}$ 倍，而线电流增加到丫联结时的 3 倍。

三相交流电路电源端和负载端从端口上看都属三端电路，对于三端电路存在两种接线方式，分别为星形(丫)和三角形(△)。因此，三相电源与负载之间的联结方式有丫-丫、△-丫、△-△、丫-△四种联结方式。

三相交流电路实际上是正弦交流电路的一种特殊类型。在三相交流电路中，三相负载的联结方式决定了负载每相的额定电压和电源的线电压。

5.4 三相交流电路功率

三相功率

5.4.1 三相交流电路功率的计算

三相交流电路中，三相负载的有功功率等于各相负载有功功率之和，即

$$P = P_A + P_B + P_C$$

每相负载的有功功率 $P_N = U_P I_P \cos\varphi$，其中 U_P、I_P 为负载上的相电压和相电流。当三相负载对称时，每相功率相同，则三相总功率为

$$P = 3P_N = 3U_P I_P \cos\varphi \tag{5-4-1}$$

注意：

① 式(5-4-1)中的 φ 为相电压与相电流的相位差(阻抗角)。

② $\cos\varphi$ 为每相的功率因数，在对称三相三线制中三相功率因数为

$$\cos\varphi_A = \cos\varphi_B = \cos\varphi_C = \cos\varphi$$

③ 式(5-4-1)计算的是电源发出的功率（或负载吸收的有功功率）。

当负载为星形联结时，负载端的线电压 $U_L = \sqrt{3}\,U_P$，线电流 $I_L = I_P$，代入式(5-4-1)中有

$$P = 3 \times \frac{1}{\sqrt{3}} U_L I_L \cos\varphi = \sqrt{3}\,U_L I_L \cos\varphi$$

当负载为三角形联结时，负载端的线电压 $U_L = U_P$，线电流 $I_L = \sqrt{3}\,I_P$，代入式(5-4-1)中有

$$P = 3U_{\text{L}} \times \frac{1}{\sqrt{3}} I_{\text{L}} \cos\varphi = \sqrt{3}\, U_{\text{L}} I_{\text{L}} \cos\varphi$$

因此，无论负载为星形联结还是三角形联结，用线电压和线电流计算负载有功功率时都存在：

$$P = \sqrt{3}\, U_{\text{L}} I_{\text{L}} \cos\varphi \qquad\qquad (5\text{-}4\text{-}2)$$

5.4.2　三相电路功率的测量

1. 三表法

对三相四线制电路，功率表接法如图 5-4-1 所示。3 块功率表可测量各相上负载的平均功率，相加即为三相电路的总功率。若负载对称，只需 1 块表，测出一相上的功率，读数乘以 3 即为三相负载的总功率。

2. 二表法

二表法又称二瓦计法。对三相三线制电路，可以用如图 5-4-2 所示的接法用两个功率表测量平均功率。功率表的接法是：将两个功率表的电流线圈串到任意两相中，电压线圈的同名端接到其电流线圈所串的线上，而电压线圈的非同名端接到另一相没有串功率表的线路上。

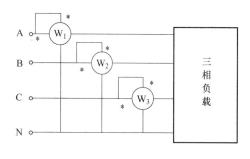

图 5-4-1　三表法

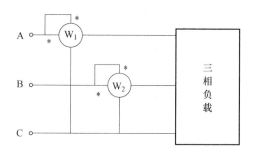

图 5-4-2　二表法

二表法中，若 W_1 的读数为 P_1，W_2 的读数为 P_2，那么可以证明三相电路总功率为

$$P = P_1 + P_2 \qquad\qquad (5\text{-}4\text{-}3)$$

证明： 设负载是星形联结，根据功率表的工作原理，有

$$P_1 = \text{Re}\left[\dot{U}_{\text{AC}} \dot{I}_{\text{A}}^* \right], \quad P_2 = \text{Re}\left[\dot{U}_{\text{BC}} \dot{I}_{\text{B}}^* \right]$$

那么

$$P_1 + P_2 = \text{Re}\left[\dot{U}_{\text{AC}} \dot{I}_{\text{A}}^* + \dot{U}_{\text{BC}} \dot{I}_{\text{B}}^* \right]$$

因为

$$\dot{U}_{\text{AC}} = \dot{U}_{\text{A}} - \dot{U}_{\text{C}}, \quad \dot{U}_{\text{BC}} = \dot{U}_{\text{B}} - \dot{U}_{\text{C}}, \quad \dot{I}_{\text{A}}^* + \dot{I}_{\text{B}}^* = -\dot{I}_{\text{C}}^*$$

代入上式有

$$P_1 + P_2 = \text{Re}\left[\dot{U}_{\text{AC}} \dot{I}_{\text{A}}^* + \dot{U}_{\text{BC}} \dot{I}_{\text{B}}^* \right] = \text{Re}\left[\dot{U}_{\text{A}} \dot{I}_{\text{A}}^* + \dot{U}_{\text{B}} \dot{I}_{\text{B}}^* - \dot{U}_{\text{C}} \dot{I}_{\text{A}}^* - \dot{U}_{\text{C}} \dot{I}_{\text{B}}^* \right]$$

$$= \text{Re}\left[\dot{U}_{\text{A}} \dot{I}_{\text{A}}^* + \dot{U}_{\text{B}} \dot{I}_{\text{B}}^* + \dot{U}_{\text{C}} \dot{I}_{\text{C}}^* \right] = \text{Re}\left[\widetilde{S}_{\text{A}} + \widetilde{S}_{\text{B}} + \widetilde{S}_{\text{C}} \right]$$

所以

$$P_1 + P_2 = P = P_{\text{A}} + P_{\text{B}} + P_{\text{C}}$$

两个功率表读数的代数和就是三相总功率。

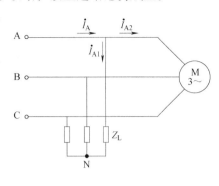

对于三角形联结负载，由于三角形联结可以变为星形联结，故上述结论仍成立。

例 5-4-1 对于图 5-4-3 所示三相电路，已知线电压 $U_L = 380V$，$Z_L = (30+j40)\Omega$，电动机的输入有功功率 $P = 1700W$，$\cos\varphi = 0.8$（感性），求线电流、电源发出的总功率。

解： 设电源相电压 $\dot{U}_{AN} = 220\angle 0°V$，则

$$\dot{I}_{A1} = \frac{\dot{U}_{AN}}{Z_L} = 4.4\angle -53.1°A$$

电动机负载：

$$P = \sqrt{3}\,U_L I_{A2}\cos\varphi = 1700W$$

图 5-4-3 三相电路

则

$$I_{A2} = \frac{P}{\sqrt{3}\,U_L\cos\varphi} = \frac{1700}{\sqrt{3}\times 380\times 0.8}A = 3.23A$$

由 $\cos\varphi = 0.8$，得 $\varphi = 36.9°$。所以

$$\dot{I}_{A2} = 3.23\angle -36.9°A$$

因此，线电流为

$$\dot{I}_A = \dot{I}_{A1} + \dot{I}_{A2} = 7.56\angle -46.2°A$$

电源发出的功率为

$$P_\text{总} = \sqrt{3}\,U_L I_L\cos\varphi = 3.44kW$$

例 5-4-2 某三相对称负载 $Z = (6+j8)\Omega$，接于线电压 $U_L = 380V$ 的三相对称电源上，试求：（1）负载作星形联结时所取用的电功率；（2）负载作三角形联结时所取用的电功率。

解： $Z = (6+j8)\Omega = 10\angle 53.1°\Omega$，即 $|Z| = 10\Omega$，$\varphi = 53.1°$。

（1）负载作星形联结时，有

$$U_P = \frac{U_L}{\sqrt{3}} = 220V$$

$$I_P = I_L = \frac{U_P}{|Z|} = 22A$$

$$P = \sqrt{3}\,U_L I_L\cos\varphi = 8694W$$

（2）负载作三角形联结时，有

$$U_P = U_L = 380V$$

$$I_P = \frac{U_P}{|Z|} = 38A$$

$$I_L = \sqrt{3}\,I_P = 65.82A$$

$$P = \sqrt{3}\,U_L I_L\cos\varphi = 26010W \approx 26kW$$

由此可见，当电源的线电压相同时，负载作三角形联结时的功率是负载作星形联结时的 3 倍。为什么有这一关系，请读者自己推导一下。例 5-4-2 也说明在同一电源下，负载的连接应按其额定电压进行正确接线。

5.5　安全用电

安全用电包括人身安全和设备安全。当发生设备事故时，不仅损坏用电设备，而且常常引起火灾；而发生人身事故时，轻者灼伤，重者死亡。因此必须十分重视安全用电问题，具备基本的安全用电知识。

5.5.1　电流对人体的伤害

人体不慎接触带电体时，电流通过人体发生触电事故，人体可能因电解、电离和电热的作用，使人体组织受到破坏。人体因触及带电体而承受过高的电压，以致引起死亡或局部受伤的现象称为触电。触电可分电击和灼伤两种。电击是指电流通过人体，使内部器官如心脏、神经系统受到损伤。若不能迅速脱离带电体，会造成死亡。灼伤是指在电弧作用下对人体外部的伤害。人体所触及的电压大小和触电时的人体情况是决定触电伤害程度的最重要因素。

电伤程度与下列因素有关：

1）电流大小：通过人体电流交流电 1mA 或直流电 5mA 时，人就有感觉，若电流超过 50mA，就会引起死亡。

人体电阻在干燥情况下为 10 ~100kΩ，但在潮湿情况下则降为 800 ~1000Ω，所以一般环境条件下规定安全电压为 36V，在高温和潮湿的场合安全电压规定为 24V 或 12V。

2）电流作用时间：电流通过人体时间越长，生命危险性越大。所以发生触电事故时，应迅速切断电源，使触电者迅速脱离带电体。

3）频率：40~60Hz 的交流电对人体危害最大，在高频作用下，电热的作用大，故容易灼伤。

4）电流通过人体的部位：电流流过人的心、脑、肺危害较大，如电流从手到脚经过的神经组织最多，也最危险。

5.5.2　触电形式

触电事故有多种形式，常见的有以下 6 种。

1. 直接接触触电

直接与正常带电的部分接触。例如，一手接触三相电源的一根相线，如图 5-5-1 所示，这时为单相触电。人体在相电压作用下，电流将从手经过全身由脚经大地回到电源中性点，这是十分危险的。如果脚与地面绝缘良好，则因回路中电阻增加，电流减小，危险性可大为减小。反之，若身体汗湿或脚着地，则回路中电阻下降，危险性大增。假如人体两手接触相线，如图 5-5-2 所示，则人体处于线电压下更为危险。

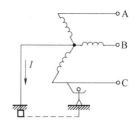

图 5-5-1　单线有接地线触电

当电源中性点不接地时，虽仅一手接触一根相线，如图 5-5-3 所示，但因输电线与大地之间有电容，交流电可借此电容而造成通路，危害人体。

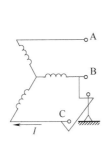

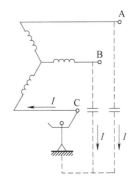

图 5-5-2　双线触电　　　　图 5-5-3　单线无接地线触电

2. 间接接触触电

接触正常工作时不带电的部分。例如，电机或电器的金属外壳在正常情况下是不带电的，但由于绝缘损坏使带电导体与外壳相碰，因此外壳将带电，人手接触了带电的外壳，相当于接触相线，就会产生触电事故。因此，对电机、电器等的外壳必须采用接地或接零保护，以防意外。

3. 跨步电压触电

跨步电压触电实际上也是属于间接触电形式。当两脚踏在为接地电流所确定的各种电位的地面上，且跨距为 0.8m 时，两脚间的电位差称为跨步电压。由跨步电压造成的触电称为跨步电压触电。跨步电压的大小受接地电流的大小、人体所穿的鞋和地面的特征、两脚之间的跨距、两脚的方位以及离接地点的远近等很多因素的影响。

4. 剩余电荷触电

电气设备的相间绝缘和对地绝缘都存在电容效应，由于电容器具有储存电荷的性能，因此，在刚断开电源的停电设备上，都会保留一定的电荷，称为剩余电荷。若此时有人触及停电设备，就可能遭受剩余电荷的电击。

5. 感应电压触电

由于带电设备的电磁感应和静电感应作用，能使附近的停电设备上感应出一定的电位，其数值的大小取决于带电设备电压的高低，以及停电设备与带电设备两者接近程度的平行距离、几何形状等因素。感应电压往往是在电气工作者缺乏思想准备的情况下出现的，因此具有相当的危险性。在电力系统中，感应电压触电事故时有发生，甚至造成伤亡事故。

6. 静电触电

静电电位可高达数万伏至数十万伏，可能发生放电，产生静电火花，引起爆炸、火灾，也可能造成对人体的电击伤害。由于静电电击不是电流持续通过人体的电击，而是静电放电造成的瞬间冲击性电击，能量较小，通常不会造成人体心室颤动而死亡，但是往往会造成二次伤害，如高空坠落或其他机械性伤害，因此同样具有相当的危险性。

5.5.3　触电防护

1. 直接接触触电的防护

正常运行的电气设备必须采用相应的防护措施，防止人员偶然触及或过分接近带电体而导致触电事故。一般采用绝缘、屏护、间距、安全电压、漏电保护等措施，这些措施是防止电气事故中最基本、最重要的安全技术措施，也是电气设备正常运行的必要条件，称为直接防护措施。

（1）利用绝缘的防护

利用绝缘材料把带电导体完全包封起来，以保证在正常情况下人体不致触及带电体。这种防护要求绝缘设计能保证在运行中长期经受电气、机械、化学和发热等造成的影响而绝缘性能应持续有效。常用绝缘材料有气体绝缘材料（如空气、六氟化硫）、液体绝缘材料（如变压器油、电容器油、电缆油）、固体绝缘材料（无机绝缘材料如云母、瓷件、石棉；有机绝缘材科如棉纱、纸、橡胶；混合绝缘材料如绝缘压塑料、绝缘薄膜、复合材料）。

（2）利用屏护的防护

屏护装置包括遮栏和障碍，用以控制不安全因素，防止无意或有意触及带电体。屏护不直接与带电体接触，根据不同条件可采用绝缘材料，也可采用金属材料，但是必须满足以下要求：①所用材料应有足够的机械强度和阻断性能，并安全牢固；②金属屏护装置应有良好的接地或接零措施；③屏护装置上应有明显的标志，如"当心触电！""止步，高压危险！"等警告牌；④屏护装置应与带电体保持足够的安全距离。

（3）利用间距的防护

同距可防止人体触及或过分接近带电体，防止各种短路和电气火灾，间距也有利于安全操作。间距的大小取决于电压高低、设备类型、环境条件和安装方式等。

（4）采用安全电压防护

安全电压属于既能防止直接接触触电，又能防止间接接触触电的安全措施。安全电压要以国家标准为依据，注意用电环境、设备种类、操作方式等因素，正确选用安全电压值。

（5）采用漏电保护器的防护

漏电保护器除用于防止直接接触触电和间接接触触电外，还可用于防止电气火灾和监视接地故障，按其电气工作原理，可分为电压动作型和电流动作型两类。

2. 间接接触触电的防护

在正常情况下，直接防护措施能保证人身安全。但是，当电气设备绝缘发生故障而损坏时，例如，因温度过高绝缘发生热击穿、在强电场作用下发生电击穿、绝缘老化等都可能造成绝缘性能下降和损坏，进而构成电气设备严重漏电，使不带电的外露金属部件，如外壳、护罩、构架等呈现出危险的接触电压，当人体触及时就有可能构成间接触电。间接接触触电防护的目的是为了防止电气设备故障情况下发生人身触电事故，也是为了防止设备事故进一步扩大，主要方法有保护接地和保护接零。

（1）保护接地

把电气设备的不带电金属部分与地极板用导线可靠地连接起来叫作保护接地。保护接地适用于低压配电系统中电源变压器中性点不接地的系统。接地的地极板通常可用角钢、钢管等物，绝不可用自来水管作接地体。接地极板通常要埋入地下 2m 左右的深度，当将其用金属导体与机壳连接时，确保电气设备外壳接地良好。当人碰到已与金属外壳短路的发电机时，由于接地电阻远小于人体电阻，所以接地电流通过接地电阻入地，从而保护了人体的安全，如图 5-5-4 所示。

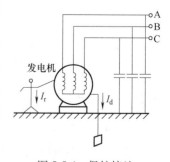

图 5-5-4　保护接地

1000V 以下的电气设备，保护接地装置的接地电阻应不大于

4Ω。通常是在电气设备比较集中的地方装设接地极板，同时在接地条件较好的地方设主接地极板，然后将各接地极板用导线连接起来，凡需接地的设备都与接地导线连接，这样就形成了一个保护接地系统。

（2）保护接零

保护接零就是保护性接中性线。

在三相电源的中性点有良好接地装量时，若电气设备仍采用接地保护，就不妥当了。这时应将用电设备外壳接到电网的中性线上。下面用图5-5-5来说明。

设电源和电动机接地装置的电阻 R_d 都是4Ω，电源相电压为220V，电动机 C 相单相与机壳短路，则有

$$I_d = \frac{220}{4+4}A = 27.5A$$

这个电流不一定使电动机的熔断器熔体熔断（例如，电动机为10kW时，熔体选用40A）。此时，电动机壳的电位为 $I_d R_d = 27.5A \times 4\Omega = 110V$，这个电压对人是不安全的，故仅机壳接地是不安全的。

在三相电源中性点接地情况下，为了使一相碰壳时熔断器能迅速动作，切断电源，则应把电气设备的外壳接到中性线上，如图5-5-6所示。如 C 相碰壳，则电源的 C 相通过机壳和中性线形成短路，C 相熔断器就会动作，从而消除机壳带电的危险。

在接零导线上不允许安装熔断器。

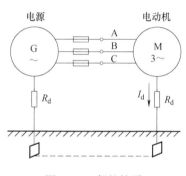

图 5-5-5　保护接零

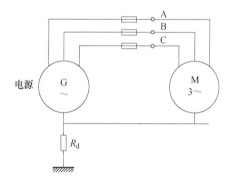

图 5-5-6　电动机采用接中性线保护原理图

5.5.4　安全用电常识

尽管采取上述各种措施来防止触电，由于工作疏忽或不重视安全用电，有时还可能发生触电事故。因此，在工作中要特别重视以下几点：

1）在任何情况下，均不得用手来测试接线端或裸导体是否带电。若需了解线路是否有电，则应使用完好的验电设备。

2）更换熔丝时，应先切断电源，切勿带电操作。若确实有必要带电操作，则应采取安全措施，如应站在橡胶板上或穿绝缘靴、戴绝缘手套等，操作时应有专人在场进行监护，以防发生事故。

3）拆开的或断裂的暴露在外部的带电接头，必须及时用绝缘物包好并悬挂到人身不会碰到的高处，以防有人触及。

4）遇有数人进行电工作业时，应于接通电源前告知他人。

5）遇有人触电时，若在开关附近，应立即切断电源；若附近无开关，则应尽快用干燥的木棍、竹竿等绝缘棒打断导线，或用上述的绝缘棒把触电者拨开（对在低压设备上触电而言），切勿亲自用手去接触触电者。若伤员脱离电源后已昏迷或停止呼吸和心跳停止，应立即施行人工呼吸、胸外按压并尽快联系医生送医院抢救。

6）若用电设备起火，在扑灭火灾时应确保人身安全，并注意使设备不受损失。应先迅速切断电源，并以适当的灭火器材进行灭火。在带电状态下，不能用水和泡沫灭火器，因水和泡沫均为导电体，会使人触电，可用干砂、干土和二氧化碳、四氧化碳灭火器等。

7）安全用具必须加强日常保养，设专人管理，以免乱动乱用损坏或降低绝缘水平。另外，应定期进行绝缘实验，以掌握其绝缘状态，防止因失去绝缘作用而发生事故。

5.6 节约用电

5.6.1 节约用电的意义

目前，我国的电力生产得到了飞速发展，电力供求矛盾有所缓解。但随着国民经济的快速发展和人民生活水平的不断提高，电力供求矛盾还是一个比较突出的问题，所以仍需采用开发节约并重的方针。

我们知道，1度电等于 $1kW \cdot h$，一台 1kW 的电炉用 1h、一只 100W 的白炽灯用 10h，所消耗的电能都是 1 度。火电厂发 1 度电大约需要 0.6kg 原煤（发电量按 500kcal/kg（$1cal = 4.1868J$）计算），要经过煤炭粉碎、燃烧、锅炉产生蒸汽、汽轮机转动、发电机发电等一系列复杂的过程，才能发出这度电。如果把采掘煤炭等过程都考虑在内，那么发 1 度电就更不容易了。综上所述，节电就是节能，另外还能减排，所以节约用电具有十分重要的意义。

5.6.2 节约用电的主要途径

对工厂来说，节约用电需要从工厂供用电系统的科学管理和技术改造两方面采取措施。目前节约用电的措施主要是，改革电网体制，电力供应由国家统一分配、统一调度，严格执行计划用电制度，采用新技术改造耗电大的落后设备和工艺，采用经济手段推动调整负荷和节约用电。为提高电能的利用，当前一般采取下列措施。

1. 加强电能管理，建立管理机构和制度

工厂不仅要建立一个功能完善的能源（包括电能）管理机构，还要建立一套科学的能源管理制度。

2. 实行计划供电，合理使用电能

必须把电能的供应、分配和使用纳入一定的计划。在可以直接利用一次能源的地方，尽量不用由一次能源（如煤炭等）转换而来的电能。一次能源转化为电能的效率只有30%左右。要求机电设备是配套的，合理改变用大电动机拖动小功率设备即大马拉小车的现象，尽量减少设备的电能消耗，使有限的电力发挥更大的效益。

3. 实行负荷调度，降低负荷高峰，提高负荷谷底

合理且有计划地安排和组织各类用户的用电时间，以降低负荷高峰，增补负荷谷底，充分发挥发电设备的潜力，提高电力系统的供电能力。

4. 合理使用电气设备

1）合理选用电动机。正确选用电动机的容量，避免"大马拉小车"的现象，因为电动机在空载或轻载状态下运行时，功率因数和效率都很低，损耗大，消费了电能。一般选择电动机的额定功率比实际负载大 10%～15% 为宜，限制电动机的空载运行，采用高效节能型电动机。

2）合理选用变压器。选用低损耗变压器、节能型变压器，合理选择容量，在效率高的负载下运行，节电效益是很可观的。

5. 提高用电功率因数

提高功率因数的关键在于如何减少电源的无功功率，通常采用两种办法：一是提高用电设备的自然功率因数；二是采用人工补偿法，如在用户端并联适当的电容器或同步补偿器等。

6. 改造或更换设备

改造现有耗能大的供用电设备，逐步更新淘汰现有低效率的电力设备，其节电效果是十分显著的。

7. 降低线路损耗

线路损耗是指电流流经输电线，在输电线上产生的损耗，简称线损。降低线损的措施很多，一般可以从以下两个方面着手：

1）尽量减小输电线的电阻，选用最佳粗细的导线，才能得到最大的经济效率。

2）减小线路电流。线路损耗与线路中通过的电流的二次方成正比。所以，减小线路电流对降低线损的效果很显著。减小线路电流的方法主要有两种：一种是减小线路输送的无功功率（无功电流）；另一种是提高电网的运行电压，这种方法必须在设备条件许可的情况下才可以采用。

8. 节约照明用电

1）采用高效率的电光源，尽可能采用发光效率高的气体放电光源，如荧光灯和新型节能灯（如 LED 灯），在生活设施中，一般禁用 100W 以上的白炽灯照明。

2）选择合理的照明方式，提高照明效率。

3）充分利用天然光。

4）采用合理的照明控制电路，便于开关的室内照明电路可随用随开，对道路等公用照明，可采用手动、光电控制或声电控制等自控装置调控开关时间。

5）科学地设计照明系统。

9. 推广节电新技术

对节电的新工艺、新设备和新材料应及时应用，要大力推广。

本章小结

（1）对星形联结的三相电路：线电流等于相电流，线电压幅值是相电压幅值的 $\sqrt{3}$ 倍，而线电压相位超前对应相电压相位 30°。

（2）对于三角形联结的三相电路：线电压等于相电压，线电流幅值是相电流幅值的 $\sqrt{3}$ 倍，而线电流相位滞后对应相电流相位 30°。

（3）对称三相电路的计算可归结为一相（如 A 相）的计算，只要算出一相的电压、电流，则其他两相的电压、电流可按对称关系直接写出。

（4）三相电路的总功率 $P = P_A + P_B + P_C$。

（5）对称三相电路的总功率 $P = 3P_N = 3U_P I_P \cos\varphi$ 或 $P = \sqrt{3} U_L I_L \cos\varphi$。

（6）三相用电的特点及组成，防止触电的保护措施和安全用电、节约用电的常识。

拓展知识

特高压柔直技术

柔性直流是继交流、常规直流之后，以电压源换流器为核心的新一代直流输电技术，也是目前世界上可控性最高、适应性最好的输电技术，被誉为"电力电子技术皇冠上的宝石"与"21世纪最为振奋人心的输电技术革命"。该技术为多端直流联网、大型城市中心负荷供电提供了一个崭新的解决方案，可向孤岛、边远地区等比较薄弱的电网安全、经济、高效地输电，是远海风电并网的最佳技术手段，也是构建智能电网和全球能源互联网最具特色的技术之一，将给输电方式和电网架构带来重要的变革。

近年来蓬勃发展的特高压柔性直流输电技术，面向国家能源领域重大工程需求，基于已投运的中国南方电网公司乌东德电站送电广东广西特高压多端柔性直流示范工程中形成的多项技术成果，对特高压柔性直流输电工程的基础理论和技术进行系统介绍，让大家对特高压多端、特高压大容量柔直、特高压常直柔直混合系统、特高压柔直长距离架空线路故障自清除等复杂、前沿的电网技术有所认识。

乌东德（昆柳龙）柔性多端直流输电工程

乌东德（昆柳龙）直流工程（Wudongde/Kunliulong Multi-terminal UHVDC Demonstration Project）是世界上容量最大的特高压多端直流输电工程、首个特高压多端混合直流工程、首个特高压柔性直流换流站工程、首个具备架空线路直流故障自清除能力的柔性直流输电工程。它采用特高压三端直流输电方案，送端云南建设 ±800kV/8000MW 常规直流换流站，受端广西建设 ±800kV/3000MW 柔性直流换流站、广东建设 ±800kV/5000MW 柔性直流换流站。直流起点位于云南滇中地区，落点在广西柳州北部地区和广东惠州地区，全线长度约 1489km，其中云南至广西、广西至广东段分别为 932km 和 557km。工程已于 2020 年 8 月形成送电广东能力，并于 2021 年汛前具备送电广东 5000MW 能力，2021 年底具备 8000MW 送电能力。

乌东德（昆柳龙）直流工程以三端正向送电和两端正向送电方式为主，其中三端送电方式为云南送电广东、广西方式，两端送电方式包括云南送电广东方式、云南送电广西方式、广西送电广东方式。由于广东、广西受端换流站均建设柔性直流换流站，且采取全桥+半桥的拓扑结构，换流器可实现负向电压，在不额外增加一次设备投资的原则下还可以实现广东送电云南、广西送电云南、广东送电广西的直流功率反转送电方式。

乌东德（昆柳龙）直流工程以就近消纳为原则，兼顾工程建设可行性，广东侧换流站规划建于惠州龙门，电力送至东莞电网消纳。乌东德直流接入前，珠江三角洲东北部电网电力流向总体呈由东向西的格局。乌东德直流落入惠州龙门后，珠三角东北部电网由北向南电力转移规模明显增加，部分通道还共同承担云广及三广直流电力送出。其中，大部分功率通过广东侧换流站—水乡—莞城和广东侧换流站—博罗—横沥—纵江通道输送及分配，换流站 500kV交流出线 6 回，其中至 500kV 博罗、从西、水乡变电站各 2 回，如图 5-拓展知识-1 所示。

乌东德（昆柳龙）直流工程受端广西侧落点在柳州北部地区，换流站出线 4 回 π 接入 500kV 柳东—如画双回线路，接入系统方案如图 5-拓展知识-2 所示。

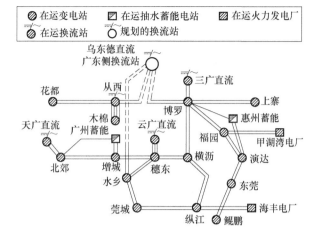

图 5-拓展知识-1　乌东德直流广东侧换流站接入系统

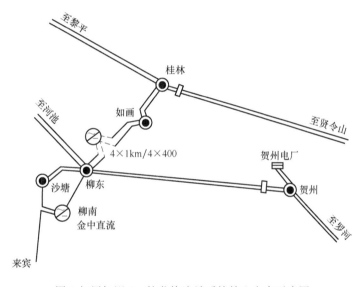

图 5-拓展知识-2　柳北换流站系统接入方案示意图

乌东德(昆柳龙)直流工程的建设难度极大,线路平均海拔 1300m,高山大岭区域占比54.6%,重冰区占比 10.5%,跨越铁路、通航河流、公路、重要电力线等 2691 回次。昆柳龙柔性直流工程在攻克"卡脖子"难题中形成了自主知识产权体系,显示出中国电力工业技术的顶尖水准和能源装备制造领域的核心竞争力。该工程创造了多项世界第一:

1) 世界上第一个 ±800kV 特高压柔性直流输电工程。

2) 世界上单站容量最大的柔性直流输电工程(5000MW)。

3) 世界上第一个采用全桥和半桥混合桥阀组的特高压柔性直流输电工程。

4) 世界上第一个高端阀组、低端阀组串联的特高压柔性直流输电工程。

5) 世界上第一个输电距离超过 1000km 的远距离大容量柔性直流输电工程。

6) 世界上第一个具备架空线路故障自清除及再启动能力的柔性直流输电工程,第一次实现利用混合桥阀组输出负电压清除线路故障,可以高速再启动。

7) 世界上第一个常规直流和柔性直流混合的直流输电系统,送端采用常规直流,受端采用柔性直流。

8）世界上第一个混合多端直流输电工程，送端常规直流和受端2个柔性直流组成多端系统。

9）构建了世界上第一个由柔性直流和常规直流组成的多直流馈入电网系统，柔性直流同时提供有功和无功功率，提高电网安全稳定水平。

10）研发了世界上第一个特高压混合多端直流输电控制保护系统，实现了送端常规直流和受端2个柔性直流组成的多端系统协调控制，组成了世界上最多运行方式的直流系统。

11）研发了世界上容量最大的柔性直流换流阀（±800kV/5000MW），世界上柔性直流单站换流器功率模块数量最多（5184个）。

12）世界上第一次实现了特高压混合直流系统单阀组、单站在线投退，克服了混合桥阀组直流短接充电和零电压大电流运行难题。

13）世界上首次系统地研发制造了电压等级最高、容量最大的柔性直流成套装备。

14）建设了世界上最大的直流输电阀厅（长89m×宽86.5m×高43.75m）。

15）世界上首次实现了交流故障下多端柔性直流稳定运行，达到交流故障全穿越。

16）世界上首次建立了单一功率模块任意故障均能安全隔离的长期可靠运行技术。

17）世界上首次建立了特高压常规直流和柔性直流混合输电技术的技术规范和成套设计技术。

乌东德（昆柳龙）柔性直流工程通过特高压多端直流技术创新，将云南水电分送广东、广西，有利于缓解受端电网的调峰压力、降低系统安全稳定风险，从而确保水电资源的可靠消纳，同时对未来西南水电及北方新能源的开发外送也有积极的示范作用。该工程全部建成投产后，输送容量将占到云南乌东德水电站总装机容量的80%，云南具备新增外送800万kW的能力。广东"十四五"具备消纳500万kW新增云南水电的能力；广西"十四五"具备消纳600万kW（其中300万kW为金中水电，300万kW为乌东德水电）云南水电的能力。依托本工程云南每年可将约320亿kW时水电送往广东、广西，一方面丰富广东、广西能源供应渠道，保障两省（区）电力供应；另一方面可促进两省（区）用能结构的清洁化发展，减少广东、广西燃煤1530万t。它既有助于解决乌东德水电站等一批水电站的电能外送问题，也为粤港澳大湾区提供大量的清洁能源，促进能源供应和绿色发展。

乌东德（昆柳龙）柔性直流工程是一个领跑世界的超级工程。它的投运标志着我国特高压直流输电技术提升到空前水平，开创出新的输电模式，将为世界电网发展提供宝贵的经验。

习　题

5-1 选择题

1. 正序对称三相电压源作星形联结，若相电压 $\dot{U}_B = 220\angle-90°$ V，则线电压 $\dot{U}_{AC}$ 等于（　　）。

A. $380\angle180°$ V　　B. $380\angle0°$ V　　C. $380\angle150°$ V　　D. $380\angle-60°$ V

2. 正序对称三相电压源作星形联结，若线电压 $\dot{U}_{BC} = 380\angle180°$ V，则相电压 $\dot{U}_A$ 等于（　　）。

A. $220\angle0°$ V　　B. $220\angle90°$ V　　C. $220\angle-90°$ V　　D. $220\angle-60°$ V

3. 习题5-1-3图所示对称三相星形联结电路中，已知 $\dot{U}_{AB} = 380\angle10°$ V，$\dot{I}_A = 5\angle0°$ A，相序为正序，则以下结论中错误的是（　　）。

A. 负载为容性　　B. $\dot{U}_{CB} = 380\angle70°$ V　　C. $\dot{U}_{CN} = 220\angle100°$ V　　D. $\dot{U}_{AC} = 380\angle-30°$ V

4. 某正序三相交流电路中，电源和负载都采用星形联结，若电源的相电压 $\dot{U}_{\text{A}} = 220\angle 0°\,\text{V}$，则线电压 $\dot{U}_{\text{AB}}$ 等于（　　）。

  A. $220\angle 30°\,\text{V}$ B. $380\angle 0°\,\text{V}$ C. $\text{V}220\angle 0°\,\text{V}$ D. $380\angle 30°\,\text{V}$

5. 某对称三相电源绕组为星形联结，已知 $\dot{U}_{\text{AB}} = 380\angle 15°\,\text{V}$，当 $t = 10\text{s}$ 时，三个线电压之和为（　　）。

  A. 380V B. 0V C. $380\sqrt{3}\,\text{V}$ D. 220V

6. 习题5-1-6图所示的三相四线制照明电路中，测得 $I_1 = 2\text{A}$，$I_2 = 4\text{A}$，$I_3 = 4\text{A}$，则中性线中电流为（　　）。

  A. 0A B. 2A C. 6A D. 10A

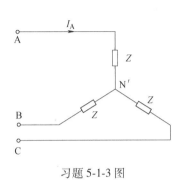
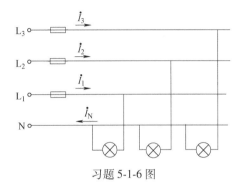

习题5-1-3图　　　　　　　　　　　　习题5-1-6图

7. 三角形联结的对称三相负载接至相序为 A、B、C 的对称三相电源上，已知相电流 $\dot{I}_{\text{AB}} = 10\angle 0°\,\text{A}$，则线电流 $\dot{I}_{\text{A}} =$（　　）A。

  A. $10\sqrt{3}\angle -30°$ B. $10\sqrt{3}\angle 30°$ C. $\dfrac{10}{\sqrt{3}}\angle -30°$ D. $\dfrac{10}{\sqrt{3}}\angle 30°$

8. 三相四线制电路，已知 $\dot{I}_{\text{A}} = 2\angle 20°\,\text{A}$，$\dot{I}_{\text{B}} = 2\angle -100°\,\text{A}$，$\dot{I}_{\text{C}} = 2\angle 140°\,\text{A}$，则中性线电流 $\dot{I}_{\text{N}}$ 为（　　）。

  A. 2A B. 0A C. 6A D. 2A

9. 有一星形联结的三相负载，额定相电压为220V，若测得其线电压 $U_{\text{AB}} = 380\text{V}$，$U_{\text{BC}} = 220\text{V}$，$U_{\text{CA}} = 220\text{V}$，则说明（　　）。

  A. C 相绕组接反   B. B 相绕组接反

  C. A 相绕组接反   D. 无法确定原因

10. 一台三相电动机绕组星形联结，接到 $U_{\text{L}} = 380\text{V}$ 的三相电源上，测得线电流 $I_{\text{L}} = 10\text{A}$，则电动机每相绕组的阻抗为（　　）。

  A. 38Ω B. 22Ω C. 66Ω D. 11Ω

11. 习题5-1-11图所示三相电路中，有两组三相对称负载，已知星形联结的电阻性负载每相电阻 $R_1 = 10\Omega$；三角形联结的电阻性负载每相电阻 $R_2 = 30\Omega$，线电压有效值为380V，则线电流有效值为（　　）。

  A. 76A B. 44A C. 22A D. 38A

12. 三相电源线电压为380V，对称负载为星形联结，未接中性线。如果某相突然断掉，其余两相负载的电压均为（　　）。

  A. 380V B. 190V C. 220V D. 无法确定

13. 习题5-1-13图所示的三相四线制照明电路中，各相负载电阻不等。如果中性线在"×"处断开，后果是（　　）。

  A. 各相电灯中电流均为零

  B. 各相电灯上电压将重新分配，高于或低于额定值，因此有的不能正常发光，有的可能烧坏灯丝

  C. 各相电灯中电流不变

  D. 各相电灯变成串联，电流相等

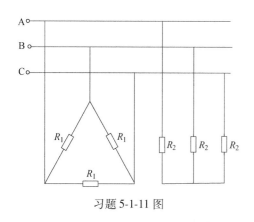

习题 5-1-11 图

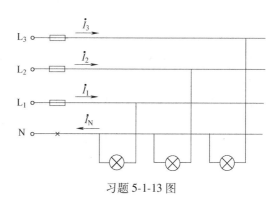

习题 5-1-13 图

14. (　　)线的主干线上不允许装设断路器或熔断器。

A. A 相　　　　　　　B. B 相　　　　　　　C. C 相　　　　　　　D. N

15. (　　)的大小与电源电压、负载性质、电弧电流变化速率等因素有关。

A. 触头间恢复电压　　　　　　　　　　B. 触头间介质击穿电压

C. 电源电压

16. 220V/380V 低压系统，若人体电阻为 1000Ω，则遭受单相电击时，通过人体的电流均为(　　)。

A. 30mA　　　　　　　B. 220mA　　　　　　C. 380mA　　　　　　D. 1000mA

17. 居民楼住宅的剩余电流断路器的漏电动作电流和动作时间为(　　)。

A. 30mA、0.2s　　　　B. 30mA、0.1s　　　　C. 20mA、0.2s　　　　D. 20mA、0.1s

18. 电器起火时，要先(　　)。

A. 打电话报警　　　　　　　　　　　　B. 切断电源

C. 用灭火器灭火　　　　　　　　　　　D. 赶紧远离电器

19. 电线接地时，人体距离接地点越近，跨步电压越高，距离越远，跨步电压越低，一般情况下距离接地体(　　)，跨步电压可看成是零。

A. 20m 以内　　　　　　B. 20m 以外　　　　　C. 30m 以内　　　　　D. 30m 以外

20. 一般居民住宅、办公场所，若以防止触电为主要目的时，应选用漏电动作电流为(　　)mA 的剩余电流断路器。

A. 10　　　　　　　　　B. 20　　　　　　　　C. 30　　　　　　　　D. 40

5-2 有一台三相交流电动机，每相的等效电阻 $R=29\Omega$，等效感抗 $X_L=21.8\Omega$，试求当定子三相绕组连接成星形接于线电压 $U_L=380V$ 的三相电源上时，电动机的相电流、线电流以及从电源输入的功率。

5-3 接成星形的对称负载，接在一对称的三相电源上，线电压为 380V，负载每相阻抗 $Z=(8+j6)\Omega$，试求：

（1）各相电流及线电流；

（2）三相总功率 P、Q、S。

5-4 在习题 5-4 图所示的对称三相电路中，电源端线电压为 380V，端线阻抗 $Z_1=(1+j4)\Omega$，三角形负载阻抗 $R=6\Omega$，试求：

（1）线电流 I_L；

（2）三相电源供给的总有功功率 P。

5-5 一台三相交流电动机，定子绕组星形联结于 $U_L=380V$ 的对称三相电源上，其线电流 $I_L=2.2A$，$\cos\varphi=0.8$，试求每相绕组的阻抗 Z。

5-6 已知电路如习题 5-6 图所示，电源电压 $U_L=380V$，每相负载的阻抗为 $R=X_L=X_C=10\Omega$。

（1）该三相负载能否称为对称负载？为什么？

（2）计算中性线电流和各相电流。

（3）求三相总有功功率 P。

5-7 习题 5-7 图所示的三相四线制电路，三相负载连接成星形，已知电源线电压为 380V，负载电阻 $R_A = 11\Omega$，$R_B = R_C = 22\Omega$，试求：

（1）负载的各相电流、线电流；

（2）中性线断开，A 相又短路时的各相电流和线电流；

（3）中性线断开，A 相断开时的各相电流和线电流。

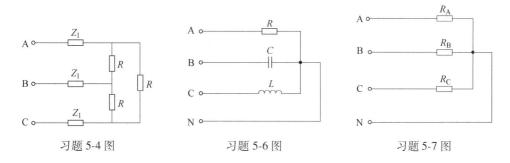

| 习题 5-4 图 | 习题 5-6 图 | 习题 5-7 图 |

5-8 三相对称负载三角形联结，其线电流 $I_L = 5.5A$，有功功率 $P = 7760W$，功率因数 $\cos\varphi = 0.8$，求电源的线电压 U_L、电路的无功功率 Q 和每相阻抗 Z。

5-9 对称三相负载星形联结，已知每相阻抗 $Z = (31+j22)\,\Omega$，电源线电压为 380V，求三相交流电路的有功功率、无功功率、视在功率和功率因数。

5-10 在线电压为 380V 的三相电源上，接有两组电阻性对称负载，如习题 5-10 图所示，试求线路上的总线电流 I 和所有负载的有功功率。

5-11 对称三相电源，线电压 $U_L = 380V$，对称三相感性负载作三角形联结，若测得线电流 $I_L = 17.3A$，三相功率 $P = 9.12kW$，求每相负载的电阻和感抗。

5-12 三相异步电动机的三个阻抗相同的绕组连接成三角形，接于线电压 $U_L = 380V$ 的对称三相电源上，若每相阻抗 $Z = (8+j6)\,\Omega$，试求此电动机工作时的相电流 I_P、线电流 I_L 和三相有功功率 P。

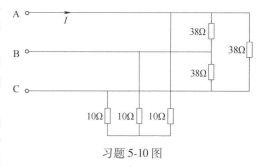

习题 5-10 图

5-13 三角形联结的三相对称感性负载由 $f = 50Hz$、$U_L = 220V$ 的三相对称交流电源供电，已知电源供出的有功功率为 3kW，负载线电流为 10A，求各相负载的 R、L 参数。

5-14 非对称三相负载 $Z_1 = 5\angle 10°\Omega$，$Z_2 = 9\angle 30°\Omega$，$Z_3 = 10\angle 80°\Omega$，连接成如习题 5-14 图所示的三角形，由线电压为 380V 的对称三相电源供电，求负载的线电流 I_A、I_B、I_C。

5-15 如习题 5-15 图所示，三相对称负载作三角形联结，$U_L = 220V$，当 S_1、S_2 均闭合时，各电流表读数均为 17.3A，三相有功功率 $P = 4.5kW$，试求：

（1）每相负载的电阻和感抗；

（2）S_1 合、S_2 断开时，各电流表读数和有功功率 P；

（3）S_1 断、S_2 闭合时，各电流表读数和有功功率 P。

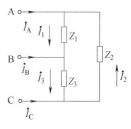

习题 5-14 图

5-16 习题 5-16 图所示的对称三相星形联结电路中，若已知 $Z = 110\angle -30°\Omega$，线电流 $\dot{I}_A = 2\angle 30° A$，求线电压 $\dot{U}_{AC}$。

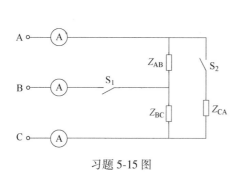

习题 5-15 图

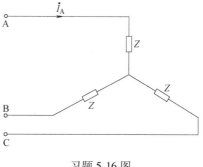

习题 5-16 图

5-17 习题 5-17 图所示的对称三相电路中，已知线电流 $I_L = 17.32\text{A}$，若图中 m 点处发生断路，分别求此时的 I_A、I_B、I_C。

5-18 习题 5-18 图所示的对称三相电路中，已知线电流 $I_L = 17.32\text{A}$，若图中 m 点处发生断路，求此时的 I_A、I_B、I_C。

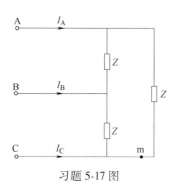

习题 5-17 图

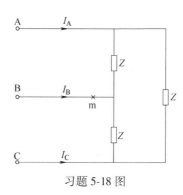

习题 5-18 图

5-19 习题 5-19 图所示的星形联结对称三相电路中，已知线电流 $I_A = 1\text{A}$，若 A 相负载发生短路（如图中开关 S 闭合所示），则此时 A 相线电流等于多少？

5-20 习题 5-20 图所示的对称三相丫-△联结电路中，已知负载电阻 $R = 38\Omega$，相电压 $\dot{U}_A = 220\angle0°\text{V}$，求各线电流 I_A、I_B、I_C。

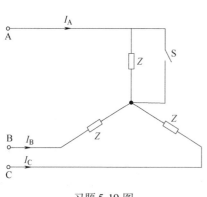

习题 5-19 图

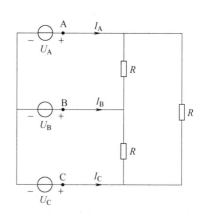

习题 5-20 图

5-21　习题 5-21 图所示的对称三相电路中，已知 $\dot{U}_A = 220\angle 0°\,V$，负载复阻抗 $Z = (40+j30)\,\Omega$，求图中电流 $\dot{I}_{AB}$、$\dot{I}_A$ 及三相功率 P。

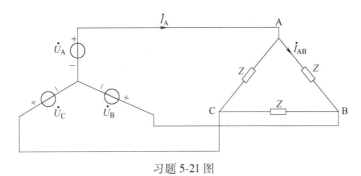

习题 5-21 图

第 6 章

磁路与变压器

导读

　　在许多电气设备(如变压器、电机等)中，不仅有电路的问题，同时还有磁路的问题。在学习这些电气设备时，为了能对它们做全面的分析，还需了解以磁路和带铁心为核心的这些器件的工作原理。本章从磁路的基本概念出发，介绍磁路基本定律和基本的磁路分析方法；从变压器的基本结构出发，介绍变压器的电压变换、电流变换和阻抗变换；阐述变压器的运行性能和几种特殊变压器的工作原理；讨论变压器绕组的极性和同名端判别的方法。

本章学习要求

1) 了解磁路的基本概念和基本物理量。
2) 了解变压器的基本结构和基本工作原理。
3) 重点掌握变压器的电压变换、电流变换以及阻抗变换。

6.1 磁路和交流铁心线圈电路

6.1.1 磁场的基本物理量

　　磁场的特性可用磁感应强度、磁通、磁场强度、磁导率等物理量表示。

　　1. 磁感应强度 B

　　磁感应强度是表示磁场内某点磁场强弱和方向的物理量，其单位是特[斯拉](T)。磁感应强度 B 的方向与电流的方向符合右手螺旋定则，磁场中各点的磁感应强度 B 的大小可以用与磁场方向垂直、通过单位电流、单位长度的直导体在该点受到的磁场力的大小来衡量，即

$$B = \frac{F}{lI} \tag{6-1-1}$$

　　如果磁场内各点的磁感应强度的大小相等、方向相同，那么这样的磁场称为均匀磁场。

　　2. 磁通 Φ

　　磁感应强度 B 与垂直于磁场方向的面积 S 的乘积称为通过该面积的磁通 Φ。在均匀磁

场中，有

$$\varPhi = BS \text{ 或 } B = \frac{\varPhi}{S} \tag{6-1-2}$$

磁感应强度在数值上可以看成与磁场方向相垂直的单位面积所通过的磁通，故又称为磁通密度。根据电磁感应定律的公式，即

$$e = -N\frac{\mathrm{d}\varPhi}{\mathrm{d}t} \tag{6-1-3}$$

可知，磁通的单位是伏·秒（V·s），通常称为韦[伯]（Wb）。

3. 磁场强度 H

磁场强度 H 是计算磁场时所引用的一个物理量，也是一个矢量，通过它来确定磁场与电流之间的关系。在国际单位制中，H 的单位为安/米（A/m）。显然，磁场强度 H 的大小与其激励电流有关。

4. 磁导率 μ

磁导率 μ 是一个用来表示磁场媒质导磁性的物理量，也就是衡量物质导磁能力大小的物理量。磁场中某点的磁感应强度 B 等于该点的磁场强度 H 的大小与介质磁导率 μ 的乘积，即

$$B = H\mu \tag{6-1-4}$$

磁导率 μ 的单位是亨[利]/米（H/m）。由实验测得真空中的磁导率 $\mu_0 = 4\pi\times10^{-7}\mathrm{H/m}$，为一常数。为了比较媒质对磁场的影响，通常将任一物质的磁导率与真空的磁导率相比，比值称为该物质的相对磁导率 μ_r，即

$$\mu_\mathrm{r} = \frac{\mu}{\mu_0} \text{或} \mu_\mathrm{r} = \frac{\mu H}{\mu_0 H} = \frac{B}{B_0} \tag{6-1-5}$$

式(6-1-5)说明，在同样电流的情况下，磁场空间某点的磁感应强度与该点媒质的磁导率有关。自然界中所有物质都可以根据磁导率的大小大体上分为非磁性材料和铁磁性材料两大类。非磁性物质的 μ 近似等于 μ_0，而铁磁性物质的磁导率很高，即 $\mu \gg \mu_0$。

6.1.2 铁磁材料特性

铁磁性材料主要是指过渡元素铁、钴、镍及其合金等材料，它们主要的磁性能如下。

1. 高导磁性

铁磁材料的相对磁导率 μ_r 值很高，可达到几百到几万，这就使它们具有被强烈磁化（呈现磁性）的特性。这种特性广泛应用于电工设备中，利用优质铁磁材料的铁心线圈可以实现励磁电流小、磁通和磁感应强度足够大的目的，可以使同一容量的电工设备的质量和体积都大大减小。

2. 磁饱和性

对非磁性材料而言，磁导率 μ_0 为常数。因此，非磁性材料的磁感应强度(B)与磁场强度(H)呈线性关系，即 $B=\mu_0 H$，B-H 曲线如图 6-1-1 所示。

对铁磁性物质来说，磁化所产生的磁场不会随着外磁场的增强而无限地增强。当外磁场（或励磁电流）增大到一

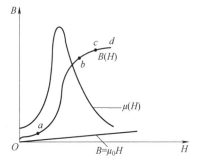

图 6-1-1 B-H 曲线

113

定值时，磁化磁场的磁感应强度达到饱和值，其曲线如图 6-1-1 所示。由其整个磁化曲线可以看出，铁磁材料的磁化曲线不是一条直线，因此，铁磁性物质的磁导率 μ 不是常数，而是随 H 值的变化而变化的。

磁通 Φ 与 B 成正比，产生磁通的励磁电流 I 与 H 成正比。因此，在铁磁性材料的情况下，Φ 与 I 不呈线性关系；但在非磁性材料中，磁导率 μ_0 是常数，Φ 与 I 呈线性关系。

3. 磁滞性

若将铁磁材料进行周期性磁化，B 和 H 之间的变化关系就变成如图 6-1-2 所示的闭合曲线 $abcdefa$。由图 6-1-2 所示的铁磁材料磁滞回线可知，当 H 开始从零增加到 H_m 时，B 相应地从零增加到 B_m，以后若逐渐减小磁场强度 H，B 值将沿曲线 ab 下降，当 $H=0$ 时，B 值并不等于零，而等于 B_r。这种去掉外磁场之后铁磁材料内仍然保留的磁通密度 B_r 称为剩余磁通密度，简称剩磁。要使 B 值从 B_r 减小到零，必须加上相应的反向外磁场，此反向磁场强度称为矫顽力，用 H_c 表示。B_r 和 H_c 是铁磁材料的两个重要参数。铁磁材料所具有的磁通密度 B 的变化滞后于磁场强度 H 变化的现象叫作磁滞。呈现磁滞现象的 B-H 闭合回线称为磁滞回线，磁滞现象是铁磁材料的另一个特性。

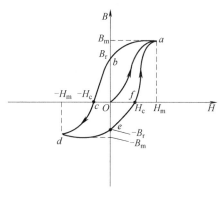

图 6-1-2　铁磁材料的磁滞回线

不同的铁磁材料，其磁滞回线的面积不同，形状也不同。按铁磁材料的磁性能可分为三类：①软磁性材料，其磁滞回线窄，B_r 小，H_c 也小，磁导率高，易磁化也易退磁，常用作交流电器的铁心，如硅钢片、坡莫合金、铸钢、铸铁、软磁铁氧体等；②硬磁性材料，回线呈阔叶形状，B_r 较大，H_c 也较大，常在扬声器、传感器、微电机及仪表中使用，是人造永久磁铁的主要材料，如钨钢、钴钢等；③一种磁滞回线呈矩形形状的铁磁材料，B_r 大，但 H_c 小，称为矩磁性材料，可以在计算机和控制系统中用作记忆元件。

6.1.3　磁路及其基本定律

1. 磁路

工程上设计变压器、电机等时，人们总想用较小的电流去产生较强的磁场（磁通），以便得到较大的感应电动势或电磁力。这就需要利用铁磁性材料制成一个导磁路径，常称为铁心，将通电线圈套装在铁心上。当线圈内通有电流时，在线圈周围的空间（包括铁心内、外）就会形成磁场。由于铁心的导磁性能比空气要好得多，因此，绝大部分磁通将在铁心内通过，并在能量传递或转换过程中起耦合场的作用，这部分磁通称为主磁通。围绕载流线圈、部分铁心和铁心周围的空间还存在少量分散的磁通，这部分磁通称为漏磁通。主磁通和漏磁通所通过的路径分别构成主磁路和漏磁路，图 6-1-3 示意地画出了

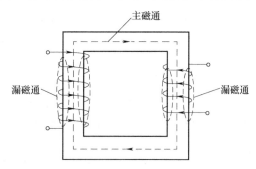

图 6-1-3　变压器的磁路

变压器的磁路。

　　用于激励磁路中磁通的载流线圈称为励磁线圈（或称励磁绕组），励磁线圈中的电流称为励磁电流。若励磁电流为直流，磁路中的磁通是恒定的，不随时间而变化，这种磁路称为直流磁路，直流电机的磁路就属于这一类；若励磁电流为交流，磁路中的磁通随时间交替变化，这种磁路称为交流磁路，交流铁心线圈、变压器和感应电机的磁路都属于这一类。

2. 磁路的欧姆定律

　　以图 6-1-4a 所示无分支铁心磁路为例，铁心上绕有 N 匝线圈，线圈中通有电流 i，铁心截面积为 S，总长度为 l，材料的磁导率为 μ。若不计漏磁通，并认为各截面上的磁通密度均匀，在线圈内沿着磁场方向循行一周对磁场强度进行线积分，由于闭合曲线的循行方向与电流方向间符合右手螺旋定则，且 H 与 $\mathrm{d}l$ 方向相同，根据安培环路定律可得

$$\oint H\mathrm{d}l = \sum i = Hl$$

因此，有

$$H = \frac{\sum i}{l} = \frac{Ni}{l}$$

　　上式中将线圈匝数与建立磁场的电流的乘积 Ni 称为磁动势，用字母 F 表示，单位为 A。考虑到磁场强度等于磁通密度除以磁导率，即 $H = B/\mu$，于是 F 可改写为

$$F = Ni = Hl = \frac{B}{\mu}l = \frac{\Phi}{\mu S}l \text{ 或 } \Phi = \frac{Ni}{\frac{l}{\mu S}} = \frac{F}{R_{\mathrm{m}}} \tag{6-1-6}$$

式中，$\dfrac{l}{\mu S}$ 称为磁路的磁阻，用 R_{m} 表示，反映磁路对磁通的阻碍作用，它与磁路的材质及几何尺寸有关。如果将式（6-1-6）中 F 比作电路中的电动势，Φ 比作电路中的电流，R_{m} 比作电路中的电阻，那么可将式（6-1-6）称为磁路欧姆定律，等效磁路如图 6-1-4b 所示。

　　需要指出的是，磁路和电路的比拟仅是一种数学形式上的类似，而不是物理本质的相似。

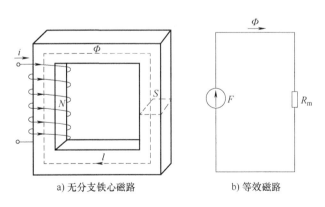

a) 无分支铁心磁路　　　　　　　b) 等效磁路

图 6-1-4　无分支铁心磁路及其等效磁路

　　例 6-1-1　一均匀闭合铁心线圈如图 6-1-5 所示，匝数为 300，铁心中磁感应强度为 0.9T，磁路的平均长度为 45cm。试求：（1）铁心材料为铸铁时线圈中的电流；（2）铁心材料为硅钢片时线圈中的电流。

解: 先从磁化曲线中查出磁场强度 H 的值，然后再计算电流。

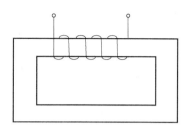

（1） $H_1 = 9000\text{A/m}$，$I_1 = \dfrac{H_1 l}{N} = \dfrac{9000 \times 0.45}{300}\text{A} = 13.5\text{A}$

（2） $H_2 = 260\text{A/m}$，$I_2 = \dfrac{H_2 l}{N} = \dfrac{260 \times 0.45}{300}\text{A} = 0.39\text{A}$

可见，由于所用铁心材料不同，要得到相同的磁感应强度，则所需要的磁动势或励磁电流是不同的。因此，采用高磁导率的铁心材料可使线圈的用铜量大大降低。

图 6-1-5　例 6-1-1 图

6.1.4　交流铁心线圈电路

将线圈绕制在铁心上便构成了铁心线圈，如图 6-1-6 所示。根据线圈所接电源的不同，铁心线圈分为两类，即直流铁心线圈和交流铁心线圈。直流铁心线圈通直流来励磁（如直流电机的励磁线圈、电磁吸盘及各种直流电器的线圈），因为励磁是直流，则产生的磁通是恒定的，在线圈和铁心中不会产生感应电动势，在一定的电压 U 下，线圈中的电流 I 只与线圈的电阻 R 有关，消耗的功率 P 也只与 I^2R 有关，所以分析直流铁心线圈比较简单。交流铁心线圈通交流来励磁（如交流电机、变压器及各种交流电器的线圈），其电压、电流等关系与直流不同。

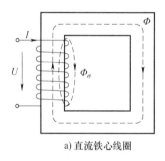 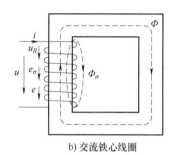

a) 直流铁心线圈　　　　　　b) 交流铁心线圈

图 6-1-6　铁心线圈

1. 电磁关系

如图 6-1-6b 所示交流铁心线圈电路，线圈匝数为 N，线圈电阻为 R，将交流铁心线圈的两端加交流电压 u，在线圈中产生交流励磁电流 i，在交变磁动势 iN 作用下产生的交变磁通绝大多数通过铁心而闭合，这部分磁通称为主磁通 Φ。此外，还有一少部分通过空气等非磁性材料而闭合，这部分磁通称为漏磁通 Φ_σ。这两部分磁通又分别在线圈中产生主磁电动势 e 和漏磁电动势 e_σ，其参考方向根据图 6-1-6b 中磁通的方向，由右手螺旋定则决定。

（1）主磁电动势 e

当 u 为正弦量时，主磁通也按正弦规律变化，设 $\Phi = \Phi_m \sin\omega t$，则有

$$e = -N\frac{\mathrm{d}\Phi}{\mathrm{d}t} = -N\omega\Phi_m\cos\omega t = 2\pi f N\Phi_m\sin(\omega t - 90°) = E_m\sin(\omega t - 90°) \tag{6-1-7}$$

e 的有效值为

$$E = \frac{E_m}{\sqrt{2}} = \frac{2\pi f N\Phi_m}{\sqrt{2}} = 4.44 f N\Phi_m \tag{6-1-8}$$

（2）漏磁电动势 e_σ

$$e_\sigma = -N\frac{\mathrm{d}\Phi_\sigma}{\mathrm{d}t} = -\frac{\mathrm{d}(N\Phi_\sigma)}{\mathrm{d}t} = -L_\sigma\frac{\mathrm{d}i}{\mathrm{d}t} = -L_\sigma\frac{\mathrm{d}(I_\mathrm{m}\sin\omega t)}{\mathrm{d}t}$$

$$= -L_\sigma I_\mathrm{m}\omega\cos\omega t = \sqrt{2}L_\sigma\omega I\cos\omega t = \sqrt{2}X_\sigma I\sin\left(\omega t-\frac{\pi}{2}\right) \tag{6-1-9}$$

式中，$L_\sigma = N\Phi_\sigma/i$ 是常数，称为漏电感；$X_\sigma = \omega L_\sigma$，称为漏感抗。

2. 线圈两端的电压与电流之间的函数关系

从电路的角度，根据基尔霍夫电压定律，铁心线圈的电压平衡式为

$$u = iR - e - e_\sigma = iR - e - \left(-L_\sigma\frac{\mathrm{d}i}{\mathrm{d}t}\right) = iR + L_\sigma\frac{\mathrm{d}i}{\mathrm{d}t} + (-e) \tag{6-1-10}$$

在正弦电压 u 作用下，上式可用相量表示为

$$\dot{U} = \dot{U}_R + \mathrm{j}X_\sigma\dot{I} - \dot{E} = \dot{I}(R+\mathrm{j}X_\sigma) - \dot{E} \tag{6-1-11}$$

由于线圈电阻 R 和漏磁感抗 X_σ 都很小，因此，它们两端的电压也比较小，与主磁电动势 $\dot{E}$ 比较均可忽略不计，故上式可写成

$$\dot{U} \approx -\dot{E}$$

即有

$$U \approx E = 4.44fN\Phi_\mathrm{m} \tag{6-1-12}$$

式(6-1-12)表明，在交流磁路中，当线圈两端外加电压有效值恒定时，铁心磁路中磁通的最大值基本恒定，不随磁路的性质而改变。

3. 功率损耗

交流铁心线圈的功率损耗，除线圈的铜损 $\Delta P_\mathrm{Cu} = I^2R$ 外，还有铁心在交变磁通作用下产生的磁滞损耗和涡流损耗，即所谓的铁损 ΔP_Fe。铁损将使铁心发热，从而影响设备绝缘材料的寿命。

磁滞损耗 ΔP_h 是由铁磁材料的磁滞现象造成的，可以证明，交变磁化一周在铁心的单位体积内所产生的磁滞损耗能量与磁滞回线所包围的面积成正比。磁滞损耗要引起铁心发热。为了减小磁滞损耗，应选用磁滞回线狭窄的磁性材料制造铁心。硅钢就是变压器和电机中常用的铁心材料，其磁滞损耗较小。

由于一般磁性材料具有导电性，当线圈中通有交流电时，它所产生的磁通也是交变的，因此，不仅要在线圈中产生感应电动势，而且在铁心内也要产生感应电动势和感应电流，这种感应电流称为涡流。硅钢片中的涡流如图 6-1-7 所示，它在垂直于磁通方向的平面内环流，涡流的存在会使磁性材料发热，从而形成涡流损耗 ΔP_e。实验证明，涡流损耗与励磁电流频率的二次方及铁心磁感应强度的二次方成正比。为了减小涡流损耗，电气设备中的铁心一般顺磁场方向用一片片相互绝缘的导磁材料叠成，这样可以增大涡流的电阻，减小涡流损耗。

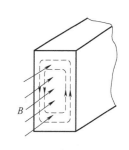

图 6-1-7　硅钢片中的涡流

当然，涡流也有它有用的一面，如感应加热装置、高频冶炼炉等就是利用涡流的热效应实现的。

综上所述，交流铁心线圈工作时的功率损耗为

$$P = UI\cos\varphi = I^2R + \Delta P_\mathrm{Fe}$$

117

6.2 变压器

变压器(Transformer)是各种电气设备及电子系统中应用广泛的一种多端子磁耦合基本电路元件，它利用电磁感应原理实现从一种电压的交流电能转换成同频率的另一种电压的交流电能。

在电力系统中，变压器是远距离输送电能所必需的重要设备。通常，电能从发电站以高电压输送到用电地区，发电站首先利用变压器升高电压。由于当输送功率 $P = UI\cos\varphi$ 及负载功率因数 $\cos\varphi$ 一定时，电压愈高，则线路电流 I 愈小，因此，这不仅可以减小输电线的截面积、节省材料，同时又可以降低线路的功率损耗。当电能输送到目的地后，利用变压器降低电压，以保证用电安全和合乎用电设备的电压要求。

在电子线路中，变压器除用来变换电压、电流外，还常用来耦合电路、传递信号，并实现阻抗匹配，如收音机中的输出变压器。

6.2.1 变压器的分类及其特点

由于变压器的应用范围十分广泛，因此，它的种类繁多，用途各异。一般常用变压器的分类可归纳为以下几种。

1. 按相数分类

1）单相变压器：用于单相负载或三相变压器组。

2）三相变压器：用于三相系统的升压、降压。

2. 按冷却方式分类

1）干式变压器：依靠空气对流进行冷却，一般用于局部照明、电子线路等小容量变压器。

2）油浸式变压器：依靠变压器油做冷却介质，如油浸自冷、油浸风冷、油浸水冷和强迫油循环等。

3. 按用途分类

1）电力变压器：用于输配电系统的升压、降压。

2）仪用变压器：如电压互感器、电流互感器，用于测量仪表和继电保护装置。

3）实验变压器：能产生高压，对电气设备进行高压实验。

4）特种变压器：如电炉变压器、整流变压器、调整变压器等。

4. 按绕组形式分类

1）双绕组变压器：用于连接电力系统中的两个电压等级。

2）三绕组变压器：一般用于电力系统区域变电站中，连接三个电压等级。

3）自耦变压器：一次、二次绕组合二为一，使二次绕组成为一次绕组的一部分。这种变压器的一次、二次绕组之间除有磁的耦合外，还有电的直接联系，可节省铜和铁的消耗量，从而减少变压器的体积和质量，降低制造成本，且有利于大型变压器的运输和安装。在高压输电系统中，自耦变压器主要用来连接两个电压等级相近的电力网，作为联络变压器使用。

5. 按铁心形式分类

1）心式变压器：心式结构的心柱被绕组包围，如图 6-2-1a 所示。心式结构的绕组和绝缘装配比较容易，所以电力变压器常采用这种结构。

2）壳式变压器：铁心包围绕组的顶面、底面和侧面，如图 6-2-1b 所示。其机械强度较好，常用于低压、大电流的特殊变压器，如电炉变压器、电焊变压器，或用于电子仪器及电视、收音机等的电源变压器。

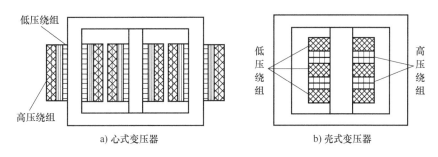

a) 心式变压器　　　　　　　　b) 壳式变压器

图 6-2-1　变压器结构图

6.2.2　变压器的基本结构

不同的变压器在容量、结构、外形、体积和质量等方面虽有较大的区别，但是它们的基本构造和工作原理是相同的。变压器的主要结构部件有铁心和绕组，它们是变压器进行电磁感应的基本部件，称为器身。除器身外，典型的油浸式电力变压器还有油箱、变压器油、散热器、绝缘套管、分接开关及继电保护装置等部件。

1. 铁心

变压器的铁心既是磁路，又是套装绕组的骨架。铁心由心柱和铁轭两部分组成，心柱用来套装绕组，铁轭将心柱连接起来，使之形成闭合磁路。为减少铁心损耗，铁心用厚 0.30~0.35mm 高磁导率的硅钢片叠成，片上涂以绝缘漆，以避免片间短路。

2. 绕组

绕组一般用绝缘的铜线绕制而成，它是变压器的电路部分，接在电源上。从电源吸收电能的绕组称为一次绕组；与负载连接，给负载输送电能的绕组称为二次绕组。一次和二次绕组具有不同的匝数、电压和电流，其中电压较高的绕组称为高压绕组，电压较低的绕组称为低压绕组。对于升压变压器，一次绕组为低压绕组，二次绕组为高压绕组；对于降压变压器，情况恰好相反。高压绕组的匝数多、导线细；低压绕组的匝数少、导线粗。根据高压绕组和低压绕组相互位置的不同，绕组结构形式可分为同心式和交叠式两种。同心式的高压绕组和低压绕组均做成圆筒形，然后同心地套在铁心柱上，为便于绝缘，通常低压绕组在里面，高压绕组在外面，中间加绝缘纸筒绝缘，同心式绕组的结构简单、制造方便，心式变压器一般都采用这种结构，如图 6-2-1a 所示；交叠式绕组是将高压绕组和低压绕组分成若干线饼，沿着铁心柱交替排列而构成，交叠式绕组的机械强度高、引线方便，壳式变压器一般采用这种结构，如图 6-2-2 所示。

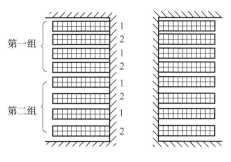

图 6-2-2　交叠式绕组
1—低压绕组　2—高压绕组

119

6.2.3　变压器的工作原理

变压器的种类虽然众多，但各种变压器运行时的基本物理过程及分析变压器运行性能的基本方法大体上都是相同的。以下以典型的双绕组单相变压器为例，分析其在空载和有载两种情况下的运行原理。

1. 变压器的空载运行

变压器的一次绕组接交流电源，二次绕组开路的运行状态称为变压器的空载运行。

（1）空载运行时的电磁关系

图 6-2-3 是单相变压器空载运行原理图，N_1 和 N_2 分别表示一次绕组和二次绕组的匝数。当一次侧接入交流电压 u_1 时，一次绕组便会有空载电流 i_0 流过，进而产生空载交变磁动势 i_0N_1，建立空载磁场。由于铁心磁导率比油或空气的磁导率大得多，绝大部分磁通存在于铁心中，这部分磁通同时与一次绕组、二次绕组相交链，称为主磁通 Φ；少量的磁通经空气或其他非铁磁性物质只与一次绕组相交链，称为一次侧漏磁通 $\Phi_{\sigma1}$。由于主磁通同时与一次绕组、二次绕组相交链，因此，从一次侧到二次侧的能量传递主要是依靠主磁通的媒介实现的。

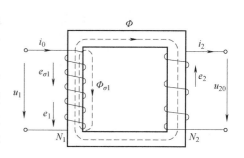

图 6-2-3　单相变压器空载运行原理图

（2）电压方程

交流电网中的电压 u_1 随时间以电源频率 f 交变，i_0、Φ、$\Phi_{\sigma1}$ 也随时间交变，频率为 f。Φ 在与它交链的一次绕组和二次绕组内均产生主感应电动势，分别为 e_1、e_2；$\Phi_{\sigma1}$ 仅与一次绕组交链，在其上产生漏感应电动势为 $e_{\sigma1}$。

选择如图 6-2-3 所示的正方向，根据基尔霍夫电压定律（KVL）及电磁感应定律，可得一次侧和二次侧的电压方程为

$$u_1 = R_1 i_0 + N_1 \frac{\mathrm{d}\Phi_{\sigma1}}{\mathrm{d}t} + N_1 \frac{\mathrm{d}\Phi}{\mathrm{d}t} = R_1 i_0 + L_{\sigma1}\frac{\mathrm{d}i_0}{\mathrm{d}t} + N_1 \frac{\mathrm{d}\Phi}{\mathrm{d}t} = R_1 i_0 + (-e_{\sigma1}) + (-e_1) \qquad (6\text{-}2\text{-}1)$$

$$u_{20} = e_2 = -N_2 \frac{\mathrm{d}\Phi}{\mathrm{d}t} \qquad (6\text{-}2\text{-}2)$$

若电源是正弦电源，可将上面两式写成相量形式，则为

$$\dot{U}_1 = R_1\dot{I}_0 - \dot{E}_{\sigma1} - \dot{E}_1 = R_1\dot{I}_0 + \mathrm{j}X_{\sigma1}\dot{I}_0 - \dot{E}_1 \qquad (6\text{-}2\text{-}3)$$

$$\dot{U}_{20} = -\dot{E}_2 \qquad (6\text{-}2\text{-}4)$$

式中，R_1 为一次绕组的电阻；$L_{\sigma1}$ 为一次绕组的漏感系数；$X_{\sigma1}$ 为一次绕组的漏电抗。$L_{\sigma1}$、$X_{\sigma1}$ 与匝数和几何尺寸有关，均为常数。u_{20} 为二次绕组的空载电压（即开路电压）。

在一般变压器中，由于漏磁通远小于主磁通，因此，$e_1 \gg e_{\sigma1}$，空载时的一次绕组压降 $R_1 i_0$ 也很小。忽略 $e_{\sigma1}$ 和 $R_1 i_0$（它们之和只有 u_1 的 0.2% 左右）的影响时，则有

$$\dot{U}_1 \approx -\dot{E}_1$$

与交流铁心线圈相比，变压器多了一个二次绕组线圈，所以交流铁心中感应电动势的分析方法完全适用于变压器。于是，根据式（6-1-12）可得

$$U_1 \approx E_1 = 4.44 f N_1 \Phi_{\mathrm{m}} \qquad (6\text{-}2\text{-}5)$$

$$U_{20} = E_2 = 4.44 f N_2 \Phi_{\mathrm{m}} \qquad (6\text{-}2\text{-}6)$$

因此，对于变压器空载运行有以下电压变换关系：

$$\frac{U_1}{U_{20}} \approx \frac{N_1}{N_2} = k \qquad (6\text{-}2\text{-}7)$$

式中，k 为变压器的电压比，也就是一次绕组与二次绕组的匝数比。因此，要使一次和二次绕组具有不同的电压，只要使它们具有不同的匝数即可，这就是变压器能够"变压"的原理。

对于三相变压器，电压比指相电压之比。如图 6-2-4 所示为三相变压器常用两种联结方式的电压变换关系。

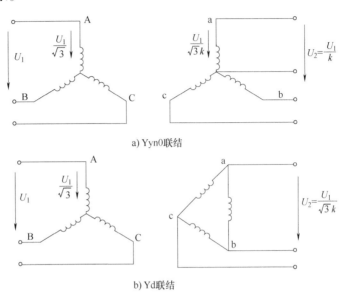

a) Yyn0联结

b) Yd联结

图 6-2-4　三相变压器常用两种联结方式的电压变换关系

2. 变压器的负载运行

变压器一次绕组接通额定电压，二次侧接上负载的运行情况，称为负载运行。

（1）负载运行时的电磁关系

图 6-2-5 是变压器负载运行原理图。二次侧接上负载 Z 后，在感应电动势 e_2 的作用下，二次绕组便会有电流 i_2 产生，进而产生磁动势 i_2N_2，该磁动势也作用在主磁路上，改变了变压器原来的磁动势平衡状态，导致一次、二次绕组感应电动势也随之发生改变。于是，原有电压平衡关系被破坏，使一次电流由空载电流 i_0 变为负载电流 i_1。

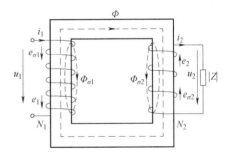

图 6-2-5　变压器负载运行原理图

（2）负载运行时的电压平衡方程

根据基尔霍夫电压平衡方程和图 6-2-5 所示的正方向即可写出一次侧与二次侧的电压方程为

$$\begin{cases} \dot{U}_1 = -\dot{E}_1 - \dot{E}_{\sigma1} + \dot{I}_1 R_1 = -\dot{E}_1 + \dot{I}_1 R_1 + \mathrm{j}\dot{I}_1 X_{\sigma1} \approx -\dot{E}_1 \\ \dot{U}_2 = \dot{E}_2 + \dot{E}_{\sigma2} - \dot{I}_2 R_2 = \dot{E}_2 - \dot{I}_2 R_2 - \mathrm{j}\dot{I}_2 X_{\sigma2} \end{cases} \qquad (6\text{-}2\text{-}8)$$

（3）电流方程

空载时，由一次磁动势 $\dot{F}_0$ 产生主磁通 $\dot{\Phi}_0$；负载时，磁动势为一次和二次侧的合成磁动

势 $\dot{F}_1 + \dot{F}_2$。由 $E_1 = 4.44fN_1\Phi_\mathrm{m}$ 和 $U_1 \approx E_1$ 可知，在 U_1、f、N_1 不变的情况下，由空载到负载，主磁通 Φ 基本保持不变。因此，磁动势平衡方程为

$$\dot{F}_1 + \dot{F}_2 = \dot{F}_0 \quad 或 \quad N_1\dot{I}_1 + N_2\dot{I}_2 = N_1\dot{I}_0 \tag{6-2-9}$$

由式(6-2-9)可得变压器有载时电流方程为

$$\dot{I}_1 = \dot{I}_0 + \left(-\frac{N_2}{N_1}\right)\dot{I}_2 = \dot{I}_0 + \left(-\frac{\dot{I}_2}{k}\right) = \dot{I}_0 + \dot{I}_{1L}$$

由上式可知，变压器的负载电流分成两个分量：一个是励磁电流 $\dot{I}_0$，用来产生主磁通；另一个是负载分量 $\dot{I}_{1L} = -\dot{I}_2/k$，用来抵消二次侧磁动势。电磁关系将一次、二次电流联系起来，二次电流增加或减少必然引起一次电流的增大或减小。

由于变压器铁心的磁导率很高，因此空载励磁电流很小($I_0 < 10\%I_1$)。在忽略空载励磁电流的情况下，由式(6-2-9)可以导出

$$\dot{I}_1 \approx -\frac{\dot{I}_2}{k} \quad 或 \quad \frac{I_1}{I_2} \approx \frac{1}{k} = \frac{N_2}{N_1} \tag{6-2-10}$$

式(6-2-10)表明，一次、二次电流比近似与匝数比成反比。可见，匝数不同，不仅能变电压，同时也能变电流。

(4) 变压器的阻抗变换

变压器不仅对电压、电流按变比进行变换，而且还可以对阻抗进行变换。在正弦稳态的情况下，当理想变压器的二次侧接入阻抗 Z_L 时，变压器一次侧的输入阻抗 Z_1 为

$$|Z_1| = \frac{U_1}{I_1} = \frac{kU_2}{\frac{1}{k}I_2} = k^2|Z_L| \tag{6-2-11}$$

式中，$k^2|Z_L|$ 即为变压器二次侧折算到一次侧的等效阻抗。如图 6-2-6 所示为变压器阻抗折算示意图。

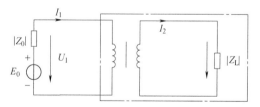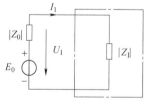

图 6-2-6 变压器的阻抗折算示意图

只要改变变压器一次、二次绕组的匝数比，就可以改变一次侧、二次侧的阻抗比，从而获得所需的阻抗。

例 6-2-1 图 6-2-7 中交流信号源 $E = 120\text{V}$，$R_0 = 800\Omega$，负载电阻为 $R_L = 8\Omega$ 的扬声器。(1) 若 R_L 折算到一次侧的等效电阻 $R_L' = R_0$，求变压器的变比和信号源的输出功率；(2) 若将负载直接与信号源连接，信号源输出多大功率？

解：(1) 由 $R_L' = k^2 R_L$ 可知变比为

$$k = \sqrt{\frac{R_L'}{R_L}} = 10$$

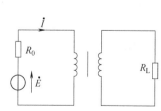

图 6-2-7 例 6-2-1 图

此时信号源的输出功率为

$$P_L = \left(\frac{E}{R_0+R'_L}\right)^2 R'_L = 4.5\mathrm{W}$$

（2）直接接负载时，输出功率为

$$P_L = \left(\frac{E}{R_0+R_L}\right)^2 R_L = 0.176\mathrm{W}$$

可见，阻抗匹配情况下，输出功率增大了 24 倍之多。

例 6-2-2　单相变压器一次绕组 $N_1 = 1000$ 匝，二次绕组 $N_2 = 500$ 匝，现一次侧加电压 $U_1 = 220\mathrm{V}$，二次侧接电阻性负载，测得二次电流 $I_2 = 4\mathrm{A}$。忽略变压器的内阻抗及损耗，试求：（1）二次侧的额定电压 U_{2N}；（2）变压器一次侧的等效负载 $|Z'|$；（3）变压器输出功率 P_2。

解：（1）$k = \dfrac{N_1}{N_2} = 2$，而 $\dfrac{U_1}{U_2} = \dfrac{N_1}{N_2}$，所以

$$U_{2N} = U_2 = \frac{N_2}{N_1}U_1 = \frac{220}{2}\mathrm{V} = 110\mathrm{V}$$

（2）由于 $|Z| = \dfrac{U_2}{I_2} = \dfrac{110}{4}\Omega = 27.5\Omega$，因此，有

$$|Z'| = k^2|Z| = 4 \times 27.5\Omega = 110\Omega$$

（3）
$$P_2 = U_2 I_2 = 110 \times 4\mathrm{W} = 440\mathrm{W}$$

123

6.2.4　变压器的运行性能

考查变压器运行性能的主要指标有额定电压调整率和效率特性。

1. 电压调整率

当变压器一次侧接到额定电压、二次侧开路时，二次侧的空载电压 U_{20} 就是它的额定电压 U_{2N}。接入负载以后，由于负载电流在变压器内部产生漏阻抗压降，因此，二次侧端电压发生变化。当一次电压保持为额定、负载功率因数为常值时，从空载到负载时二次电压变化的百分值称为电压调整率，用 ΔU 表示，即

$$\Delta U = \frac{U_{20}-U_2}{U_{2N}} = \frac{U_{2N}-U_2}{U_{2N}} \qquad (6\text{-}2\text{-}12)$$

在一定程度上，电压调整率可以反映出变压器的供电品质，是衡量变压器性能的一个非常重要的指标。通常希望 U_2 的变动越小越好，一般变压器的电压变化率约在 5%。变压器在不同负载时的端电压变化曲线如图 6-2-8 所示。

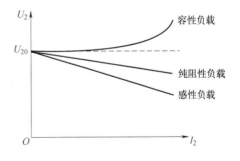

图 6-2-8　变压器在不同负载时的端电压变化曲线

2. 效率特性

（1）变压器的损耗

变压器的功率损耗包括铁心中的铁损 ΔP_{Fe} 和绕组上的铜损 ΔP_{Cu}。

铁损耗 ΔP_{Fe} 与外加电压大小有关，而与负载大小基本无关，故也称为不变损耗。

铜损耗 ΔP_{Cu} 大小与负载电流二次方成正比，故也称为可变损耗。

（2）变压器的效率特性

变压器的效率是指输出的有功功率与输入的有功功率之比，即

$$\eta = \frac{P_2}{P_1} = \frac{P_2}{P_2 + \Delta P_{Fe} + \Delta P_{Cu}}$$

式中，P_1 为一次侧输入的有功功率；P_2 为二次侧输出的有功功率。

变压器效率与负载的大小、性质及铜损和铁损有关。在功率因数一定时，变压器的效率与负载电流之间的关系 $\eta = f(I_2)$ 称为变压器的效率特性。如图 6-2-9 所示为变压器的效率特性曲线。由图可见，效率随负载电流而变化，并有一最大值。效率的高低可以反映出变压器运行的经济性能，它也是一项重要指标。由于变压器是一种静止的装置，在能量传递过程中没有机械损耗，因此，其效率比同容量的旋转电机要高一些，一般为 95% ~ 98%，大型变压器可达 99% 以上。

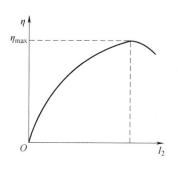

图 6-2-9　变压器的效率特性曲线

例 6-2-3　有一单相变压器的额定容量为 50kV·A，额定电压为 10000V/230V，当该变压器向 $R = 0.832\Omega$，$X_L = 0.618\Omega$ 的负载供电时，正好满载，试求变压器一次、二次绕组的额定电流和电压变化率。

解：
$$|Z| = \sqrt{R^2 + X_L^2} = \sqrt{0.832^2 + 0.618^2}\,\Omega = 1.035\Omega$$

$$I_2 = \frac{P}{U_{20}} = \frac{50 \times 10^3}{230}A = 217A$$

$$I_1 = \frac{I_2}{k} = \frac{217}{10000} \times 230A = 5A$$

$$U_2 = I_2|Z| = 217 \times 1.035V = 224.6V$$

$$\Delta U\% = \frac{U_{20} - U_2}{U_{20}} \times 100\% = \frac{230 - 224.6}{230} \times 100\% = 2.35\%$$

6.2.5　特殊变压器

1. 自耦变压器

自耦变压器的特点是二次绕组是一次绕组的一部分，一次、二次绕组既有磁的耦合，又有电的联系。如图 6-2-10 所示为单相降压自耦变压器工作原理图。

使用时，改变滑动端的位置，便可得到不同的输出电压。实验室中使用的调压器就是根据此原理制作的。

注意：一次侧、二次侧千万不能对调使用，以防变压器损坏。

自耦变压器从一次侧传递至二次侧的能量中，一部分是由于电磁感应作用的，另一部分是由于直接传导作用的。对普通变压器而言，输出功率只有电磁功率。因此，在同样容量的前提下，自耦变压器要比普通变压器用材少、体积小并且效率也

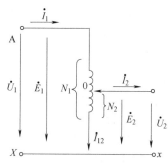

图 6-2-10　单相降压自耦变压器工作原理图

高一些，这样可以降低成本、提高经济效益，这就是自耦变压器的主要优点。但是，由于自耦变压器一次、二次绕组之间有直接电的联系，为了防止因高压边单相接地故障而引起低压边的过电压，用在电力系统中的三相自耦变压器中性点必须可靠接地。同样，由于一次、二次绕组之间有直接电的联系，当高压边遭受过电压时，会引起低压边严重过电压。为避免这种危险，需要在一次侧、二次侧都装设避雷器。

2. 互感器

互感器是一种用于测量的小容量变压器，容量从几伏安到几百伏安，有电流互感器和电压互感器两种。采用互感器测量的目的：一是为了工作人员和仪表的安全，将测量回路与高压电网隔离；二是可以用小量程电流表测量大电流，用低量程电压表测量高电压。我国规程规定，电流互感器二次侧额定电流为 5A 或 1A，电压互感器二次侧额定电压为 100V 或 $100/\sqrt{3}$ V。

（1）电压互感器

电压互感器的工作原理、结构和接线方式都与普通变压器相同，其接线图如图 6-2-11 所示。电压互感器一次绕组直接并联在被测的高压电路上，二次侧接电压表或功率表的电压线圈。一次侧匝数 N_1 多，二次侧匝数 N_2 少。由于电压表或功率表的电压线圈内阻抗很大，因此，电压互感器实际上相当于一台二次侧处于空载状态的降压变压器。这样利用一次、二次绕组不同的匝数关系，可将线路上的高电压变为低电压来测量。安全起见，二次绕组必须有一点可靠接地，并且二次绕组不能短路。

（2）电流互感器

电流互感器也是根据电磁感应原理制成的，它的一次绕组由一匝或几匝截面积较大的导线构成，串联在被测量电流的电路中，二次侧匝数较多，其接线图如图 6-2-12 所示。由于作为电流互感器负载的电流表或继电器的电流线圈阻抗都很小，因此，电流互感器在正常运行时接近短路状态。安全起见，电流互感器二次绕组在运行中不允许开路，为此，在电流互感器的二次回路中不允许装设熔断器，而且当需要将正在运行中的电流互感器二次回路中仪表设备断开或退出时，必须将电流互感器的二次侧短接，保证不致短路。

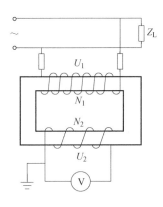

图 6-2-11　电压互感器接线图

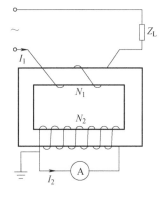

图 6-2-12　电流互感器接线图

6.2.6　变压器绕组的极性判定

1. 变压器一次、二次绕组首末端标记

变压器的每个绕组均有首、末两个出线端，为区分不同绕组的首端、末端，必须对其首端、末端加以标记，变压器一次和二次绕组首末端标记方法见表6-2-1。

表6-2-1　变压器一次和二次绕组首末端标记方法

绕组名称	单相变压器		三相变压器		中性点
	首端	末端	首端	末端	
一次绕组	A	X	A、B、C	X、Y、Z	O
二次绕组	a	x	a、b、c	x、y、z	o

2. 变压器绕组的极性及其测定

（1）同名端（同极性端）

变压器的一次、二次绕组被同一主磁通交链，任何时刻两个绕组的感应电动势都会在某一端呈现高电位的同时，在另外一端呈现出低电位。借用电路理论的知识，把一次、二次绕组中同时呈现高电位（或低电位）的端点称为同名端，并在该端点旁加"·"或"＊"来表示，如图6-2-13所示。一旦两个绕组的首端、末端定义完之后，同名端便由绕组的绕向唯一决定。

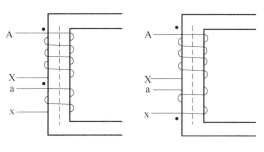

图6-2-13　绕组同极性端

（2）同名端的测定

在变压器绕组的串联、并联、三相连接等场合，必须清楚各线圈的同极性端（同名端）。例如，在图6-2-14中设两线圈的额定电压均为110V，若想把它们接到220V电源上，必须将两个线圈串联，即把2与3连接起来，1和4接电源，如图6-2-14a所示。若不慎将2与4连接起来，1和3接电源，由于两线圈中的磁通抵消，感应电动势消失，线圈中将出现很大电流，甚至会把线圈

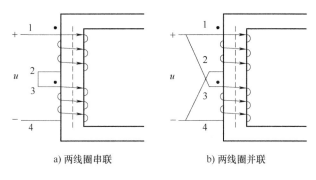

a) 两线圈串联　　b) 两线圈并联

图6-2-14　两线圈连接

烧坏。同样，当线圈并联时，必须将两线圈的同名端分别相连，然后接电源，如图6-2-14b所示。

对于已经制成的变压器或电机，线圈的绕向是看不到的。如果输出端没有注明极性，就要用实验的方法测定同名端，测定方法如下。

1）交流法。将两个绕组1-2和3-4的任意两端（如2和4）连接在一起，在其中一个绕组两端加一个较小的交流电压，用交流电压表分别测量1、2和3、4两端的电压U_{12}及U_{34}，如图6-2-15a所示。若$U_{13}=U_{12}+U_{34}$，则1和4为同名端；若$U_{13}=|U_{12}-U_{34}|$，则1和3为同名端。

2）直流法。直流法测绕组同名端的电路如图6-2-15b所示。闭合开关S的瞬间，若毫安表的指针正摆，则1、3为同名端；若指针反摆，则1、4为同名端。

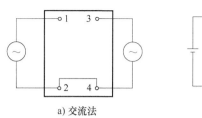

a) 交流法　　　　　　　　　　　b) 直流法

图 6-2-15　同极性端的测定法

本章小结

（1）磁路由铁心和气隙组成。构成磁路的磁路材料具有高磁导性、磁饱和性和磁滞性三个特点。磁路欧姆定律描述了磁路中磁通与磁动势之间的关系。由于磁导率不是常数，因此磁路欧姆定律一般不用于磁路的定量计算，而经常用来定性分析磁路的工作情况。

（2）在直流磁路中，仅励磁绕组电阻上有功率损耗；而交流磁路中，除了励磁绕组的功率损耗——铜损外，还在铁心中产生涡流和磁滞损耗——铁损。

（3）变压器是通过电磁感应原理，从一个电路向另一个电路传递和变换信号的电磁设备，主要由铁心和一次绕组、二次绕组构成。

（4）变压器的基本功能是电压变换、电流变换和阻抗变换。

（5）为了准确使用变压器，必须掌握其铭牌数据，同时还需了解其空载特性、外特性、效率等。选用变压器时主要考虑它的额定电压、额定容量和台数。

（6）在使用变压器或者其他有磁耦合的互感线圈时，要注意线圈的正确连接方法，否则，绕组中将流过很大的电流，把变压器烧毁。变压器同名端的判定方法有交流法和直流法。

拓展知识

变压器行业现状及未来发展趋势分析

变压器是一种静止的电气设备，能够利用电磁感应原理实现交流电在同一频率下不同等级间的转换，即能够将一种电压、电流的交流电转换为相同频率下的不同电压、电流的交流电。变压器是发电、输电、变电、配电系统中的重要设备之一，主要结构包括一次线圈、二次线圈和磁心。变压器行业的技术水平和生产水平直接影响了中国电力工业的整体建设发展。

变压器有许多种类，可根据不同的分类方式进行分类，如可以按相数分类、按用途方式分类、按铁心结构形式分类、按冷却方式分类和按心种分类。变压器行业的上游企业主要为原材料供应商，提供硅钢片、铜、铝等有色金属原材料；中游为变压器厂商，为下游企业提供定制化变压器的产品设计、生产制造、装配调试和售后服务等，下游应用行业则主要为电源、电网、石油化工、冶金、铁路交通和城市建设等领域，各细分行业呈现出不同的市场需求特点。

据中研普华产业研究院的报告《2022—2027 年中国变压器行业市场深度分析及发展趋势预测研究报告》分析：

从变压器企业梯队来看，国内外变压器梯队已基本成型。从变压器企业来看，我国变压器企业发展状况较好，预计变压器行业将继续加大研发投入，达到环保型、小型化等发展目标。

从我国变压器企业变压器的销售收入占总变压器的销售收入来看，在我国电力变压器行业中，规模化、集约化、大型集团骨干企业如特变电工、中国西电、保变电气，占据市场份额接近10%，市场集中度较低。其中，特变电工市场份额为4.09%，处于领先地位。

从我国变压器企业的总产能来看，特变电工、保变电气、华鹏变压器总产能位列前三，分别为26000kV、17000kV和12000kV，企业竞争力较强。从变压器上市企业年报中公布的变压器业务销售收入来看，仅特变电工的销售收入超过100亿元，业务竞争力强。

变压器行业有发展前景吗？ 未来中国电网发展规划中提出要改造升级配电网，推进智能电网建设。目前，得益于智能电网建设的深入，智能变压器的需求也在逐渐增多，对智能变压器的研发与生产，将成为变压器行业发展的趋势之一。伴随新能源不断的开发和应用，变压器生产企业将会加快创新速度，加大研发力度，以匹配新能源产业与产品的发展，获取更多市场份额，而且绿色环保型变压器将成为主流产品。

习　　题

6-1 磁感应强度的单位是(　　)。

A. 韦[伯](Wb)　　　　　B. 特[斯拉](T)　　　　　C. 伏·秒(V·s)

6-2 磁性物质的磁导率 μ 不是常数，因此(　　)。

A. B 与 H 不成正比　　B. Φ 与 B 不成正比　　C. Φ 与 I 成正比

6-3 在直流空心线圈中置入铁心后，如在同一电压作用下，则电流 I(　　)，磁通 Φ(　　)，电感 L(　　)，功率 P(　　)。

A. 增大　　　　　　　B. 减小　　　　　　　C. 不变

6-4 铁心线圈中的铁心到达磁饱和时，线圈电感 L(　　)。

A. 增大　　　　　　　B. 减小　　　　　　　C. 不变

6-5 在交流铁心线圈中，如将铁心截面积减小，其他条件不变，则磁动势(　　)。

A. 增大　　　　　　　B. 减小　　　　　　　C. 不变

6-6 交流铁心线圈的匝数固定，当电源频率不变时，则铁心中主磁通的最大值基本上取决于(　　)。

A. 磁路结构　　　　　　B. 线圈阻抗　　　　　　C. 电源电压

6-7 为了减小涡流损耗，交流铁心线圈中的铁心由钢片(　　)叠成。

A. 垂直磁场方向　　　　B. 顺磁场方向　　　　　C. 任意

6-8 两个交流铁心线圈除了匝数($N_1>N_2$)不同外，其他参数都相同。如将它们接在同一交流电源上，则两者主磁通的最大值 Φ_{m1}(　　)Φ_{m2}。

A. >　　　　　　　　　B. <　　　　　　　　　C. =

6-9 当变压器的负载增加后，则(　　)。

A. 铁心中主磁通 Φ_m 增大

B. 二次电流 I_2 增大，一次电流 I_1 不变

C. 一次电流 I_1 和二次电流 I_2 同时增大

6-10 50Hz 的变压器用于 25Hz 时，则(　　)。

A. Φ_m 近于不变　　　　B. 一次电压 U_1 降低　　C. 可能烧坏绕组

6-11 交流电磁铁在吸合过程中气隙减小，则磁路磁阻(　　)，铁心中磁通 Φ_m(　　)，线圈电感(　　)，线圈感抗(　　)，线圈电流(　　)，吸力平均值(　　)。

A. 增大　　　　　　　B. 减小　　　　　　　C. 不变

6-12 直流电磁铁在吸合过程中气隙减小,则磁路磁阻( ),铁心中磁通( ),线圈电感( ),线圈电流( ),吸力( )。

    A. 增大   B. 减小   C. 不变

6-13 有一线圈,其匝数 $N = 1000$,绕在由铸钢制成的闭合铁心上,铁心的截面积 $A_{Fe} = 20cm^2$,铁心的平均长度 $l_{Fe} = 50cm$。如要在铁心中产生磁通 $\Phi = 0.002Wb$,试问线圈中应通入多大直流电流?

6-14 如果上题的铁心中含有一长度为 $\delta = 0.2cm$ 的空气隙(与铁心柱垂直),由于空气隙较短,磁通的边缘扩散可忽略不计,试问线圈中的电流必须多大才可使铁心中的磁感应强度保持上题中的数值?

6-15 有一铁心线圈,试分析铁心中的磁感应强度、线圈中的电流和铜损耗 RI^2 在下列几种情况下将如何变化:

    (1) 直流励磁——铁心截面积加倍,线圈的电阻和匝数以及电源电压保持不变;

    (2) 交流励磁——同(1);

    (3) 直流励磁——线圈匝数加倍,线圈的电阻及电源电压保持不变;

    (4) 交流励磁——同(3);

    (5) 交流励磁——电流频率减半,电源电压的大小保持不变;

    (6) 交流励磁——频率和电源电压的大小减半。

假设在上述各种情况下工作点在磁化曲线的直线段。在交流励磁的情况下,设电源电压与感应电动势在数值上近于相等,且忽略磁滞和涡流。铁心是闭合的,截面均匀。

6-16 为了求出铁心线圈的铁损耗,先将它接在直流电源上,从而测得线圈的电阻是 1.75Ω;然后接在交流电源上,测得电压 $U = 120V$,功率 $P = 70W$,电流 $I = 2A$,试求铁损耗和线圈的功率因数。

6-17 有一交流铁心线圈,接在 $f = 50Hz$ 的正弦电源上,在铁心中得到磁通的最大值为 $\Phi_m = 2.25 \times 10^{-3}Wb$。现在此铁心上再绕一个线圈,其匝数为 200。当此线圈开路时,求其两端电压。

6-18 将一铁心线圈接于电压 $U = 100V$,频率 $f = 50Hz$ 的正弦电源上,其电流 $I_1 = 5A$,$\cos\varphi_1 = 0.7$。若将此线圈中的铁心抽出,再接于上述电源上,则线圈中电流 $I_2 = 10A$,$\cos\varphi_2 = 0.05$。试求此线圈在具有铁心时的铜损耗和铁损耗。

6-19 有一单相照明变压器,容量为 $10kV \cdot A$,电压为 3300V/220V。欲在二次绕组接上 60W/220V 的白炽灯,如果要变压器在额定情况下运行,这种电灯可接多少个?并求一次、二次绕组的额定电流。

6-20 有一台单相变压器,额定容量为 $10kV \cdot A$,二次侧的额定电压为 220V,要求变压器在额定负载下运行,设每台镇流器的损耗为 8W。

    (1) 二次侧能接 220V/60W 的白炽灯多少个?

    (2) 若改接 220V/40W,功率因数为 0.44 的荧光灯,可接多少支?

6-21 有一台额定容量为 $50kV \cdot A$,额定电压为 3300V/220V 的变压器,试求当二次侧达到额定电流、输出功率为 39kW、功率因数为 0.8(滞后)时的电压 U_2。

6-22 有一台 $100kV \cdot A$、10kV/0.4kV 的单相变压器,在额定负载下运行,已知铜损耗为 2270W,铁损耗为 546W,负载功率因数为 0.8,试求满载时变压器的效率。

6-23 SJL 型三相变压器的铭牌数据如下:$S_N = 180kV \cdot A$,$U_{1N} = 10kV$,$U_{2N} = 400V$,$f = 50Hz$,Yyn0 联结。已知每匝线圈感应电动势为 5.133V,铁心截面积为 $160cm^2$。试求:(1) 一次、二次绕组每相匝数;(2) 电压比;(3) 一次、二次绕组的额定电流;(4) 铁心中磁感应强度 B_m。

6-24 在习题 6-24 图中,将 $R_L = 8\Omega$ 的扬声器接在输出变压器的二次绕组,已知 $N_1 = 300$,$N_2 = 100$,信号源电动势 $E = 6V$,内阻 $R_0 = 100\Omega$,试求信号源输出的功率。

6-25 在习题 6-25 图中,输出变压器的二次绕组有抽头,以便接 8Ω 或 3.5Ω 的扬声器,两者都能达到阻抗匹配,试求二次绕组两部分匝数之比 $\dfrac{N_2}{N_3}$。

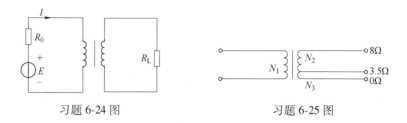

习题 6-24 图　　　　　　　　　　习题 6-25 图

6-26 习题 6-26 图所示的变压器有两个相同的一次绕组，每个绕组的额定电压为 110V，二次绕组的电压为 6.3V。

(1) 试问当电源电压在 220V 和 110V 两种情况下，一次绕组的四个接线端应如何正确连接？在这两种情况下，二次绕组两端电压及其中电流有无改变？每个一次绕组中的电流有无改变(设负载一定)？

(2) 在图中，如果把接线端 2 和 4 相连，而把 1 和 3 接在 220V 的电源上，试分析这时将发生什么情况。

6-27 习题 6-27 图所示是一电源变压器。一次绕组有 550 匝，接 220V 电压。二次绕组有两个：一个电压 36V，负载 36W；一个电压 12V，负载 24W。两个都是纯电阻负载，试求一次电流 I_1 和两个二次绕组的匝数。

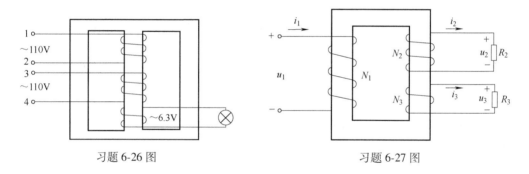

习题 6-26 图　　　　　　　　　　习题 6-27 图

6-28 习题 6-28 图所示是一个有三个二次绕组的电源变压器，试问能得出多少种输出电压？

6-29 某电源变压器各绕组的极性以及额定电压和额定电流如习题 6-29 图所示，二次绕组如何连接能获得以下各种输出？

(1) 24V/1A；(2) 12V/2A；(3) 32V/0.5A；(4) 8V/0.5A。

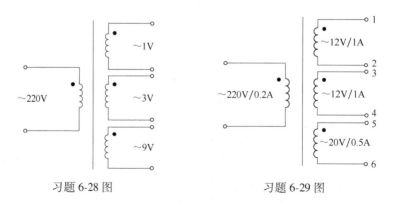

习题 6-28 图　　　　　　　　　　习题 6-29 图

6-30 有一台单相照明变压器，额定容量为 10kV·A，二次侧额定电压为 220V，今在二次侧已接有 100W/220V 白炽灯 50 个，设荧光灯镇流器消耗功率为 8W，试问尚可接 40W/220V、电流为 0.41A 的荧光灯多少支?

6-31 试说明在吸合过程中,交流电磁铁的吸力基本不变,而直流电磁铁的吸力与气隙 δ 的二次方成反比。

6-32 有一交流接触器 CJ0-10A,其线圈电压为 380V,匝数为 8750 匝,导线直径为 0.09mm。今要用在 220V 的电源上,问应如何改装? 即计算线圈匝数和换用直径为多少毫米的导线。提示:改装前后吸力不变,磁通最大值 Φ_m 应该保持不变;Φ_m 保持不变,改装前后磁动势应该相等;电流与导线面积成正比。

第 **7** 章

半导体器件

导读

半导体和半导体器件是电子技术的基础。二极管和三极管是最常用的半导体器件，它们的基本结构、工作原理、特性和参数是学习电子技术和分析电子电路必不可少的基础，而 PN 结又是构成各种半导体器件的共同基础。因此，本章从讨论半导体的导电特性和 PN 结的单向导电性开始，然后介绍二极管和三极管，为以后的学习打下基础。

本章学习要求

1）了解半导体的导电特性，理解半导体材料的导电机理。

2）理解 PN 结的单向导电性。

3）了解二极管的结构和类型，理解二极管的伏安特性和主要参数的意义，重点掌握含有二极管电路的分析计算。

4）了解稳压二极管的结构和伏安特性，会用稳压二极管组成稳压电路。

5）了解晶体管的内部结构和电流放大原理，理解其输入输出特性曲线和主要参数的意义，重点掌握晶体管不同工作状态时所需的外部条件。

6）了解常用光电器件的工作原理和应用场合。

7.1 半导体的主要特性

所谓半导体，就是它的导电能力介于导体和绝缘体之间。如传统的硅、锗、硒，以及大多数金属氧化物和硫化物都是半导体，新型半导体有石墨烯、硒化铟等。半导体主要有三大特性：热敏性、光敏性和掺杂性。

半导体的主要特性

很多半导体的导电能力在不同条件下有很大的差别。例如，有些半导体（如钴、锰、镍等）的氧化物对温度的反应特别灵敏，环境的温度增高时，它们的导电能力要增强很多，利用这种特性就做成了各种热敏电阻。又如，有些半导体（如镉、铅等的硫化物与硒化物）受到光照时，它们的导电能力明显增强，当无光照时又变得像绝缘体那样不导电，利用这种特性就做成了各种光敏电阻。

更重要的是，在纯净的半导体中掺入微量的某种杂质后，它的导电能力就可增加几十万乃至几百万倍。例如，在纯硅中掺入百万分之一的硼后，硅的电阻率就从 $2\times10^{3}\,\Omega\cdot\mathrm{m}$ 左右

减小到 $4\times10^{-3}\Omega\cdot m$ 左右，利用这种特性就做成了各种不同用途的半导体器件，如二极管、晶体管、场效应晶体管及晶闸管等。

半导体何以有如此悬殊的导电特性呢？根本原因在于事物内部的结构规律。下面来介绍半导体物质的内部结构和导电机理。

7.1.1 本征半导体

半导体材料用得最多的是锗和硅。如图 7-1-1 所示是锗和硅的原子结构图，它们各有四个价电子，都是四价元素。将锗或硅材料提纯(去掉无用杂质)并形成单晶体后，所有原子便基本上整齐排列，其立体结构图与平面示意图分别如图 7-1-2 和图 7-1-3 所示。半导体一般都具有这种晶体结构，所以半导体也称为晶体，这就是晶体管名称的由来。

本征半导体就是完全纯净的、晶格完整有规律的半导体。

在本征半导体的晶体结构中，每一个原子与相邻的四个原子结合，每一个原子

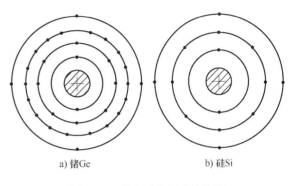

a) 锗Ge　　　b) 硅Si

图 7-1-1　锗和硅的原子结构图

的一个价电子与另一个原子的一个价电子组成一个电子对，这对价电子是每两个相邻原子共有的，它们把相邻的原子结合在一起，构成所谓共价键的结构。

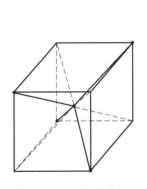

图 7-1-2　立体结构图

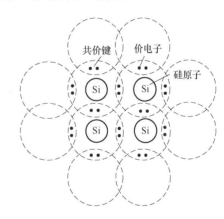

图 7-1-3　平面示意图

在共价键结构中，原子最外层虽然具有八个电子而处于较为稳定的状态，但是共价键中的电子还不像在绝缘体中的价电子被束缚得那样紧，在获得一定能量(温度增高或受光照)后即可挣脱原子核的束缚(电子受到激发)成为自由电子。温度越高(光照越强)，晶体中产生的自由电子便越多。

在电子挣脱共价键的束缚成为自由电子后，共价键中就留下一个空位，称为空穴。在一般情况下，原子是电中性的。当电子挣脱共价键的束缚成为自由电子后，原子的电中性便被破坏而显出带正电。

在外电场的作用下，有空穴的原子可以吸引相邻原子中的价电子，填补这个空穴。同

时，在失去了一个价电子的相邻原子的共价键中出现另一个空穴，它也可以由相邻原子中的价电子来递补，而在该原子中又出现一个空穴，如图 7-1-3 所示。如此继续下去，就好像空穴在运动。而空穴运动的方向与价电子运动的方向相反，因此，空穴运动相当于正电荷的运动。

因此，当半导体两端加上外电压时，半导体中将出现两部分电流：一是自由电子作定向运动所形成的电子电流；二是仍被原子核束缚的价电子(注意，不是自由电子)递补空穴所形成的空穴电流。在半导体中，同时存在着电子导电和空穴导电，这是半导体导电方式的最大特点，也是半导体和金属在导电原理上的本质差别。

半导体中的自由电子和空穴都称为载流子。

本征半导体中的自由电子和空穴总是成对出现，同时又不断复合。在一定温度下，载流子的产生和复合达到动态平衡，于是半导体中的载流子(自由电子和空穴)便维持一定数目。温度愈高，载流子数目愈多，导电性能也就愈好。因此，温度对半导体器件性能的影响很大。

7.1.2　N 型半导体(电子半导体)和 P 型半导体(空穴半导体)

本征半导体虽然有自由电子和空穴两种载流子，但由于数量极少，导电能力仍然很低。如果在其中掺入微量的杂质(某种元素)，将使掺杂后的半导体(杂质半导体)导电性能大大增强。

由于掺入的杂质不同，杂质半导体可分为两大类。

一类是在硅或锗的晶体中掺入磷(或其他五价元素)。图 7-1-4 所示为磷原子的结构图，磷原子的最外层有五个价电子。由于掺入硅晶体的磷原子数比硅原子数少得多，因此，整个晶体结构基本上不变，只是某些位置上的硅原子被磷原子取代。磷原子参加共价键结构只需四个价电子，多余的第五个价电子很容易挣脱磷原子核的束缚而成为自由电子，如图 7-1-5 所示。于是，半导体中的自由电子数目大量增加，自由电子导电成为这种半导体的主要导电方式，故称它为电子半导体或 N 型半导体。例如，在室温 27℃ 时，每立方厘米纯净的硅晶体中约有自由电子或空穴 1.5×10^{10} 个，掺杂后成为 N 型半导体后，其自由电子数目可增加几十万倍。由于自由电子增多而增加了复合的机会，空穴数目便减少到每立方厘米 2.3×10^5 个以下，故在 N 型半导体中，自由电子是多数载流子(简称多子)，而空穴则是少数载流子(简称少子)。

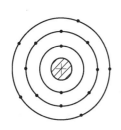

图 7-1-4　磷原子的结构图

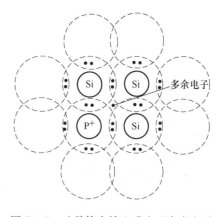

图 7-1-5　硅晶体中掺入磷出现自由电子

另一类是在硅或锗的晶体中掺入硼(或其他三价元素)。图 7-1-6 所示为硼原子的结构图,每个硼原子只有三个价电子,故在构成共价键结构时将因缺少一个电子而产生一个空位。当相邻原子中的价电子受到热或其他的激发获得能量时,就有可能填补这个空位,而在该相邻原子中便出现一个空穴,如图 7-1-7 所示,每一个硼原子都能提供一个空穴,于是在半导体中就形成了大量空穴。这种以空穴导电作为主要导电方式的半导体称为空穴半导体或 P 型半导体,其中空穴是多数载流子,自由电子是少数载流子。

应注意,无论是 N 型半导体还是 P 型半导体,虽然它们都有一种载流子占多数,但是整个晶体对外仍然是不带电的,整体仍然表现为中性。

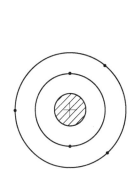

图 7-1-6 硼原子的结构图

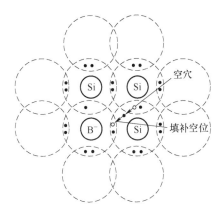

图 7-1-7 硅晶体中掺入硼出现空穴

7.2 PN 结及其单向导电性

PN 结及其
单向导电性

通常在一块 N 型(P 型)半导体的局部再掺入浓度较大的三价(五价)杂质,使其变为 P 型(N 型)半导体。在 P 型半导体和 N 型半导体的交界面就形成一个特殊的薄层,称为 PN 结。

如图 7-2-1a 所示,当在 PN 结上加正向电压(或称正向偏置),即电源正极接 P 区,负极接 N 区时,P 区的多数载流子空穴和 N 区的多数载流子自由电子在电场作用下通过 PN 结进入对方,两者形成较大的正向电流,此时 PN 结呈现低电阻导通状态。

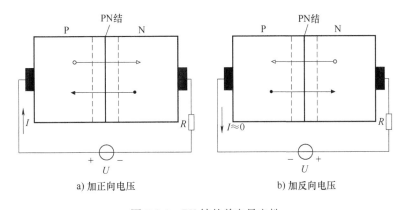

a) 加正向电压

b) 加反向电压

图 7-2-1 PN 结的单向导电性

如图 7-2-1b 所示，当在 PN 结上加反向电压(或称反向偏置)时，P 区和 N 区的多数载流子受阻，难以通过 PN 结，但 P 区的少数载流子自由电子和 N 区的少数载流子空穴在电场作用下却能通过 PN 结进入对面，形成反向电流。由于少数载流子数量很少，因此反向电流极小，此时 PN 结呈现高电阻，处于截止状态。这就是 PN 结的单向导电性，PN 结是构成各种半导体器件的共同基础。

7.3 二极管

二极管

7.3.1 基本结构

将 PN 结加上相应的电极引线和管壳，封装起来就成了二极管。按结构分，二极管有点接触型、面接触型和平面型三类。点接触型二极管(一般为锗管)如图 7-3-1a 所示，它的 PN 结结面积很小(结电容小)，不能通过较大电流，但其高频性能好，故一般适用于高频和小功率的工作，也用作数字电路中的开关元件；面接触型二极管(一般为硅管)如图 7-3-1b 所示，它的 PN 结结面积大(结电容大)，故可通过较大电流，但其工作频率较低，一般用作整流器件；平面型二极管如图 7-3-1c 所示，可用作大功率整流管和数字电路中的开关管。如图 7-3-1d 所示是二极管的符号，文字符号为 VD。

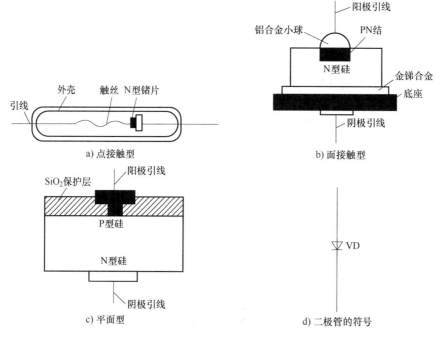

图 7-3-1 二极管

7.3.2 伏安特性

二极管是一个 PN 结，具有单向导电性，其伏安特性曲线如图 7-3-2 所示。由图可见，当外加正向电压很低时，正向电流很小，几乎为零。当正向电压超过一定数值后，电流增长很快。这个一定数值的正向电压称为死区电压或开启电压，其大小与材料及环境温度有关。

通常，硅管的死区电压约为 0.5V，锗管约为 0.1V。硅管导通时的正向压降为 0.6~0.8V，锗管为 0.2~0.3V。

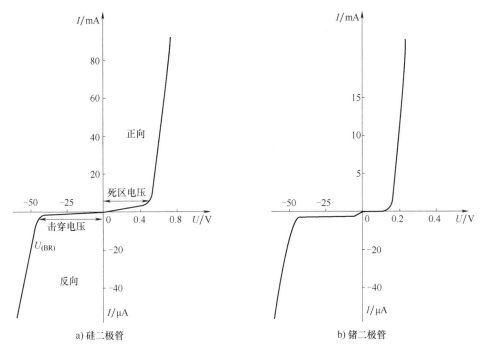

图 7-3-2 二极管的伏安特性曲线示意图

在二极管上加反向电压时，会形成很小的反向电流。反向电流有两个特点：一是它随温度的上升增长很快；二是在反向电压不超过某一范围时，反向电流的大小基本恒定，而与反向电压的高低无关，故通常称它为反向饱和电流。当外加反向电压过高超过一定界限时，反向电流将突然增大，二极管失去单向导电性，这种现象称为击穿。二极管被击穿后，一般不能恢复原来的性能，便失效了。产生击穿时加在二极管上的反向电压称为反向击穿电压，用 $U_{(BR)}$ 表示。

7.3.3 主要参数

二极管的特性除用伏安特性曲线表示外，还可用一些数据来说明，这些数据就是二极管的参数。二极管的主要参数有下面几个。

1. 最大整流电流 I_{OM}

最大整流电流是指二极管长时间使用时允许流过二极管的最大正向平均电流。点接触型二极管的最大整流电流在几十毫安以下；面接触型二极管的最大整流电流较大，如 2CZ52A 型硅二极管的最大整流电流为 100mA，当电流超过允许值时，将由于 PN 结过热而使管子损坏。

2. 反向工作峰值电压 U_{RWM}

U_{RWM} 是保证二极管不被击穿而给出的反向峰值电压，一般是反向击穿电压的 $\frac{1}{2}$ 或 $\frac{2}{3}$，如 2CZ52A 硅二极管的反向工作峰值电压为 25V，而反向击穿电压约为 50V。点接触型二极管的反向工作峰值电压一般是数十伏，面接触型二极管可达数百伏。

3. 反向峰值电流 I_{RM}

I_{RM} 是指在二极管上加反向工作峰值电压时的反向电流值。反向电流大，说明二极管的单向导电性能差，并且受温度的影响大。硅管的反向电流较小，一般在几微安以下；锗管的反向电流较大，为硅管的几十到几百倍。

二极管的应用范围很广，主要都是利用它的单向导电性。它可用于整流、检波、限幅、元件保护以及在数字电路中作为开关元件等。

例 7-3-1 图 7-3-3a 中的 R 和 C 构成一微分电路，设 $u_C(0_-) = 0$。当输入电压 u_i 如图 7-3-3b 所示时，试画出输出电压 u_o 的波形。

解：在 $0 \sim t_1$ 期间，电容器很快被充电，其上电压为 U，极性如图 7-3-3a 所示，这时 u_o 为 0，u_R 为一正尖脉冲。

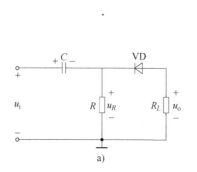 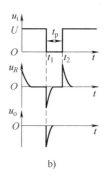

图 7-3-3 例 7-3-1 图

在 $t_1 \sim t_2$ 期间，u_i 在 t_1 瞬间由 U 下降到 0，在 t_2 瞬间又由 0 上升到 U。在 t_1 瞬间，电容器经 R 和 R_L，分两路放电，二极管 VD 导通，u_R 和 u_o 均为负尖脉冲。在 t_2 瞬间，u_i 只经过 R 对电容器充电，u_R 为一正尖脉冲，这时二极管截止，u_o 为 0。输出电压 u_o 的波形如图 7-3-3b 所示。

例 7-3-2 在图 7-3-4 中，输入端 A 的电位 $V_A = +3V$，B 的电位 $V_B = 0V$，电阻 R 接负电源 $-12V$，求输出端 Y 的电位 V_Y。

解：因为 A 端电位比 B 端电位高，所以 VD_A 优先导通。如果二极管的正向压降是 0.3V，则 $V_Y = +2.7V$。当 VD_A 导通后，VD_B 上加的是反向电压，所以 VD_B 截止。

在这里，VD_A 起钳位作用，把 Y 端的电位钳住在 $+2.7V$；VD_B 起隔离作用，把输入端 B 和输出端 Y 隔离开来。

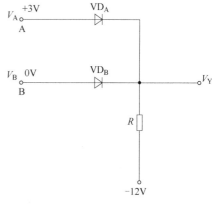

图 7-3-4 例 7-3-2 图

7.4 稳压二极管

稳压二极管是一种特殊的面接触型半导体硅二极管，它在电路中与适当数值的电阻配合后能起稳定电压的作用，故称为稳压二极管。

稳压二极管的伏安特性曲线与普通二极管的类似,如图 7-4-1 所示,其差异是稳压二极管的反向特性曲线比较陡。

稳压二极管工作于反向击穿区。从反向特性曲线上可以看出,反向电压在一定范围内变化时,反向电流很小。当反向电压增高到击穿电压时,反向电流突然剧增,稳压二极管反向击穿,如图 7-4-1 所示。此后,电流虽然在很大范围内变化,但稳压二极管两端的电压变化很小。利用这一特性,稳压二极管在电路中能起稳压作用。稳压二极管与一般二极管不一样,它的反向击穿是可逆的。当去掉反向电压之后,稳压二极管又恢复正常。但是,如果反向电流超过允许范围,稳压二极管将会发生热击穿而损坏。

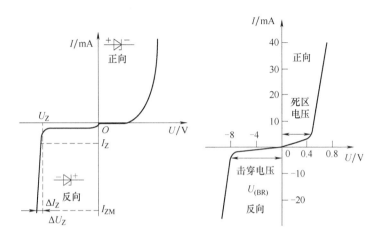

图 7-4-1　稳压二极管的伏安特性曲线示意图

稳压二极管的主要参数有下面几个。

1. 稳定电压 U_Z

稳定电压就是稳压二极管在正常工作下管子两端的电压。《电工电子手册》中所列的都是在一定条件(工作电流、温度)下的数值,即使是同型号的稳压二极管,由于工艺方面和其他原因,稳压值也有一定的分散性。例如,2CW59 稳压二极管的稳压值为 10～11.8V。这就是说,如果把一个 2CW59 稳压二极管接到电路中,它可能稳压在 10.5V,再换一个 2CW59 稳压二极管,则可能稳压在 11.8V。

2. 电压温度系数 α_U

电压温度系数是说明稳压值受温度变化影响的系数。例如,2CW59 稳压二极管的电压温度系数是 0.095%/℃。这就是说,温度每增加 1℃,它的稳压值将升高 0.095%,假如在 20℃时的稳压值是 11V,那么在 50 ℃时的稳压值将是

$$\left[11+\frac{0.095}{100}(50-20)\times11\right] \text{V} \approx 11.3 \text{ V}$$

一般来说,低于 6V 的稳压二极管,电压温度系数是负的;高于 6V 的稳压管,电压温度系数是正的;而在 6V 左右的管子,稳压值受温度的影响较小。因此,选用稳定电压为 6V 左右的稳压二极管可得到较好的温度稳定性。

3. 动态电阻 r_Z

动态电阻是指稳压二极管端电压的变化量与相应的电流变化量的比值,即

$$r_Z = \frac{\Delta U_Z}{\Delta I_Z} \qquad\qquad (7\text{-}4\text{-}1)$$

稳压二极管的反向伏安特性曲线愈陡,则动态电阻愈小,稳压性能愈好。

4. 稳定电流 I_Z

稳压二极管的稳定电流只是一个作为依据的参考数值,设计选用时要根据具体情况(如工作电流的变化范围)来考虑,但对每一种型号的稳压二极管,都规定有一个最大稳定电流。

5. 最大允许耗散功率 P_{ZM}

最大允许耗散功率是管子不致发生热击穿的最大功率损耗,有

$$P_{ZM} = U_Z I_{ZM}。$$

例 7-4-1 在图 7-4-2 中,通过稳压二极管的电流 I_Z 等于多少? R 是限流电阻,其值是否合适?

解:
$$I_Z = \frac{20-12}{1.6 \times 10^3}\text{A} = 5 \times 10^{-3}\text{A} = 5\text{mA}$$

$I_Z < I_{ZM}$,电阻值合适。

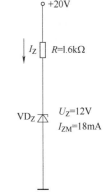

图 7-4-2 例 7-4-1 图

7.5 三极管

三极管通常称为晶体管,是最重要的一种半导体器件,它的放大作用和开关作用促进了电子技术的飞跃发展。晶体管的特性是通过特性曲线和工作参数来分析研究的,但是为了更好地理解和熟悉管子的外部特性,首先要简单介绍管子内部的结构和载流子的运动规律。

三极管结构及电流
分配放大原理

7.5.1 基本结构

目前最常见的晶体管结构有平面型和合金型两类,如图 7-5-1 所示。硅管主要是平面型,锗管都是合金型。

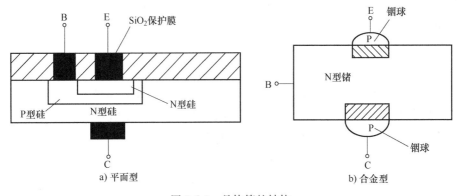

a) 平面型   b) 合金型

图 7-5-1 晶体管的结构

无论是平面型还是合金型,都分成 NPN 或 PNP 三层,因此,又把晶体管分为 NPN 型和 PNP 型两类,其结构示意图和图形符号如图 7-5-2 所示。当前国内生产的硅管多为 NPN 型(3D 系列),锗管多为 PNP 型(3A 系列)。

每一类都分成基区、发射区和集电区,分别引出基极(B)、发射极(E)和集电极(C)三

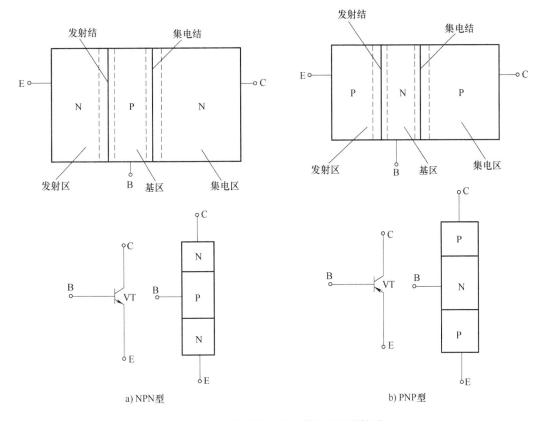

图 7-5-2 晶体管的结构示意图和图形符号

个极，所以叫三极管。每一类都有两个 PN 结：基区和发射区之间的结称为发射结；基区和集电区之间的结称为集电结。

NPN 型管和 PNP 型管的工作原理类似，只是在使用时电源极性连接不同而已，下面以 NPN 型管为例来分析讨论。

7.5.2 电流分配和放大原理

为了了解晶体管的放大原理和其中电流的分配，先做一个实验，实验电路如图 7-5-3 所示，把晶体管接成两个电路：基极电路和集电极电路。发射极是公共端，因此，这种接法称为晶体管的共发射极接法。如果用的是 NPN 型硅管，基极和集电极电源电压 U_{BB} 和 U_{CC} 的极性必须按照图示连接，使发射结上加正向电压（正向偏置）。由于 U_{CC} 大于 U_{BB}，集电结加的是反向电压（反向偏置），在这种条件下晶体管才能起到放大作用。

设 $U_{CC} = 6V$，改变可变电阻 R_B，则基极电流 I_B、集电极电流 I_C 和发射极 I_E 都发生变化，电流方向如图 7-5-3 所示，测量数据列于表 7-5-1 中。

表 7-5-1 晶体管电流测量数据

I_B/mA	0	0.02	0.04	0.06	0.08	0.10
I_C/mA	<0.001	0.70	1.50	2.30	3.10	3.95
I_E/mA	<0.001	0.72	1.54	2.36	3.18	4.05

由此实验及测量结果可总结出以下结论：

1）观察实验数据中的每一列，可得

$$I_E = I_C + I_B$$

此结论符合基尔霍夫电流定律。

2）I_C 和 I_E 比 I_B 大得多。从第三列和第四列的数据可知，I_C 与 I_B 的比值分别为

$$\bar{\beta}_{I_B = 0.04} = \frac{I_C}{I_B} = \frac{1.50}{0.04} = 37.5, \quad \bar{\beta}_{I_B = 0.06} = \frac{I_C}{I_B} = \frac{2.30}{0.06} = 38.3$$

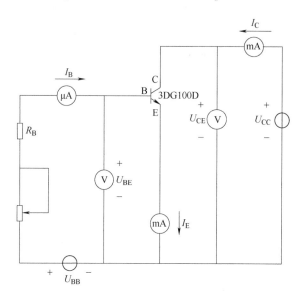

图 7-5-3　晶体管电流放大的实验电路

这就是晶体管的电流放大作用。电流放大作用还体现在基极电流的少量变化 ΔI_B 可以引起集电极电流较大的变化 ΔI_C。还是比较第三列和第四列的数据，可得出

$$\beta = \frac{\Delta I_C}{\Delta I_B} = \frac{2.30 - 1.50}{0.06 - 0.04} = \frac{0.80}{0.02} = 40$$

3）当 $I_B = 0$（将基极开路）时，$I_C = I_{CEO}$，表 7-5-1 中 $I_{CEO} < 0.001\text{mA} = 1\mu\text{A}$。

4）要使晶体管起放大作用，发射结必须正向偏置，而集电结必须反向偏置。

晶体管为什么有电流放大作用呢？下面用载流子在晶体管内部的运动规律来解释上述结论。

1. 发射区向基区扩散电子

对 NPN 型管而言，因为发射区自由电子（多数载流子）的浓度大，而基区自由电子（少数载流子）的浓度小，所以自由电子要从浓度大的发射区（N 型）向浓度小的基区（P 型）扩散。由于发射极处于正向偏置，发射区自由电子的扩散运动加强，不断扩散到基区，并不断从电源补充进电子，形成发射极电流 I_E。基区的多数载流子（空穴）也要向发射区扩散，但由于基区的空穴浓度比发射区的自由电子的浓度小得多，因此，空穴电流很小，可以忽略不计（在图 7-5-4a 中未画出）。

2. 电子在基区扩散和复合

从发射区扩散到基区的自由电子起初都聚集在发射结附近，靠近集电结的自由电子很少，形成了浓度上的差别，因而自由电子将向集电结方向继续扩散。在扩散过程中，自由电

子不断与空穴(P 区中的多数载流子)相遇而复合，由于基区接电源 U_{BB} 的正极，基区中受激发的价电子不断被电源拉走，这相当于不断补充基区中被复合掉的空穴，形成电流 I_{BE}，如图 7-5-4b 所示，它基本上等于基极电流 I_B。

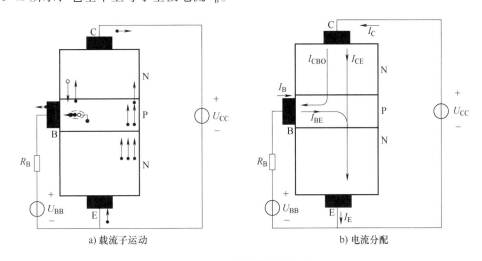

a) 载流子运动 　　　　　　　　　　b) 电流分配

图 7-5-4　晶体管中的电流

在中途被复合掉的电子越多，扩散到集电结的电子就越少，这不利于晶体管的放大作用。为此，基区就要做得很薄，基区掺杂浓度要很小(这是放大的内部条件)，这样才可以大大减少电子与基区空穴复合的机会，使绝大部分自由电子都能扩散到集电结边缘。

3. 集电区收集从发射区扩散过来的电子

由于集电结反向偏置，阻挡集电区(N 型)的自由电子向基区扩散，但可将从发射区扩散到基区并到达集电区边缘的自由电子吸入集电区，从而形成 I_{CE}，它基本上等于集电极电流 I_C。

除此之外，由于集电结反向偏置，集电区的少数载流子(空穴)和基区的少数载流子(电子)将向对方运动，形成电流 I_{CBO}，电流数值很小，构成集电极电流 I_C 和基极电流 I_B 的一小部分，但受温度影响很大，并与外加电压的大小关系不大。

上述晶体管中的载流子运动和电流分配在图 7-5-4 中表示出来。

如上所述，从发射区扩散到基区的电子中只有很小一部分在基区复合，绝大部分到达集电区。也就是说，构成发射极电流 I_E 的两部分中，I_{BE} 部分是很小的，而 I_{CE} 部分所占的百分比是很大的，两部分的比值用 $\bar{\beta}$ 表示，即

$$\bar{\beta} = \frac{I_{CE}}{I_{BE}} = \frac{I_C - I_{CBO}}{I_B + I_{CBO}} \approx \frac{I_C}{I_B}$$

从前面的电流放大实验还知道，在晶体管中，不仅 I_C 比 I_B 大得多，而且当调节可变电阻 R_B 使 I_B 有一个微小的变化时，将会引起 I_C 很大的变化。

此外，从晶体管内部载流子的运动规律中可以理解要使晶体管起电流放大作用，为什么发射结必须正向偏置而集电结必须反向偏置(这是放大的外部条件)。如图 7-5-5 所示的是起放大作用时 NPN 型管和 PNP 型管中电流方向和发射结与集电结的极性(图 7-5-3 中如换用 PNP 型管，则电源 U_{CC} 和 U_{BB} 要反接)，发射结上加的是正向电压，要使晶体管具有放大作用，|U_{CE}| > |U_{BE}|，集电结上加的就是反向电压。此外还可看到，对 NPN 型管而言，U_{CE}

和 U_{BE} 都是正值，而对 PNP 型管而言，它们都是负值。

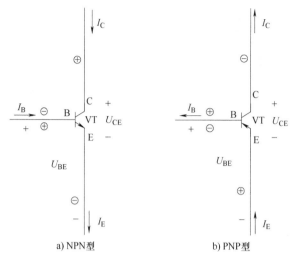

a) NPN型　　　　　　　　　　　　b) PNP型

图 7-5-5　电流方向和发射结与集电结的极性

有两个晶体管分别接在放大电路中，如图 7-5-3 所示，今测得它们三个管脚的电位(对"地")，并由此判别：管子的三个电极(B、E、C)；是 NPN 型还是 PNP 型；是硅管还是锗管。判别结果见表 7-5-2 和表 7-5-3。

表 7-5-2　晶体管 I 判别结果

管脚	1	2	3
电位/V	4	3.4	9
电极	B	E	C
类型	NPN 型		
材料	硅管		

表 7-5-3　晶体管 II 判别结果

管脚	1	2	3
电位/V	−6	−2.3	−2
电极	C	B	E
类型	PNP 型		
材料	锗管		

由表 7-5-2 和表 7-5-3 得到以下结论：

NPN 型集电极电位最高，发射极电位最低；PNP 型发射极电位最高，集电极电位最低。

NPN 型硅管基极电位比发射极电位高 0.6~0.7V；PNP 型锗管发射极电位比基极电位高 0.2~0.3V。请思考 NPN 型锗管和 PNP 型硅管又如何？

三极管特性曲线
及主要参数

7.5.3　特性曲线

晶体管的特性曲线是用来表示该晶体管各极电压和电流之间相互关系的，它反映晶体管的性能，是分析放大电路的重要依据，最常用的是共发射极接法时的输入特性曲线和输出特性曲线。这些特性曲线可用晶体管特性图示仪直观地显示出来，也可以通过如图7-5-3所示的实验电路进行测绘。实验电路中，用的是NPN型硅管3DG100D。

1. 输入特性曲线

输入特性曲线是指当集-射极电压U_{CE}为常数时，输入电路(基极电路)中基极电流I_B与基-射极电压U_{BE}之间的关系曲线$I_B = f(U_{BE})$，如图7-5-6所示。

对硅管而言，当$U_{CE} \geqslant 1V$时，集电结已反向偏置，而基区又很薄，可以把从发射区扩散到基区的电子中的绝大部分拉入集电区。此后，U_{CE}对I_B就不再有明显的影响，也就是说$U_{CE} > 1V$后的输入特性曲线基本上是重合的。因此，通常只画出$U_{CE} \geqslant 1V$的一条输入特性曲线。

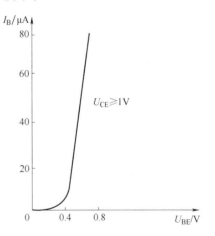

由图7-5-6可见，与二极管的伏安特性一样，晶体管输入特性也有一段死区。只有在发射结外加电压大于死区电压时，晶体管才会出现I_B。

硅管的死区电压约为0.5V，锗管的死区电压约为0.1V。在正常工作情况下，NPN型硅管的发射结电压U_{BE}为$0.6 \sim 0.7V$，PNP型锗管的U_{BE}为$-0.3 \sim -0.2V$。

图7-5-6　3DG100D晶体管的输入特性曲线

2. 输出特性曲线

输出特性曲线是指当基极电流I_B为常数时，输出电路(集电极电路)中集电极电流I_C与集-射极电压U_{CE}之间的关系曲线$I_C = f(U_{CE})$。在不同的I_B下，可得出不同的曲线，所以晶体管的输出特性曲线是一组曲线，如图7-5-7所示。

如图7-5-7所示，通常把晶体管的输出特性曲线组分为三个工作区，就是晶体管有三种工作状态。现结合图7-5-8所示的共发射极电路来分析(集电极电路中接有电阻R_C)。

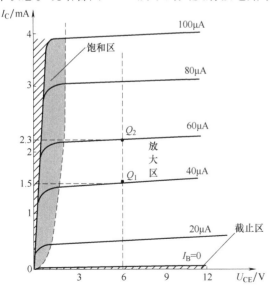

图7-5-7　3DG100D晶体管的输出特性曲线

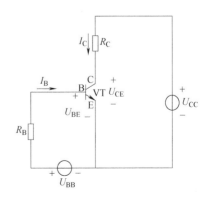

图7-5-8　共发射极电路

（1）放大区

输出特性曲线近于水平的部分是放大区，在放大区，$I_C = \bar{\beta} I_B$。放大区也称为线性区，因为 I_C 和 I_B 成正比的关系。如前所述，晶体管工作于放大状态时，发射结处于正向偏置，集电结处于反向偏置，即对 NPN 型管而言，应使 $U_{BE}>0$，$U_{BC}<0$，此时 $U_{CE}>U_{BE}$。

（2）截止区

$I_B = 0$ 曲线以下的区域称为截止区。$I_B = 0$ 时，$I_C = I_{CEO}$（在表 7-5-1 中，$I_{CEO}<0.001\text{mA}$）。对 NPN 型硅管而言，当 $U_{BE}<0.5V$ 时即已开始截止，但是为了截止可靠，常使 $U_{BE}\leqslant 0$，截止时集电结也处于反向偏置（$U_{BC}<0$），此时 $I_C \approx 0$，$U_{CE} \approx U_{CC}$。

（3）饱和区

当 $U_{CE}<U_{BE}$ 时，集电结处于正向偏置（$U_{BC}>0$），晶体管工作于饱和状态。

在饱和区 I_B 的变化对 I_C 的影响较小，两者不成正比，放大区的 $\bar{\beta}$ 不能适用于饱和区。

饱和时，发射结也处于正向偏置，此时 $U_{CE} \approx 0$，$I_C \approx \dfrac{U_{CC}}{R_C}$。

由上可知，当晶体管饱和时，$U_{CE} \approx 0$，发射极与集电极之间如同一个开关的接通，其间电阻很小；当晶体管截止时，$I_C \approx 0$，发射极与集电极之间如同一个开关的断开，其间电阻很大。可见，晶体管除有放大作用外，还有开关作用。

如图 7-5-9 所示为晶体管三种工作状态的电压和电流。

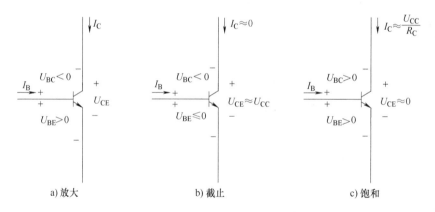

a）放大　　　　　　　　b）截止　　　　　　　　c）饱和

图 7-5-9　晶体管三种工作状态的电压和电流

表 7-5-4 是晶体管三种工作状态结电压的典型值。

表 7-5-4　晶体管三种工作状态结电压的典型数据

管型	工作状态				
	饱和		放大	截止	
	U_{BE}/V	U_{CE}/V	U_{BE}/V	U_{BE}/V	
				开始截止	可靠截止
硅管（NPN）	0.7	0.3	0.6~0.7	0.5	$\leqslant 0$
锗管（PNP）	-0.3	-0.1	-0.2~-0.3	-0.1	0.1

例 7-5-1　在图 7-5-10 所示电路中，$U_{CC}=12V$，$R_C=3\text{k}\Omega$，$R_B=20\text{k}\Omega$，$\bar{\beta}=100$，当输入

电压 U_1 分别为 3V、1V 和 -1V 时，试问晶体管处于何种工作状态?

解: 由图 7-5-9c 可知，晶体管饱和时集电极电流近似为

$$I_C \approx \frac{U_{CC}}{R_C} = \frac{12}{3 \times 10^3} A = 4 \times 10^{-3} A = 4mA$$

晶体管刚饱和时的基极电流为

$$I'_B = \frac{I_C}{\beta} = \frac{4}{100} mA = 40\mu A$$

（1）当 $U_1 = 3V$ 时，有

$$I_B = \frac{U_1 - U_{BE}}{R_B} = \frac{3 - 0.7}{20 \times 10^3} A = 115 \times 10^{-6} A = 115\mu A > I'_B$$

晶体管已处于深度饱和状态。

（2）当 $U_1 = 1V$ 时，有

$$I_B = \frac{U_1 - U_{BE}}{R_B} = \frac{1 - 0.7}{20 \times 10^3} A = 15 \times 10^{-6} A = 15\mu A < I'_B$$

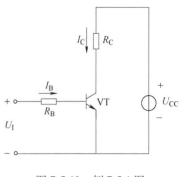

图 7-5-10 例 7-5-1 图

晶体管处于放大状态。

（3）当 $U_1 = -1V$ 时，晶体管可靠截止。

7.5.4 主要参数

晶体管的特性除用特性曲线表示外，还可用一些数据来说明，这些数据就是晶体管的参数。晶体管的参数也是设计电路、选用晶体管型号的依据，主要参数有下面几个。

1. 电流放大系数 $\bar{\beta}$、β

如上所述，当晶体管接成共发射极电路时，在静态（无输入信号）时集电极电流 I_C 与基极电流 I_B 的比值称为共发射极静态电流（直流）放大系数，即

$$\bar{\beta} = \frac{I_C}{I_B}$$

当晶体管工作在动态（有输入信号）时，基极电流的变化量为 ΔI_B，集电极电流的变化量为 ΔI_C，ΔI_C 与 ΔI_B 的比值称为动态电流（交流）放大系数，即

$$\beta = \frac{\Delta I_C}{\Delta I_B}$$

例 7-5-2 从图 7-5-7 给出的 3DG100D 晶体管的输出特性曲线上：（1）计算 Q_1 点处的 $\bar{\beta}$；（2）由 Q_1 和 Q_2 两点计算 β。

解:（1）在 Q_1 点处，$U_{CE} = 6V$，$I_B = 40\mu A = 0.04mA$，$I_C = 1.5mA$，故有

$$\bar{\beta} = \frac{I_C}{I_B} = \frac{1.5}{0.04} = 37.5$$

（2）由 Q_1 和 Q_2 两点 $U_{CE} = 6V$ 得

$$\beta = \frac{\Delta I_C}{\Delta I_B} = \frac{2.3 - 1.5}{0.06 - 0.04} = \frac{0.8}{0.02} = 40$$

由此可见，$\bar{\beta}$ 和 β 的含义是不同的，但在输出特性曲线近于平行等距并且 I_{CEO} 较小的情

况下，两者数值较为接近。今后在估算时，常用 $\overline{\beta} \approx \beta$ 这个近似关系。

由于晶体管的输出特性曲线是非线性的，只有在特性曲线的近于水平部分，I_C 随 I_B 成正比地变化，β 值才可认为是基本恒定的。

由于制造工艺的分散性，即使同一型号的晶体管，β 值也有很大差别。常用晶体管的 β 值为几十到几百。

2. 集-基极反向截止电流 I_{CBO}

前面已讲过，I_{CBO} 是当发射极开路时由于集电结处于反向偏置，集电区和基区中的少数载流子向对方运动所形成的电流。I_{CBO} 受温度的影响大，在室温下，小功率锗管的 I_{CBO} 约为几微安到几十微安，小功率硅管的 I_{CBO} 在 $1\mu A$ 以下，I_{CBO} 越小越好，硅管在温度稳定性方面胜于锗管。如图 7-5-11 所示是测量 I_{CBO} 的电路。

3. 集-射极反向截止电流 I_{CEO}

I_{CEO} 也已在前面讲过，它是当 $I_B = 0$（将基极开路）、集电结处于反向偏置、发射结处于正向偏置时的集电极电流。又因为它好像是从集电极直接穿透晶体管而到达发射极的，所以又称为穿透电流。如图 7-5-12 所示是测 I_{CEO} 的电路。硅管的 I_{CEO} 约为几微安，锗管的 I_{CEO} 约为几十微安，其值越小越好。

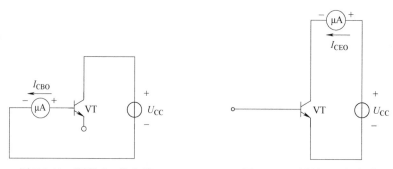

图 7-5-11 测量 I_{CBO} 的电路　　　　图 7-5-12 测量 I_{CEO} 的电路

由式(7-5-1)可得

$$I_C = \overline{\beta} I_B + (1+\overline{\beta}) I_{CBO} = \overline{\beta} I_B + I_{CEO}$$

式中，有

$$I_{CEO} = (1+\overline{\beta}) I_{CBO}$$

在一般情况下，$\overline{\beta} I_B \gg I_{CEO}$，故有

$$I_C \approx \overline{\beta} I_B$$

$$I_E = I_C + I_B \approx (1+\overline{\beta}) I_B$$

4. 集电极最大允许电流 I_{CM}

集电极电流 I_C 超过一定值时，晶体管的 β 值要下降。当 β 值下降到正常数值的 2/3 时的集电极电流称为集电极最大允许电流 I_{CM}。因此，在使用晶体管时，I_C 超过 I_{CM} 并不一定会使晶体管损坏，但会以降低 β 值为代价。

5. 集-射极反向击穿电压 $U_{(BR)CEO}$

基极开路时，加在集电极和发射极之间的最大允许电压称为集-射极反向击穿电压 $U_{(BR)CEO}$。当晶体管的集-射极电压 U_{CE} 大于 $U_{(BR)CEO}$ 时，I_{CEO} 突然大幅度上升，说明晶体管已被击穿。《电工电子手册》中给出的 $U_{(BR)CEO}$ 一般是常温(25℃)时的值,晶体管在高温下,其 $U_{(BR)CEO}$ 值将要降低,使用时应特别注意。为了电路工作可靠,应使集电极电源电压 $U_{CC} \leqslant \left(\dfrac{1}{2} \sim \dfrac{2}{3}\right) U_{(BR)CEO}$。

6. 集电极最大允许耗散功率 P_{CM}

集电极电流在流经集电结时将产生热量,使结温升高,从而会引起晶体管参数变化。当晶体管因受热而引起的参数变化不超过允许值时,集电极所消耗的最大功率称为集电极最大允许耗散功率 P_{CM}。

P_{CM} 主要受结温 T_j 的限制,一般来说,锗管允许结温为 70~90℃,硅管约为 150℃。

根据管子的 P_{CM} 值,由

$$P_{CM} = I_C U_{CE}$$

可在晶体管的输出特性曲线上作出 P_{CM} 曲线,它是一条双曲线。由 I_{CM}、$U_{(BR)CEO}$、P_{CM} 三者共同确定晶体管的安全工作区,如图 7-5-13 所示。

以上所讨论的几个参数中,β 和 $I_{CBO}(I_{CEO})$ 是表明晶体管优劣的主要指标;I_{CM}、$U_{(BR)CEO}$、P_{CM} 都是极限参数,用来说明晶体管的使用限制。

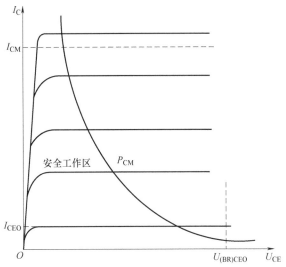

图 7-5-13 晶体管的安全工作区

例 7-5-3 在图 7-5-8 所示的晶体管电路中,选用的是 3DG100D 型晶体管,其极限参数:$U_{(BR)CEO} = 30V$,$I_{CM} = 20mA$,$P_{CM} = 100mW$。试问:(1)集电极电源电压 U_{CC} 最大可选多少伏?(2)集电极电阻 R_C 最小可选多少千欧?(3)集电极耗散功率 P_C 为多少?

解:(1)集电极电源电压选

$$U_{CC} \leqslant \frac{2}{3} U_{(BR)CEO} = \frac{2}{3} \times 30V = 20V$$

即最大可选 20V。

(2)晶体管饱和时集电极电流最大可达到

$$I_C = \frac{U_{CC}}{R_C}$$

按照 $I_C < I_{CM}$ 的要求,选集电极电阻为

$$R_C > \frac{U_{CC}}{I_{CM}} = \frac{20V}{20mA} = 1k\Omega$$

可以选 2kΩ 的电阻。

(3)集电极耗散功率为

$$P_C = U_{CE} I_C = (U_{CC} - R_C I_C) I_C$$

出现最大集电极耗散功率时的集电极电流 I_C 可由 $\dfrac{\mathrm{d}P_C}{\mathrm{d}I_C} = 0$ 求得,即

$$I_C = \frac{U_{CC}}{2R_C} = \frac{20V}{2 \times 2k\Omega} = 5mA$$

这时，有

$$P_C = (U_{CC} - R_C I_C) I_C = (20V - 2k\Omega \times 5mA) \times 5mA = 50mW < P_{CM}$$

可知工作于安全区。

7.6 光电器件

我们经常应用下列几种光电器件进行显示、报警、耦合和控制，本节仅对它们做简要介绍。

7.6.1 发光二极管

发光二极管在加上正向电压并有足够大的正向电流时，就能发出清晰的光，这是由于电子与空穴复合而释放能量的结果。光的颜色由做成 PN 结的材料和发光的波长决定，而波长与材料的浓度有关。例如，采用磷砷化镓，则可发出红光或黄光；采用磷化镓，则可发出绿光。

发光二极管的工作电压为 1.5~2.5V，工作电流为几毫安到十几毫安，寿命很长，一般做显示用，常用的有 2EF 等系列。

7.6.2 光电二极管

光电二极管是利用 PN 结的光敏特性，将接收到的光的变化转换为电流的变化。如图 7-6-1 所示是它的符号和伏安特性曲线。

光电二极管是在反向电压作用下工作的。当无光照时，光电二极管和普通二极管一样，其反向电流很小（通常小于 $0.2\mu A$），称为暗电流；当有光照时，产生的反向电流称为光电流，照度 E 愈强，光电流就愈大，如图 7-6-1b 所示。常用的光电二极管有 2AU、2CU 等系列。

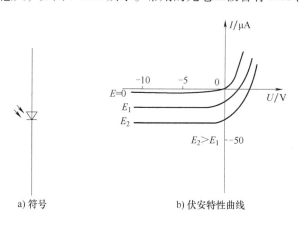

a) 符号   b) 伏安特性曲线

图 7-6-1 光电二极管

光电流很小，一般只有几十微安，应用时必须进行放大。

7.6.3 光电晶体管

普通晶体管用基极电流 I_B 的大小来控制集电极电流，而光电晶体管用入射光照度 E 的强弱来控制集电极电流。因此，两者的输出特性曲线相似，只是用 E 来代替 I_B。当无光照时，集电极电流很小，称为暗电流；有光照时的集电极电流称为光电流，一般为零点几毫安到几毫安。常用的光电晶体管有 3AU、3DU 等系列。图 7-6-2 所示是光电晶体管的外形、符号和输出特性曲线。

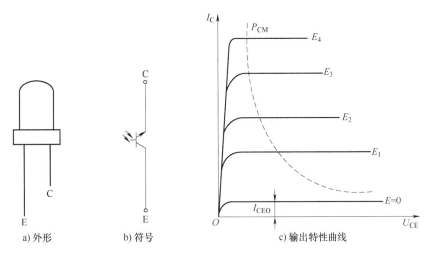

a) 外形   b) 符号   c) 输出特性曲线

图 7-6-2　光电晶体管

如图 7-6-3 所示是一个光电耦合放大电路，可作为光电开关用。图中，VL 是发光二极管，VT 是光电晶体管，两者光电耦合，VT_1 是输出晶体管。当有光照时，VT_1 饱和导通，$u_o \approx 0V$；当光被某物体遮住时，VT_1 截止，$u_o \approx 5V$。由此对某些电路起到控制（开关）作用。

发光二极管和光电二极管也可以耦合。

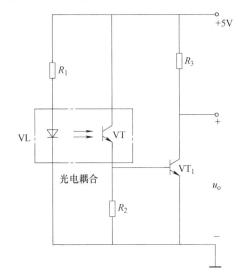

图 7-6-3　光电耦合放大电路

本章小结

（1）半导体材料是导电特性介于绝缘体和导体之间的一种材料，具有热敏性、光敏性和掺杂性。

151

（2）PN 结的最显著特性是具有单向导电性。

（3）二极管具有单向导电性，阳极电位高于阴极电位(并且电位差大于死区电压)时，二极管导通。对含有二极管的电路分析，方法是一断(先断开二极管)、二算(计算阳极和阴极处的电位大小)、三判(判断接上二极管后该二极管是导通状态还是截止状态)。

（4）三极管具有放大、饱和、截止三种工作状态，在电子电路应用中有放大(组成放大电路)、开关作用(组成开关电路)。在三极管输入输出电路分析中，要注意临界饱和的有关计算，处于深度饱和时三极管集-射极间的电压(U_{CE})约等于0。

（5）稳压二极管工作在反向击穿区，在含有稳压二极管的电路中，稳压二极管两端的电压取决于该稳压二极管的稳压值。

拓展知识

二极管和三极管的识别与检测

1. 二极管的识别与检测

（1）二极管的识别

普通二极管的管壳上印有型号和标记，标记方法有箭头、色点、色环三种。箭头所指方向和靠近色环的一端为二极管的负极，有色点的一端为二极管的正极。如果型号和标记脱落，可用万用表电阻档测二极管的正反向电阻加以判断，主要原理是二极管的单向导电性，其反向电阻远远大于正向电阻。

（2）判别极性

将机械式万用表选择 $R\times100$ 或 $R\times1k$ 档，两表笔分别接二极管的两个电极。如果测出的电阻值较小(硅管为几百欧~几千欧，锗管为 $100\sim1000\Omega$)，说明正向导通，此时黑表笔接的是二极管的正极，红表笔接的是二极管的负极；如果测出的电阻值较大(几十千欧~几百千欧)，为反向截止，此时红表笔接的是二极管的正极，黑表笔接的是二极管的负极。如果用的是数字万用表，则用测二极管档直接测量，测量结果是二极管的压降。

（3）性能检测

可通过测量正、反向电阻来判断二极管性能的好坏。一般小功率硅管的正向电阻为几百欧~几千欧，锗管的正向电阻为 $100\sim1000\Omega$。如果正、反向电阻都很大，则说明二极管开路；如果正、反向电阻都很小，则说明二极管已被击穿。

（4）判别硅、锗管

如果不知道被测的二极管是硅管还是锗管，可根据硅管、锗管的导通压降不同的原理来判别。将二极管接在电路中，当其导通时，用万用表测其正向压降，硅管一般为 $0.5\sim0.7V$，锗管一般为 $0.1\sim0.3V$。

2. 三极管的识别与检测

（1）基极的判别

将万用表置于 $R\times1k$ 档，用两表笔搭接三极管的任意两管脚。如果阻值很大(几百千欧以上)将表笔对调再测一次，如果阻值也很大，说明所测得的两个管脚为集电极 C 和发射极 E，剩下的那个管脚为基极 B。

（2）类型的判别

三极管基极确定后，用万用表黑表笔接基极，红表笔接另外两个管脚中的任意一个，如果测得的阻值很大，则该三极管是 PNP 型管；如果测得的阻值较小，则该三极管是 NPN 型管。硅管、锗管的判别方法：硅管 PN 结正向电阻约为几千欧，锗管 PN 结正向电阻约为几百欧。

习　题

7-1　选择题

1. 对半导体言，其正确的说法是(　　)。

A. P 型半导体中由于多数载流子为空穴，所以它带正电

B. N 型半导体中由于多数载流子为自由电子，所以它带负电

C. P 型半导体和 N 型半导体本身都不带电

2. 在习题 7-1-2 图所示的电路中，U_o 为(　　)。

A. $-12V$　　　　　　　　　　B. $-9V$　　　　　　　　　　C. $-3V$

3. 在习题 7-1-3 图所示的电路中，U_o 为(　　)。其中，忽略二极管的正向压降。

A. 4V　　　　　　　　　　B. 1V　　　　　　　　　　C. 10V

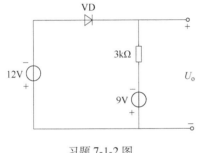

习题 7-1-2 图

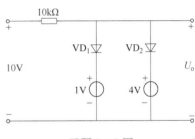

习题 7-1-3 图

4. 在习题 7-1-4 图所示的电路中，二极管 VD_1、VD_2、VD_3 的工作状态为(　　)。

A. VD_1、VD_2 截止，VD_3 导通　B. VD_2、VD_3 截止，VD_1 导通　　C. VD_1、VD_2、VD_3 均导通

5. 在习题 7-1-5 图所示的电路中，二极管 VD_1、VD_2、VD_3 的工作状态为(　　)。

A. VD_1、VD_2 截止，VD_3 导通　B. VD_2、VD_3 截止，VD_1 导通　　C. VD_1、VD_2、VD_3 均导通

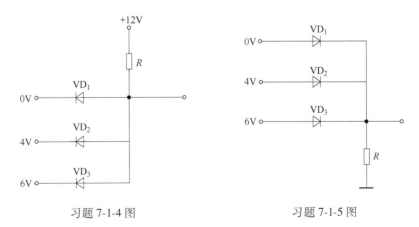

习题 7-1-4 图　　　　　　　　　　习题 7-1-5 图

6. 在习题 7-1-6 图所示的电路中，稳压二极管 VZ_1 和 VZ_2 的稳定电压分别为 5V 和 7V，其正向压降可忽略不计，则 U_o 为(　　)。

A. 5V　　　　　　　　　　B. 7V　　　　　　　　　　C. 0V

7. 在习题 7-1-7 图所示的电路中，稳压二极管 VZ_1 和 VZ_2 的稳定电压分别为 5V 和 7V，其正向压降可忽略不计，则 U_o 为（　　）。

    A. 5V   B. 7V   C. 0V

<table>
<tr><td>习题 7-1-6 图</td><td>习题 7-1-7 图</td></tr>
</table>

8. 在放大电路中，若测得某晶体管三个极的电位分别为 9V、2.5V、3.2V，则这三个极分别为（　　）。

    A. C、B、E   B. C、E、B   C. E、C、B

9. 在放大电路中，若测得某晶体管三个极的电位分别为 $-9V$、$-6.2V$、$-6V$，则 $-6.2V$ 的那个极为（　　）。

    A. 集电极   B. 基极   C. 发射极

10. 在放大电路中，若测得某晶体管三个极的电位分别为 6V、1.2V、1V，则该管为（　　）。

    A. NPN 型硅管   B. PNP 型锗管   C. NPN 型锗管

11. 对某电路中一个 NPN 型硅管进行测试，测得 $U_{BE}>0$、$U_{BC}>0$、$U_{CE}>0$，则此管工作在（　　）。

    A. 放大区   B. 饱和区   C. 截止区

12. 对某电路中一个 NPN 型硅管进行测试，测得 $U_{BE}>0$、$U_{BC}<0$、$U_{CE}>0$，则此管工作在（　　）。

    A. 放大区   B. 饱和区   C. 截止区

13. 对某电路中一个 NPN 型硅管进行测试，测得 $U_{BE}<0$、$U_{BC}<0$、$U_{CE}>0$，则此管工作在（　　）。

    A. 放大区   B. 饱和区   C. 截止区

14. 晶体管的控制方式为（　　）。

    A. 输入电流控制输出电压   B. 输入电流控制输出电流   C. 输入电压控制输出电压

7-2 习题 7-2 图 a 所示是输入电压 u_i 的波形，电路如习题 7-2 图 b 所示。试画出对应于 u_i 的输出电压 u_o、电阻 R 上电压 u_R 和二极管 VD 上电压 u_D 的波形，并用基尔霍夫电压定律检验各电压之间的关系。二极管的正向压降可忽略不计。

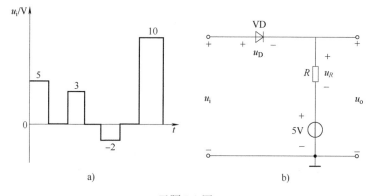

习题 7-2 图

7-3 在习题 7-3 图所示的各电路中，$U=5V$，$u_i=10\sin\omega t V$，二极管的正向压降可忽略不计，试分别画出输出电压 u_o 的波形。这四种均为二极管削波电路。

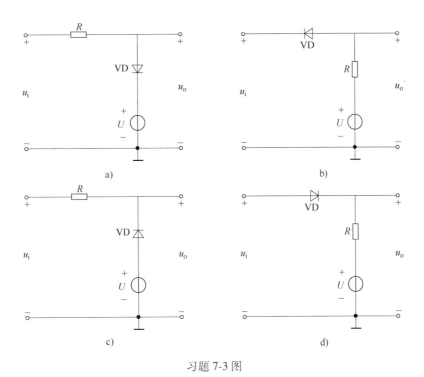

习题 7-3 图

7-4 在习题 7-4 图所示的两个电路中，已知 $u_i = 30\sin\omega t\text{V}$，二极管的正向压降可忽略不计，试分别画出输出电压 u_o 的波形。

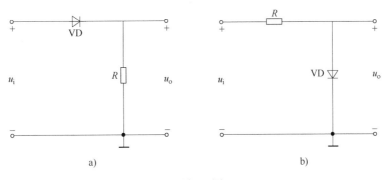

习题 7-4 图

7-5 在习题 7-5 图中，试求下列几种情况下输出端 Y 的电位 V_Y 及各元器件(R、VD_A、VD_B)中通过的电流：（1）$V_A = V_B = 0\text{V}$；（2）$V_A = +3\text{V}$，$V_B = 0\text{V}$；（3）$V_A = V_B = +3\text{V}$。二极管的正向压降可忽略不计。

7-6 在习题 7-6 图中，试求下列几种情况下输出端电位及各元器件中通过的电流：（1）$V_A = +10\text{V}$，$V_B = 0\text{V}$；（2）$V_A = +6\text{V}$，$V_B = +5.8\text{V}$；（3）$V_A = V_B = +5\text{V}$。设二极管的正向电阻为零，反向电阻为无穷大。

7-7 在习题 7-7 图中，$U = 10\text{V}$，$u = 30\sin\omega t\text{V}$，试用波形图表示二极管上的电压 u_D。

7-8 在习题 7-8 图中，$U = 20\text{V}$，$R_1 = 900\Omega$，$R_2 = 1100\Omega$，稳压二极管 VZ 的稳定电压 $U_Z = 10\text{V}$，最大稳定电流 $I_{ZM} = 8\text{mA}$，试求稳压二极管中通过的电流 I_Z 是否超过 I_{ZM}，如果超过怎么办？

7-9 有两个稳压二极管 VZ_1 和 VZ_2，其稳定电压分别为 5.5V 和 8.5V，正向压降都是 0.5V。如果要得到 0.5V、3V、6V、9V 和 14V 几种稳定电压，这两个稳压二极管(还有限流电阻)应该如何连接？画出各个电路图。

7-10 某一晶体管的 $P_{CM} = 100\text{mW}$，$I_{CM} = 20\text{mA}$，$U_{(BR)CEO} = 15\text{V}$，试问在下列几种情况下，哪种是正常

工作：（1）$U_{CE} = 3V$，$I_C = 10mA$；（2）$U_{CE} = 2V$，$I_C = 40mA$；（3）$U_{CE} = 6V$，$I_C = 20mA$。

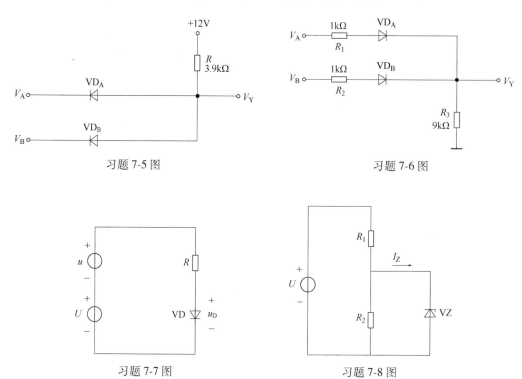

习题 7-5 图 习题 7-6 图

习题 7-7 图 习题 7-8 图

7-11 在习题 7-11 图所示的各个电路中，试问晶体管工作于何种状态？

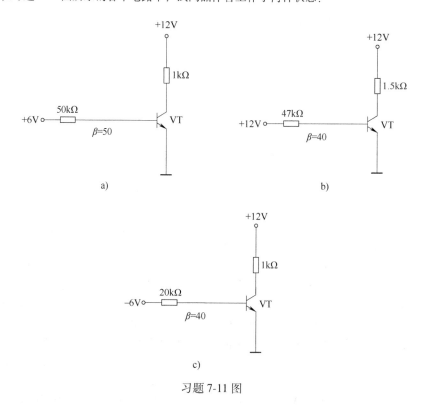

习题 7-11 图

7-12 习题 7-12 图所示是一自动关灯电路(如用于走廊或楼道照明)。在晶体管集电极电路接入 JZC 型直流电磁继电器的线圈 KA，线圈的功率和电压分别为 0.36W 和 6V。晶体管 9013 的电流放大系数 β 为 200，当将按钮 SB 按一下后，继电器的动合触点闭合，40W/220V 的照明灯 EL 点亮，经过一定时间自动熄灭。(1) 试说明其工作原理；(2) 设饱和时 $U_{CE} \approx 0$，刚将按钮按下时，晶体管工作于何种状态，此时 I_C 和 I_B 各为多少，β 是否为 200？(3) 刚饱和时 I_B 为多少，此时电容上电压衰减到约为多少伏？(4) 图中的二极管 VD 起什么作用？

7-13 习题 7-13 图所示是一声光报警电路。在正常情况下，B 端电位为 0V；当前接装置发生故障时，B 端电位上升到+5V。试分析之，并说明电阻 R_1 和 R_2 起什么作用。

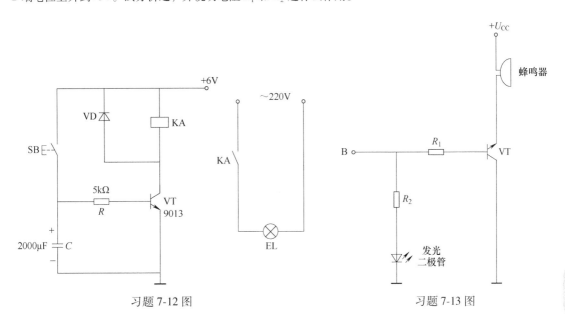

习题 7-12 图   习题 7-13 图

7-14 习题 7-14 图 a 所示是一种二极管钳位电路，当输入 u_i 是如习题 7-14 图 b 所示的三角波时，试画出输出 u_o 的波形。二极管正向压降可忽略不计。

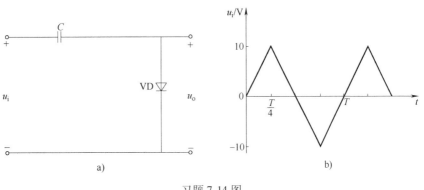

习题 7-14 图

7-15 习题 7-15 图所示是继电器延时吸合的电路，从开关 S 断开时计时，当集电极电流增加到 10mA 时，继电器 KA 吸合。(1) 分析该电路的工作原理；(2) 刚吸合时电容元件 C 两端电压为多少伏(锗管 U_{BE} 很小，可忽略不计)？(3) S 断开后经多少秒延时继电器吸合？(提示：可应用戴维南定理计算电容充电到达的稳态值。)

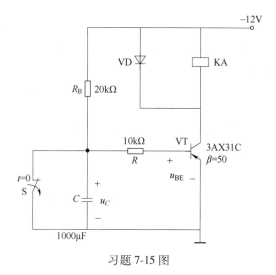

习题 7-15 图

7-16 如何用万用表判断出一个晶体管是 NPN 型还是 PNP 型，如何判断出管子的三个管脚，又如何通过实验来区别是锗管还是硅管？

第 **8** 章

基本放大电路

导读

放大电路是由晶体管、场效应晶体管等元器件组成的。晶体管的主要用途之一是利用其放大作用组成放大电路。放大电路能够将微弱的电信号(电压或电流)不失真地放大成为具有足够幅度的电信号。例如,收音机、电视机从天线接收的微弱信号,经过放大电路放大后得到一定输出功率才能推动扬声器、显像管工作。又如,自动控制机床要将反映加工要求的控制信号,经放大后驱动机床动作。还有自动化测量方面,要将传感器测得的压力、速度、位移和温度等微弱电信号,经放大后驱动执行元件(指示仪表、继电器和电动机等)工作。可见,放大电路的应用极其广泛。本章主要讨论由分立元件组成的几种基本放大电路的结构、工作原理、分析方法以及特点和应用。

本章学习要求

1) 理解基本放大电路的组成和工作原理,掌握放大电路静态和动态参数的定量分析方法。

2) 理解稳定静态工作点的意义,理解分压式偏置电路稳定静态工作点的原理。

3) 理解射极输出器的特点并会正确利用。

4) 了解多级放大电路的组成、类型,以及静态、动态分析。

5) 了解差分放大电路的结构和工作原理,理解其对共模信号和差模信号的不同放大作用。

8.1 共发射极放大电路

8.1.1 放大电路概述

1. 放大的概念

扬声器在进行放大时,能输出比原来说话大得多的能量,那么多余的能量是从哪里来的呢?如果切断扬声器电源,扬声器不再发声,说明能量是由电源提供的。放大电路的作用是把电源的能量转换成受输入量控制的变化的输出量,因此,放大作用的实质是一种能量的控制转换作用。

2. 放大电路的主要性能指标

为了衡量一个放大电路的性能好坏，引入放大电路的性能指标。放大电路的框图如图 8-1-1 所示。放大电路的主要性能指标有电压放大倍数 A_u、输入电阻 r_i、输出电阻 r_o 等。

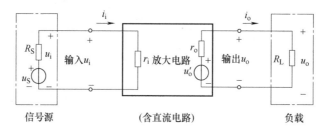

图 8-1-1　放大电路框图

3. 放大电路的三种基本形式

根据输入和输出回路公共端的不同，放大电路有三种基本形式：共发射极放大电路、共集电极放大电路和共基极放大电路。

1）共发射极放大电路：以发射极作为输入回路和输出回路的公共端，而构成不同的放大电路，如图 8-1-2a 所示。

2）共集电极放大电路：以集电极作为输入回路和输出回路的公共端，而构成不同的放大电路，如图 8-1-2b 所示。

3）共基极放大电路：以基极作为输入回路和输出回路的公共端，而构成不同的放大电路，如图 8-1-2c 所示。

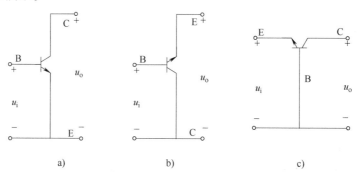

a)　　　　　　　　　b)　　　　　　　　　c)

图 8-1-2　放大电路中三种连接方式

8. 1. 2　共发射极放大电路的组成

共发射极放大电路是指信号由晶体管的基极和发射极输入，从集电极和发射极输出，发射极作为共同的接"地"端，故称共发射极放大电路。由于它具有较大的电压和电流放大倍数，所以是放大电路中应用比较广泛的一种基本放大电路。

共发射极放大电路组成

共发射极放大电路如图 8-1-3 所示。输入端接交流信号源（u_S 和 R_S 串联而成），输入电压为 u_i；输出端接负载电阻 R_L，输出电压为 u_o。电路中各元件的作用如下：

晶体管 VT 是放大电路的控制元件（核心元件），其作用是利用基极电流 i_B 的微小变化，控制集电极电流 i_C 产生较大变化。

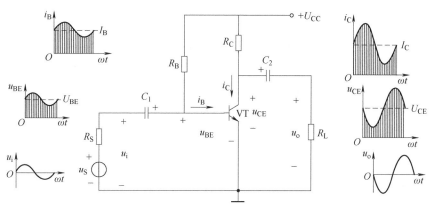

图 8-1-3 共发射极放大电路

直流电源 U_{CC} 除了为输出信号提供能量外，还保证晶体管的集电结处于反向偏置，以保证晶体管工作在放大状态。U_{CC} 一般为几伏至几十伏之间。

集电极电阻 R_C 也称集电极负载电阻，其作用是将集电极电流 i_C 的变化转换为电压的变化，以实现电压放大。R_C 阻值一般为几千欧到几十千欧。

基极电阻 R_B 又称偏置电阻，其作用是使晶体管的发射结处于正向偏置，并提供大小适当的基极电流 i_B，以保证放大电路具有比较合适的静态工作点。R_B 阻值一般为几十千欧到几百千欧。

耦合电容 C_1、C_2 在放大电路中起隔直流作用，C_1 用于隔断放大电路与信号源 u_S 之间的直流通路，C_2 用于隔断放大电路与负载 R_L 之间的直流通路，使信号源、放大电路和负载三者之间无直流联系，互不影响。其次又起到耦合交流作用，使交流信号畅通无阻经过放大电路，以使信号源、放大电路和负载三者间的交流信号畅通。通常电容 C_1、C_2 上交流压降小到可忽略不计，即对交流信号可视为短路，因此电容值要取得足够大（容抗最小）。C_1、C_2 电容值一般为几微法到几十微法。应注意 C_1 和 C_2 通常采用有极性的电解电容，使用时正负极性要连接正确。由此构成的阻容耦合方式在交流放大电路中被广泛地采用。

放大电路是由信号源 u_S 和直流电源 U_{CC} 共同作用的。如果设信号源 u_S 为正弦量，即 $u_i = U_{im}\sin\omega t$，电路各元件中总电压、总电流应为直流分量（静态值）与交流分量（动态值）叠加的结果，则基-射极电压为

$$u_{BE} = U_{BE} + u_{be} = U_{BE} + U_{im}\sin\omega t$$

基极电流为

$$i_B = I_B + i_b = I_B + I_{bm}\sin\omega t$$

集电极电流为

$$i_C = \beta i_B = I_C + I_{cm}\sin\omega t$$

集-射极电压为

$$u_{CE} = U_{CC} - R_C i_C = U_{CE} - U_{cem}\sin\omega t$$

式中，$U_{CE} = U_{CC} - R_C I_C$ 为集电极与发射极间的静态压降，$U_{cem} = R_C I_{cm}$ 为集电极与发射极间动态压降最大值。当 i_C 增大时，$R_C i_C$ 增大，则 u_{CE} 减小；而 i_C 减小时，u_{CE} 增大。可见，u_{CE} 与 i_C 相位相反。

为便于分析，对放大电路中各电压、电流的直流分量和交流分量，以及总电压和总电流的表示符号做统一规定。晶体管放大电路中电压、电流的符号见表 8-1-1。

161

表 8-1-1　晶体管放大电路中电压、电流的符号

名称	静态值	交流分量		总电压或总电流	
		瞬时值	有效值	瞬时值	平均值
基极电流	I_B	i_b	I_b	i_B	$I_{B(AV)}$
集电极电流	I_C	i_c	I_c	i_C	$I_{C(AV)}$
发射极电流	I_E	i_e	I_e	i_E	$I_{E(AV)}$
集-射极电压	U_{CE}	u_{ce}	U_{ce}	u_{CE}	$U_{CE(AV)}$
基-射极电压	U_{BE}	u_{be}	U_{be}	u_{BE}	$U_{BE(AV)}$
直流电源电压	U_{CC}				

注：直流量主标与下角标均大写（如 I_B），交流量主标与下角标均小写（如 i_b），交直流混合量主标小写、下角标大写（如 i_B），而交流量的有效值主标大写、下角标小写（如 I_b）。

　　如何保证放大电路中晶体管处于放大状态？如何保证被放大信号在符合放大要求的情况下不失真？

　　应从放大电路的静态（$u_i = 0$）和动态（$u_i \neq 0$）两种情况进行分析。所谓静态分析，是指放大电路在 U_{CC} 作用时确定电路中电压、电流的直流值（也称为静态值）I_B、I_C、U_{CE}，放大电路的质量与静态值有着很大的关系。所谓动态分析是指，放大电路在 $u_S(u_i)$ 作用时确定放大电路的电压放大倍数 A_u、输入电阻 r_i 和输出电阻 r_o 等。

8.1.3　静态分析

　　放大电路无输入信号（$u_i = 0$）时，确定静态值 I_B、I_C 和 U_{CE}，有两种方法。

1. 估算法

　　估算法是用放大电路的直流通路计算静态值。由于图 8-1-3 所示放大电路中耦合电容 C_1、C_2 对直流信号相当于开路，则直流通路如图 8-1-4 所示。通路含有两个独立回路：由直流电源 U_{CC}、基极电阻 R_B 和发射极 E 组成的基极回路；由直流电源 U_{CC}、集电极负载电阻 R_C 和发射极 E 组成的集电极回路。

　　由图 8-1-4 所示的直流通路可得

$$I_B = \frac{U_{CC} - U_{BE}}{R_B} \qquad (8\text{-}1\text{-}1)$$

图 8-1-4　图 8-1-3 电路的直流通路　　　　直流通路和交流通路画法　　　　静态分析

　　晶体管发射结的正向压降 U_{BE}，对于硅管为 $0.6 \sim 0.7V$，直流电源电压 U_{CC} 一般为几伏、十几伏甚至几十伏。

　　由 I_B 可得出静态时的集电极电流，即

$$I_C = \beta I_B \qquad (8-1-2)$$

晶体管集电极与发射极之间的电压为

$$U_{CE} = U_{CC} - R_C I_C \qquad (8-1-3)$$

2. 图解法

图解法是根据晶体管的输出特性曲线，通过作图确定放大电路的静态值。

若已知晶体管的输出特性曲线如图 8-1-5 所示，用图解分析法确定静态值的步骤如下：

1）作直流负载线。根据直流通路（见图 8-1-4）列出电压方程，则

$$U_{CE} = U_{CC} - R_C I_C$$

或者

$$I_C = -\frac{1}{R_C} U_{CE} + \frac{U_{CC}}{R_C} \qquad (8-1-4)$$

上述直线方程，在横轴的截距为 U_{CC}，在纵轴的截距为 U_{CC}/R_C，直线的斜率为 $\tan\alpha = -\dfrac{1}{R_C}$。因为它是由直流通路得出的，

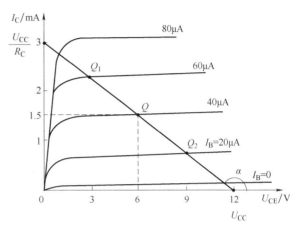

图 8-1-5　静态工作点图解分析法

且与集电极负载电阻 R_C 有关，故称为直流负载线。

2）用估算法求出基极电流 I_B。在晶体管输出特性曲线中找到 I_B 对应的曲线。

3）确定静态工作点 $Q(U_{CE}, I_C)$。基极电流 I_B 所对应曲线与直流负载线的交点 Q 就是静态工作点，简称 Q 点。由 Q 点可在对应的坐标上查得静态值 I_C 和 U_{CE}。

综上所述，放大电路在静态（$u_i = 0$）工作时，静态值 I_B、I_C 和 U_{CE} 确定了放大电路的静态工作点 Q。可见，基极电流 I_B 在确定放大电路 Q 点的过程中起着主导作用。只要 I_B 确定后，I_C 和 U_{CE} 也就确定了。通常用改变电阻 R_B 数值的方法，就可获得一个合适的 I_B 值，从而使放大电路有一个合适的 Q 点。

放大电路静态时的基极电流 I_B 称为偏置电流，电阻 R_B 称为偏置电阻。当电阻 R_B 选定后，I_B 也固定不变了，故称图 8-1-3 所示放大电路为固定偏置放大电路。

Q 点的重要性在于保证放大电路有一个合适的静态工作状态。I_B 过大或过小都将导致输入信号在放大时使输出波形产生失真。所谓失真，是指输出信号的波形与输入信号的波形相比发生了畸变。引起失真的因素很多，最主要的是 Q 点选择不当或输入信号太大。由于输出电压波形与 Q 点有着密切的关系，Q 点过高或过低都会导致其失真。

例 8-1-1　在图 8-1-3 所示的放大电路中，已知 $U_{CC} = 12V$，$R_C = 4k\Omega$，$R_B = 300k\Omega$，$\beta = 37.5$，$U_{BE} = 0.6V$，试求 Q 点各值。

解： $I_B = \dfrac{U_{CC} - U_{BE}}{R_B} = 38\mu A$，$I_C = \beta I_B \approx 1.43mA$

$$U_{CE} = U_{CC} - R_C I_C = 6.28V$$

例 8-1-2　在图 8-1-3 所示的放大电路中，已知 $U_{CC} = 24V$，$I_C = 2mA$，$U_{CE} = 8V$，$\beta = 50$，$U_{BE} = 0.6V$，试求 R_C 和 R_B 的值。

解：$I_B = \dfrac{I_C}{\beta} = 40\mu A$，$R_B = \dfrac{U_{CC} - U_{BE}}{I_B} = 585 k\Omega$

$$R_C = \dfrac{U_{CC} - U_{CE}}{I_C} = 8 k\Omega$$

8.1.4 动态分析

放大电路正常工作$(u_i \neq 0)$时，晶体管的各个电压和电流既含有直流分量又含有交流分量。动态分析是在放大电路静态值确定后分析信号的传输情况，仅考虑电路中电压和电流的交流分量。动态分析方法也有两种，即微变等效电路法和图解法。

1. 微变等效电路法

所谓放大电路的微变等效电路法，就是在小信号（微变量）条件下，将非线性元件晶体管等效为一个线性元件，把由晶体管组成的放大电路线性化处理，以确定放大电路的输入电阻 r_i、输出电阻 r_o 和电压放大倍数 A_u。

（1）晶体管小信号等效模型

现以共发射极接法晶体管的输入和输出特性讨论晶体管的线性化问题。用晶体管的输入特性曲线（非线性）来解释 r_{be} 的物理意义，如图 8-1-6a 所示。当输入信号很小时，在静态工作点 Q 附近的工作段可以视为直线。当 U_{CE} 为常数时，微小变化量 ΔU_{BE} 与 ΔI_B 之比称为晶体管的输入电阻，即有

$$r_{be} = \dfrac{\Delta U_{BE}}{\Delta I_B}\bigg|_{U_{CE}=常数} = \dfrac{u_{be}}{i_b}\bigg|_{U_{CE}=常数} \tag{8-1-5}$$

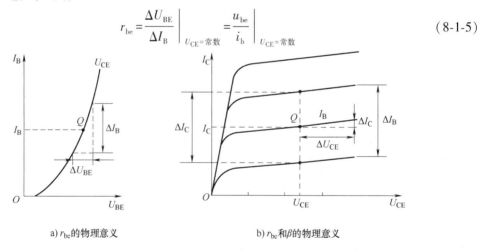

a) r_{be}的物理意义   b) r_{be}和β的物理意义

图 8-1-6　从晶体管特性曲线确定微变等效参数

输入电阻 r_{be} 由晶体管的输入特性确定，反映了 u_{be} 与 i_b 之间的变化关系。因此，晶体管的输入电路可用 r_{be} 等效代替，如图 8-1-7b 所示。

低频小功率晶体管的输入电阻 r_{be}，可用下式估算：

$$r_{be} \approx 200\Omega + (1+\beta)\dfrac{26mV}{I_E} \tag{8-1-6}$$

式中，I_E 为发射极电流的静态值。r_{be} 单位为 Ω，一般为几百欧到几千欧，手册中 r_{be} 常用 h_{ie} 表示。

由式(8-1-6)可见，发射极静态电流 I_E 愈大，r_{be} 就愈小；晶体管的电流放大系数 β 愈高，r_{be} 就愈大。因此，晶体管的输入电阻 r_{be} 实际上不是一个固定不变的数值，而是与 β 和 I_E 密切相关。

晶体管的输出特性曲线(见图 8-1-6b)在放大区是一组近似与横轴平行的直线。当 U_{CE} 为常数时，微小变化量 ΔI_C 和 ΔI_B 之比称为晶体管的电流放大系数，即有

$$\beta = \frac{\Delta I_C}{\Delta I_B}\bigg|_{U_{CE}=常数} = \frac{i_c}{i_b}\bigg|_{U_{ce}=常数} \tag{8-1-7}$$

电流放大系数 β 确定 i_c 受 i_b 控制的关系。因此，晶体管的输出电路可用一受控电流源 $i_c = \beta i_b$ 代替，以表示晶体管的电流控制作用。当 $i_b = 0$ 时，则 βi_b 也不存在，所以 βi_b 是受输入电流 i_b 控制的受控源。

晶体管的输出特性曲线并不完全与横轴平行(见图 8-1-6b)，当 I_B 为常数时，ΔU_{CE} 与 ΔI_C 之比称为晶体管的输出电阻，即有

$$r_{ce} = \frac{\Delta U_{CE}}{\Delta I_C}\bigg|_{I_B=常数} = \frac{u_{ce}}{i_c}\bigg|_{I_b=常数} \tag{8-1-8}$$

如果将晶体管的输出电路视为电流源，则 r_{ce} 即为电流源的内阻，在等效模型中与受控电流源 βi_b 并联。r_{ce} 的阻值很高，为几十千欧至几百千欧，在等效模型中可视为开路(忽略不计)。

综上所述，在微小变化信号的作用下，晶体管的微变等效电路如图 8-1-7 所示。

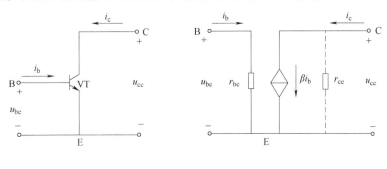

a) 晶体管　　　　　　　　　　　b) 微变等效模型

图 8-1-7　晶体管的微变等效电路

(2) 放大电路的微变等效电路法

所谓放大电路的微变等效电路法，是将晶体管的小信号等效模型与放大电路的交流通路结合，即将交流通路变换为微变等效电路，进行放大电路的交流通路分析(求放大电路 r_i、r_o 和 A_u)。对于交流分量而言，电容 C_1、C_2 可视为短路；由于直流电源 U_{CC} 的内阻很小，可忽略不计，故对交流而言，直流电源 U_{CC} 也可视为短路。因此，共发射极放大电路的微变等效电路如图 8-1-8 所示。当信号源 u_S 或输入信号 u_i 为正弦信号时，电路中的电压和电流可用相量表示，电路中标出的均为参考方向，如图 8-1-8b 所示。

(3) 电压放大倍数 A_u

共发射极放大电路的作用是将变化较小的输入电压 u_i 放大成变化较大的输出电压 u_o。由图 8-1-8b 所示的电路可知，输入电压为

$$\dot{U}_i = r_{be}\dot{I}_b$$

输出电压为

$$\dot{U}_o = -R'_L\dot{I}_c$$

故放大电路的电压放大倍数为

$$A_u = \frac{\dot{U}_o}{\dot{U}_i} = -\frac{R'_L\dot{I}_c}{r_{be}\dot{I}_b} = -\frac{R'_L\beta\dot{I}_b}{r_{be}\dot{I}_b} = -\beta\frac{R'_L}{r_{be}} \tag{8-1-9}$$

式中，$R'_L = R_C // R_L$ 为等效负载电阻，负号"$-$"表明输出电压 u_o 与输入电压 u_i 反相。当放大电路不接负载电阻 R_L(输出端开路)时，电压放大倍数为

$$A_u = -\beta \frac{R_C}{r_{be}} \tag{8-1-10}$$

可见，放大电路输出端接了负载电阻 R_L 后，将使等效负载电阻 R'_L 减小($R'_L < R_C$)，从而使电压放大倍数 A_u 下降。

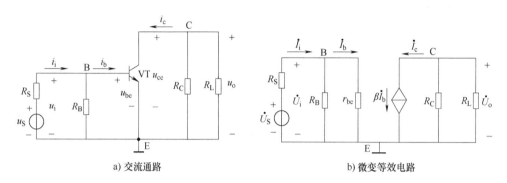

a) 交流通路   b) 微变等效电路

图 8-1-8 图 8-1-3 的微变等效电路

(4) 输入电阻 r_i

放大电路对信号源而言，相当于一个负载，可用一个电阻来等效代替，这个电阻称为输入电阻，它等于输入电压 $\dot{U}_i$ 与输入电流 $\dot{I}_i$ 之比。在图 8-1-8b 所示电路中输入电阻为

$$r_i = R_B // r_{be} = \frac{R_B r_{be}}{R_B + r_{be}} \tag{8-1-11}$$

当 $R_B \gg r_{be}$ 时，R_B 可忽略不计，即

$$r_i \approx r_{be} \tag{8-1-12}$$

应该注意的是，放大电路的输入电阻 r_i 和晶体管的输入电阻 r_{be} 是完全不同的两个概念，不能混淆。

输入电阻 r_i 是放大电路的重要指标。如果 r_i 较小将会产生以下影响：首先，将从信号源取用较大的电流，从而增加了信号源的负担；其次，由于信号经 R_S 和 r_i 的分压作用，使实际加到放大电路的输入电压 $\dot{U}_i$ 减小；最后，如果放大电路为两级，后级放大电路的输入电阻 r_{i2} 应为第一级放大电路的负载电阻 r_{o1}，则会降低前级放大电路的电压放大倍数。可见，通常希望放大电路的输入电阻尽可能高一些。

(5) 输出电阻 r_o

放大电路的输出电阻可在信号源短路($\dot{U}_S = 0$)和输出端开路的条件下求得。从放大电路的输出端往左看进去的交流等效电阻就是放大电路的输出电阻，即

$$r_o \approx R_C \tag{8-1-13}$$

通常计算 r_o 时可将信号源短路($\dot{U}_S = 0$)，但要保留信号源内阻 R_S，将 R_L 去掉，在输出端加一交流电压 $\dot{U}_o$，以产生一个电流 $\dot{I}_o$，则放大电路的输出电阻为

$$r_o = \frac{\dot{U}_o}{\dot{I}_o} \tag{8-1-14}$$

放大电路对负载来说是一个信号源。如果放大电路的输出电阻较大(相当于信号源的内

阻较大），当负载变化时，输出电压的变化较大，也就是放大电路带负载的能力较差，因此通常希望放大电路的输出电阻低一些。值得注意的是，r_i 和 r_o 都是对交流信号而言的动态电阻，不能用它们来进行静态计算。

2. 图解法

图解法是在晶体管的特性曲线和静态分析基础上，以作图的方法分析放大电路动态时各电压和电流的相互关系。以图 8-1-3 所示电路为例，说明动态图解法。

（1）由输入特性曲线确定 i_B

设输入电压 $u_i = U_{im}\sin\omega t$，则基-射极间的电压 $u_{BE} = U_{BE} + u_i = U_{BE} + U_{im}\sin\omega t$。$u_{BE}$ 将在 U_{BE} 基础上按正弦规律变化，在输入特性曲线的 Q 点附近可得 Q_1、Q_2 点，对应 u_{BE} 的变化，如图 8-1-9a 所示，则有

$$i_B = I_B + i_b = I_B + I_{bm}\sin\omega t$$

（2）作交流负载线

直流负载线反映 I_C 与 U_{CE} 的变化关系，由于耦合电容 C_2 的隔直作用，不考虑 R_L 的影响，故其斜率为 $-\dfrac{1}{R_C}$。而交流负载线反映 $u_i \neq 0$ 时 i_C 与 u_{CE} 的变化关系，由于 C_2 可视为短路，等效负载电阻为 $R'_L = R_C /\!/ R_L$，故交流负载线的斜率为 $-\dfrac{1}{R'_L}$。因 $R'_L < R_C$，则交流负载线比直流负载线要陡些。当 $u_i = 0$ 时，放大电路仍应工作在 Q 点。可见，交流负载线也要通过 Q 点，如图 8-1-9b 所示。

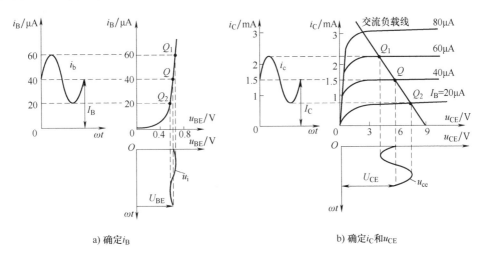

a) 确定 i_B　　　　　　　　　　b) 确定 i_C 和 u_{CE}

图 8-1-9　放大电路的动态图解分析法

（3）由输出特性曲线确定 i_C 和 u_{CE}

随电路中 $i_B = I_B + i_b$ 的变化，交流负载线与输出特性曲线的交点也随之改变，即 Q 点也沿着负载线移动。根据 Q 点的移动轨迹，可画出对应的 i_C 和 u_{CE} 变化曲线，如图 8-1-9b 所示。

应注意，由于 C_2 的隔直作用，u_{CE} 直流分量不能到达输出端；输入信号电压 u_i 和输出电压 u_o 相位相反，互差 180°。

167

（4）电压放大倍数

电压放大倍数可按下式求出：

$$|A_u| = \frac{U_{om}}{U_{im}} = \frac{U_{cem}}{U_{im}}$$

式中，U_{cem}、U_{im} 分别为 u_{ce} 和 u_i 的幅值。

8.1.5 静态工作点

1. 非线性失真

对放大电路的要求就是输出信号在放大的同时不失真。所谓失真是指输出信号的波形与输入信号出现偏差，也就是说放大了但放得"不像"。出现失真的原因之一就是 Q 点设置不合适，使放大电路的工作范围超出晶体管特性曲线的线性范围，称为非线性失真。

如果 Q 点设置得太高（Q_1 点），晶体管就会进入饱和区工作。尽管 i_B 可不失真或失真很小，但 $u_{CE}(u_o)$ 却出现严重失真，$u_{CE}(u_o)$ 的负半周被削平，如图 8-1-10a 所示。这种由于晶体管饱和引起的失真，称为饱和失真。

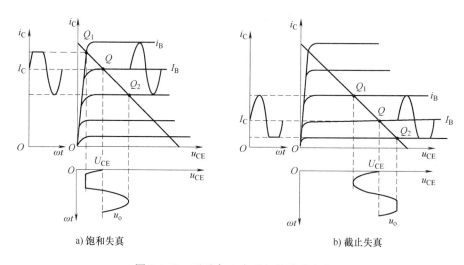

a) 饱和失真　　　　　　　　　　　　　　　　b) 截止失真

图 8-1-10　不适合 Q 点引起的波形失真

如果 Q 点设置得太低（Q_2 点），晶体管就会进入截止区工作，$u_{CE}(u_o)$ 的正半周被削平，波形出现严重失真，如图 8-1-10b 所示。这种由于晶体管截止引起的失真，称为截止失真。

通常将 Q 点设置在晶体管放大区的中部，不仅可避免非线性失真，而且可适当地增大输出动态范围。此外，适当限制输入信号 u_i 的幅值，也可以避免非线性失真。

2. 静态工作点的稳定

为了克服放大电路的非线性失真，应有一个合适（稳定）的 Q 点。但固定偏置放大电路的 Q 点往往因外界条件（如温度变化、晶体管老化、电源电压波动等）的变化而变动。例如，晶体管的特性和参数对温度的变化非常敏感，当温度上升时，I_B 增加，从而使集电极电流 I_C 也随之增加，集电极与发射极间的压降 U_{CE} 减小，结果导致静态工作点 Q 发生漂移，放大电路不能正常工作。

因此，通常采用分压式偏置放大电路，如图 8-1-11 所示。电路中 R_{B1} 和 R_{B2} 组成偏置电路，以固定基极电位 V_B。发射极电路串接电阻 R_E，目的是引入直流电流负反馈作用稳定 Q

点。其物理过程可表示为

$$T(℃)\uparrow \rightarrow I_C\uparrow \rightarrow V_E\uparrow \rightarrow U_{BE}(=V_B-V_E)\downarrow$$
$$I_C\downarrow \leftarrow I_B\downarrow$$

当温度升高使 I_C 和 I_E 增大时，$V_E=R_EI_E$ 也增大，由于 V_B 被固定，则 U_{BE} 减小，从而引起 I_B 减小，使得 I_C 自动下降，Q 点基本可恢复到原来的位置。可见，稳定 Q 点的实质是将电流 $I_C(I_E)$ 的变化，通过电阻 R_E 上压降（$V_E=R_EI_E$）的变化反映出来，再引回（反馈）到输入电路和 V_B 比较，用 U_{BE} 的变化来牵制 I_C 的变化。R_E 愈大，稳定性能愈好。但 R_E 过大时，V_E 增高，使放大电路输出电压的幅值减小。R_E 在小电流情况下为几百欧至几千欧，在大电流情况下为几欧至几十欧。

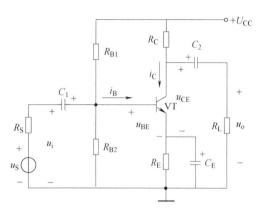

图 8-1-11　分压式偏置放大电路

接入发射极电阻 R_E，一方面，发射极电流的直流分量 I_E 通过时，起到自动稳定 Q 点的作用；另一方面，发射极电流的交流分量 i_e 通过它会产生交流压降，使 u_{be} 减小，引起电压放大倍数 A_u 降低。因此，可在 R_E 两端并联电容 C_E，只要 C_E 的容量足够大，对交流信号的容抗就会很小，可视为短路，而对直流分量并无影响。C_E 称为发射极交流旁路电容，其容量一般为几十微法到几百微法。

例 8-1-3　在图 8-1-11 所示的分压式偏置放大电路中，已知 $U_{CC}=16\text{V}$，$U_{BE}=0.6\text{V}$，$R_C=3\text{k}\Omega$，$R_E=2\text{k}\Omega$，$R_{B1}=60\text{k}\Omega$，$R_{B2}=20\text{k}\Omega$，$R_L=3\text{k}\Omega$，$\beta=50$。试求：（1）电路的静态工作点；（2）输入电阻 r_i、输出电阻 r_o 和电压放大倍数 A_u。

解：（1）确定静态工作点。放大电路的直流通路如图 8-1-12 所示。可采用估算法确定 Q 点。所谓的估算法，就是假设直流通路中 $I_2\gg I_B$，且 $I_2\approx I_1$，则电路中基极电位 V_B 不随 I_B 而变。电路中基极（B 点）的电位 V_B 为

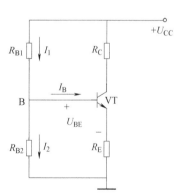

图 8-1-12　图 8-1-11 的直流通路

$$V_B=\frac{R_{B2}}{R_{B2}+R_{B1}}U_{CC}=\frac{20}{60+20}\times 16\text{V}=4\text{V}$$

故放大电路的 Q 点各值分别为

$$I_E=\frac{V_B-U_{BE}}{R_E}=\frac{4-0.6}{2\times 10^3}\text{A}=1.7\text{mA}$$

$$I_E\approx I_C=1.7\text{mA}，\ I_B=\frac{I_C}{\beta}=0.034\text{mA}$$

$$U_{CE}=U_{CC}-(R_C+R_E)I_C=7.5\text{V}$$

（2）确定输入电阻 r_i、输出电阻 r_o 和电压放大倍数 A_u。微变等效电路如图 8-1-13 所示。则有

$$r_{be}=200\Omega+(1+\beta)\frac{26\text{mA}}{I_E}=0.98\text{k}\Omega$$

169

输入电阻为

$$r_i = R_{B1} /\!/ R_{B2} /\!/ r_{be} = \frac{1}{\left(\frac{1}{60} + \frac{1}{20} + \frac{1}{0.98}\right)} k\Omega = 0.92 k\Omega$$

输出电阻为

$$r_o \approx R_C = 3 k\Omega$$

电压放大倍数为

$$A_u = -\beta \frac{R'_L}{r_{be}} = -76.53$$

式中，$R'_L = R_C /\!/ R_L = 1.5 k\Omega$。

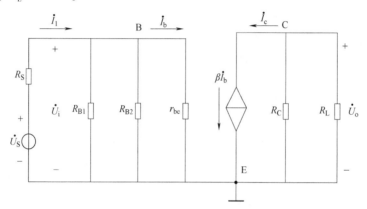

图 8-1-13　图 8-1-11 的微变等效电路

例 8-1-4　若例 8-1-3 中发射极电阻 R_E 未被全部旁路，即 $R''_E = 0.3 k\Omega$，如图 8-1-14 所示。要求：（1）画出微变等效电路；（2）计算 r_i、r_o 和 A_u；（3）计算信号源内阻 $R_S = 0.6 k\Omega$ 时的电压放大倍数 A_{uS}。

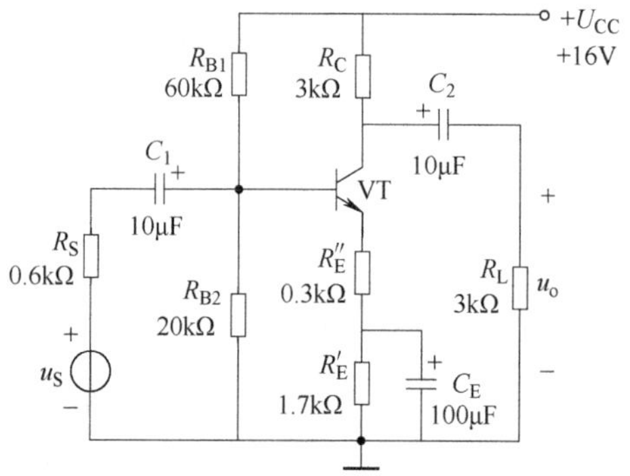

解：（1）微变等效电路如图 8-1-15 所示。

（2）输入电阻 $r_i = 7.83 k\Omega$，输出电阻 $r_o \approx R_C = 3 k\Omega$。

图 8-1-14　例 8-1-4 图

根据微变等效电路，输入、输出电压分别为

$$\dot{U}_i = r_{be}\dot{I}_b + R''_E\dot{I}_e = r_{be}\dot{I}_b + (1+\beta)R''_E\dot{I}_b$$

$$\dot{U}_o = -R'_L\dot{I}_e = -\beta R'_L\dot{I}_b$$

因此，电压放大倍数 $A_u = \dfrac{\dot{U}_o}{\dot{U}_i} = -\dfrac{\beta R'_L}{r_{be} + (1+\beta)R''_E} = -\dfrac{50 \times 1.5}{0.98 + (1+50) \times 0.3} = -4.61$。

（3）如果信号源内阻 $R_S = 0.6 k\Omega$，电压放大倍数 A_{uS} 为

$$A_{uS} = \frac{\dot{U}_o}{\dot{U}_S} = \frac{\dot{U}_o}{\dot{U}_i} \times \frac{\dot{U}_i}{\dot{U}_S} = -\frac{\beta R'_L}{r_{be} + (1+\beta)R''_E} \times \frac{r_i}{R_S + r_i} = -4.28$$

分析计算结论：当发射极接有电阻 R''_E 时，则相当于在电路中引入了串联电流负反馈，使得电压放大倍数降低；当考虑信号源内阻 R_S 时，也会降低电压放大倍数。

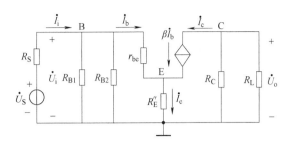

图 8-1-15 例 8-1-4 的微变等效电路

8.2 共集电极放大电路

共集电极放大电路是将输入信号加到基极，被放大的信号从发射极输出，集电极接电源 U_{CC}，对交流信号而言，输入与输出的公共端是集电极，因此称为共集电极放大电路，也称射极输出器或射极跟随器，如图 8-2-1 所示。

8.2.1 静态分析

静态时，射极输出器的直流通路如图 8-2-2 所示。根据基尔霍夫电压定律（KVL）可得

$$U_{CC} = R_B I_B + U_{BE} + R_E (1+\beta) I_B \tag{8-2-1}$$

故静态工作点 Q 的计算步骤为

$$I_B = \frac{U_{CC} - U_{BE}}{R_B + (1+\beta) R_E} \tag{8-2-2}$$

$$I_C = \beta I_B \tag{8-2-3}$$

$$U_{CE} = U_{CC} - R_E I_E \tag{8-2-4}$$

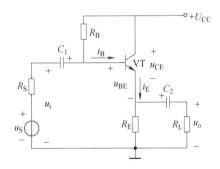

图 8-2-1 射极输出器

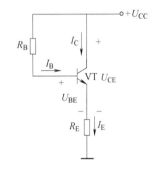

图 8-2-2 射极输出器的直流通路

8.2.2 动态分析

动态时，射极输出器的微变等效电路如图 8-2-3a 所示。

1. 电压放大倍数

由图 8-2-3a 所示的等效电路可得输出电压为

$$\dot{U}_o = R'_L \dot{I}_e = R'_L (1+\beta) \dot{I}_b$$

式中，$R_L' = R_E /\!/ R_L$。

输入电压为

$$\dot{U}_i = r_{be}\dot{I}_b + R_L'\dot{I}_e = r_{be}\dot{I}_b + R_L'(1+\beta)\dot{I}_b$$

故电压放大倍数为

$$A_u = \frac{\dot{U}_o}{\dot{U}_i} = \frac{R_L'(1+\beta)\dot{I}_b}{r_{be}\dot{I}_b + R_L'(1+\beta)\dot{I}_b} = \frac{(1+\beta)R_L'}{r_{be}+(1+\beta)R_L'} \tag{8-2-5}$$

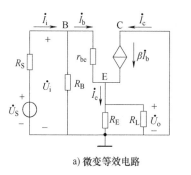 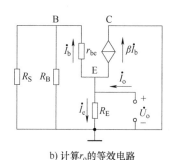

a) 微变等效电路　　　　　　　b) 计算r_o的等效电路

图 8-2-3　射极输出器的微变等效电路

由式(8-2-5)可知：

1）射极输出器的电压放大倍数接近于 1，但恒小于 1。因为 $r_{be} \ll R_L'(1+\beta)$，所以 $A_u \approx 1$，即 $\dot{U}_i \approx \dot{U}_o$。虽然没有电压放大作用，但具有一定的电流放大和功率放大作用。

2）由 $\dot{U}_i \approx \dot{U}_o$ 可知，两者同相，且大小近似相等，具有跟随作用，即输出电压随着输入电压变化而变化。所以也将射极输出器称为射极跟随器。

2. 输入电阻

射极输出器的输入电阻 r_i 可由图 8-2-3a 所示的微变等效电路求得，即

$$r_i = R_B /\!/ \left[r_{be} + (1+\beta)R_L' \right] \tag{8-2-6}$$

通常 R_B 的阻值很大（几十千欧至几百千欧），同时 $[r_{be}+(1+\beta)R_L']$ 要比共发射极放大电路的输入电阻大得多。可见，射极输出器的特点之一，就是具有很高的输入电阻，可达几十千欧至几百千欧。

3. 输出电阻

射极输出器的输出电阻 r_o 可由图 8-2-3b 所示的等效电路求得。将信号源短路，保留内阻 R_S，R_S 与 R_B 并联后的等效电阻为 R_S'，即 $R_S' = R_S /\!/ R_B$。在输出端断开负载电阻 R_L，外加一交流电压 $\dot{U}_o$，产生一电流 $\dot{I}_o$。对节点 E 列 KCL 方程，则有

$$\dot{I}_o = \dot{I}_b + \beta\dot{I}_b + \dot{I}_e = \frac{\dot{U}_o}{r_{be}+R_S'} + \beta\frac{\dot{U}_o}{r_{be}+R_S'} + \frac{\dot{U}_o}{R_E}$$

故输出电阻为

$$r_o = \frac{\dot{U}_o}{\dot{I}_o} = \frac{R_E(r_{be}+R_S')}{(1+\beta)R_E+(r_{be}+R_S')} \tag{8-2-7}$$

一般情况下，$(1+\beta)R_E \gg (r_{be}+R_S')$，且 $\beta \gg 1$，则上式可简化为

$$r_o \approx \frac{r_{be}+R_S'}{\beta} \tag{8-2-8}$$

当 $R_S = 0$，即 $R'_S = 0$ 时，则有

$$r_o \approx \frac{r_{be}}{\beta} \qquad (8\text{-}2\text{-}9)$$

例如，当 $\beta = 50$、$r_{be} = 1k\Omega$ 时，$r_o = 20\Omega$。可知，射极输出器的输出电阻比较低（比共发射极放大电路的输出电阻低得多），为几欧至几十欧。输出电阻愈小，当负载变化时放大电路的输出电压就愈稳定，故具有恒压输出特性。

8.2.3　应用举例

综上所述，射极输出器的主要特点是：电压放大倍数接近于 1，但略小于 1；输入电阻高，输出电阻低；输出电压 $\dot{U}_o$ 与输入电压 $\dot{U}_i$ 同相位。因此，多级放大电路中射极输出器常用作输入级、输出级和中间级，以改善整个放大电路的性能。在电子设备和自动控制系统中，射极输出器也得到了十分广泛的应用。

1. 作输入级

射极输出器因其输入电阻高，常作为多级放大电路的输入级。输入级采用射极输出器，可使信号源内阻上的压降相对来说比较小。因此，可以得到较高的输入电压，同时减小信号源提供的信号电流，从而减轻信号源的负担。这样不仅提高整个放大电路的电压放大倍数，而且减小了放大电路的接入对信号源的影响。电子测量仪器中常用射极输出器这一特点，减小对被测电路的影响，提高测量精度。

2. 作输出级

由于射极输出器输出电阻低，因此常作为多级放大电路的输出级。当负载电流变动较大时，使得输出电压的变化较小，或者说提高电路的带负载能力。

3. 作中间隔离级

将射极输出器连接在两级共发射极放大电路之间，即用作中间级。利用其输入电阻高的特点，可以提高前一级的电压放大倍数；利用其输出电阻低的特点，可以减小后一级信号源内阻，从而提高后级的电压放大倍数，隔离级间的相互影响。这就是射极输出器的阻抗变换作用。两级之间的射极输出器称为缓冲级或中间隔离级。

例 8-2-1　在图 8-2-1 所示的射极输出器中，已知 $U_{CC} = 20V$，$\beta = 60$，$U_{BE} = 0.6V$，$R_B = 200k\Omega$，$R_E = 4k\Omega$，$R_L = 2k\Omega$，信号源内阻 $R_S = 100\Omega$。试求：（1）静态工作点 Q 值；（2）电压放大倍数 A_u、输入电阻 r_i 和输出电阻 r_o。

解：（1）静态工作点 Q 值

$$I_B = \frac{U_{CC} - U_{BE}}{R_B + (1+\beta)R_E} = \frac{20 - 0.6}{200 \times 10^3 + (1+60) \times 4 \times 10^3}A = 0.0437mA$$

$$I_E = (1+\beta)I_B = (1+60) \times 0.0437mA = 2.666mA$$

$$U_{CE} = U_{CC} - R_E I_E = 9.34V$$

（2）根据上述关系式可以分别计算出电压放大倍数 A_u、输入电阻 r_i 和输出电阻 r_o

$$r_{be} = 200\Omega + (1+\beta)\frac{26mV}{I_E} = 0.795k\Omega$$

$$A_u = \frac{(1+\beta)R'_L}{r_{be} + (1+\beta)R'_L} = \frac{81.13}{81.925} = 0.99$$

式中，$R'_L = R_E /\!/ R_L = \dfrac{4\times2}{4+2}\text{k}\Omega = 1.33\text{k}\Omega$。

输入电阻为

$$r_i = R_B /\!/ \left[r_{be} + (1+\beta) R'_L \right] = \frac{200\times81.925}{200+81.925}\text{k}\Omega = 58.12\text{k}\Omega$$

输出电阻为

$$r_o = \frac{R'_S + r_{be}}{\beta} = 14.92\Omega$$

式中，$R'_S = R_S /\!/ R_B = \dfrac{100\times200\times10^3}{100+200\times10^3} = 100\Omega$。

8.3 多级放大电路

前面所介绍的是由单管组成的放大电路，也称单级放大电路。但在电子系统或设备中，输入信号往往非常微弱，要将这些微弱的信号放大到足够的程度，单级放大电路通常难以满足要求，需要将两个或两个以上的单级放大电路逐级连接起来组成多级放大电路，如图8-3-1所示。在多级放大电路中的第一级为输入级，最后一级为输出级（或末级），输出级的前一级为末前级，其余级为中间级。

图 8-3-1　多级放大电路

8.3.1　级间耦合

多级放大电路中前级的输出就是后级的输入，各级之间的相互连接称为耦合。多级放大电路的级间耦合方式有阻容耦合、直接耦合、变压器耦合和光电耦合等。本节主要介绍常用的阻容耦合和直接耦合。

1. 阻容耦合

所谓阻容耦合，就是通过级间的电容 C_n 和后级的输入电阻 r_{in} 将前后级连接起来。图8-3-2所示为两级阻容耦合放大电路，通过电容 C_2 和第二级输入电阻 r_{i2} 将前后两级放大电路连接在一起。阻容耦合的特点是前后级的 Q 点彼此独立，互无影响，可以单独调整，但阻容耦合方式不宜传送缓慢变化的信号和直流信号。

2. 直接耦合

直接耦合就是放大电路的前级与后级直接连接，直接耦合放大电路如图8-3-3所示。因直接耦合放大电路前后级之间没有隔离元件，因此不仅可传送交流信号，也可传送直流信号。其缺点是前后级的 Q 点相互影响，易产生零点漂移，即当输入信号为零（$u_i = 0$）时，放大电路的输出端也会出现电压的缓慢、无规则地变动，即输出端会出现一个偏离原起始点、随时间缓慢变化的电压。因此，对于直接耦合的多级放大电路应设法减小第一级放大电路的零点漂移。8.4 节将讨论的差分放大电路是解决这一问题的有效途径。

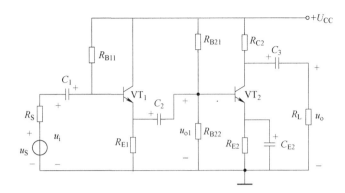

图 8-3-2 两级阻容耦合放大电路

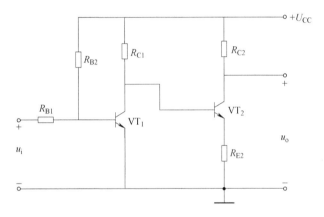

图 8-3-3 直接耦合放大电路

8.3.2 电路分析

1. 静态分析

阻容耦合多级放大电路的 Q 点彼此独立，其各级静态工作点可按单级放大电路进行分析计算。直接耦合放大电路的 Q 点相互影响，分析 Q 点时要依据电路结构，列出联立方程来计算。

2. 动态分析

无论是阻容耦合还是直接耦合多级放大电路，动态分析均可采用微变等效电路法分析计算。要注意前后级之间的相互影响，即后级的输入电阻可视为前级的负载电阻，前级的输出电阻可视为后级信号源内阻。

例 8-3-1 如图 8-3-2 所示的两级阻容耦合放大电路，已知 $U_{CC} = 12V$，$U_{BE1} = U_{BE2} = 0.7V$，$R_{B11} = 200k\Omega$，$R_{E1} = 2k\Omega$，$R_S = 100\Omega$，$R_{C2} = 2k\Omega$，$R_{B21} = 20k\Omega$，$R_{B22} = 10k\Omega$，$R_{E2} = 2k\Omega$，$R_L = 6k\Omega$，$C_1 = C_2 = C_3 = 50\mu F$，$C_{E2} = 100\mu F$，$\beta_1 = \beta_2 = 50$。试求：（1）各级的 Q 值；（2）输入电阻 r_i 和输出电阻 r_o；（3）总电压放大倍数 A_u。

解：（1）各级的 Q 点。因各级的 Q 点彼此独立，故可分级计算。

第一级 Q_1 点各值为

$$I_{B1} = \frac{U_{CC} - U_{BE1}}{R_{B11} + (1+\beta_1) R_{E1}} = \frac{12 - 0.7}{200 \times 10^3 + (1+50) \times 2 \times 10^3} A = 0.037 mA$$

$$I_{E1} = (1+\beta_1) I_{B1} = 1.9 mA, \quad U_{CE1} = U_{CC} - R_{E1} I_{E1} = 8.2V$$

第二级 Q_2 点各值为

$$V_{B2} = \frac{R_{B22}}{R_{B21} + R_{B22}} U_{CC} = \frac{10}{20+10} \times 12V = 4V$$

$$I_{E2} = \frac{V_{B2} - U_{BE2}}{R_{E2}} = 1.65 mA, \quad I_{B2} = \frac{I_{E2}}{1+\beta_2} = 32 \mu A$$

$$U_{CE2} = U_{CC} - (R_{C2} I_{C2} + R_{E2} I_{E2}) = 5.4V$$

（2）输入电阻 r_i 和输出电阻 r_o。放大电路的微变等效电路如图 8-3-4 所示。

晶体管的输入电阻分别为

$$r_{be1} = 200\Omega + (1+50) \times \frac{26mV}{I_{E1}} = 0.9 k\Omega, \quad r_{be2} = 200\Omega + (1+50) \times \frac{26mV}{1.65mA} = 1 k\Omega$$

第一级输入电阻为

$$r_{i1} = R_{B11} // [r_{be1} + (1+\beta_1) R'_{L1}]$$

式中，R'_{L1} 为第一级的等效负载电阻，$R'_{L1} = R_{E1} // r_{i2}$。

因第二级输入电阻为

$$r_{i2} = R_{B21} // R_{B22} // r_{be2} = 0.87 k\Omega$$

故有

$$R'_{L1} = R_{E1} // r_{i2} = 0.6 k\Omega$$

放大电路输入电阻为第一级输入电阻，即有

$$r_i = r_{i1} = R_{B11} // [r_{be1} + (1+\beta_1) R'_{L1}] = 27.21 k\Omega$$

放大电路输出电阻为第二级输出电阻，即有

$$r_o = r_{o2} \approx R_{C2} = 2 k\Omega$$

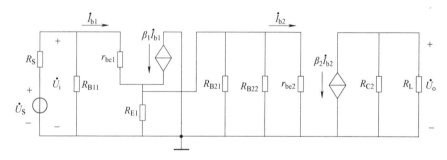

图 8-3-4　图 8-3-2 的微变等效电路

（3）总电压放大倍数 A_u。

第一级电压放大倍数为

$$A_{u1} = \frac{\dot{U}_{o1}}{\dot{U}_i} = \frac{(1+\beta_1) R'_{L1}}{r_{be1} + (1+\beta_1) R'_{L1}} = 0.97$$

第二级的等效负载电阻为

$$R'_{L2} = R_{C2} // R_L = 1.5 k\Omega$$

第二级电压放大倍数为

$$A_{u2} = \frac{\dot{U}_o}{\dot{U}_{o1}} = -75$$

总电压放大倍数为

$$A_u = A_{u1} \times A_{u2} = -72.75$$

8.4　差分放大电路

　　差分放大电路是由晶体管和电阻元件组成的直接耦合电压放大电路，它不仅可放大交流信号和缓慢变化的直流信号，而且可有效地抑制零点漂移。因此，无论在要求较高的多级直接耦合放大电路的前置级，还是在集成运算放大器内部电路的输入级，几乎都采用差分放大电路。

8.4.1　电路组成

　　由晶体管 VT_1 和 VT_2 组成的最简单的差分放大电路如图 8-4-1 所示。电路中，VT_1 和 VT_2 是两个型号、特性、参数相同的晶体管；R_{B1} 是两个阻值相等的限流电阻，用以限制信号源内阻对直流电源 U_{CC} 的分流作用；R_{B2} 是两个阻值相等的偏流电阻；R_C 是两个阻值相等的集电极电阻。可见，电路结构和元件参数均对称。在理想的情况下，$I_{C1} = I_{C2}$，$U_{CE1} = U_{CE2}$，发射极电流 $I_E = I_{E1} + I_{E2}$。因而，VT_1 和 VT_2 的 Q 点完全相同。

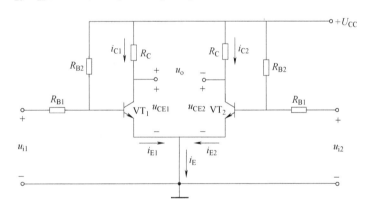

图 8-4-1　差分放大电路

1. 零点漂移的抑制

　　在静态时，$u_{i1} = u_{i2} \approx 0$，即在图 8-4-1 所示放大电路中将两边输入端短路，由于电路的对称性，两管特性及电路参数也完全对称，所以 VT_1 和 VT_2 的集电极电流相等，集电极电位也相等，即

$$I_{C1} = I_{C2}, \quad V_{C1} = V_{C2}$$

故输出电压为

$$u_o = V_{C1} - V_{C2} = 0$$

　　如果环境温度变化时，两管的集电极电流和集电极电位都产生变化，使 Q 点出现相同的漂移，且变化量相等，即

$$\Delta I_{C1} = \Delta I_{C2} , \quad \Delta V_{C1} = \Delta V_{C2}$$

但是，这种零点漂移相互抵消，不会在输出端显示出来，即输出电压为零，则有

$$u_o = (V_{C1} + \Delta V_{C1}) - (V_{C2} + \Delta V_{C2})$$

可见，对称差分放大电路对 VT_1 和 VT_2 产生的同向漂移具有良好的抑制作用，这就是差分放大电路的突出优点。

2. 信号输入

当有信号输入时，对称差分放大电路的工作情况可用以下几种输入类型来分析。

（1）差模输入

两个输入信号 u_{i1} 和 u_{i2} 的大小相等，极性相反时，这样的信号称为差模信号，即有

$$u_{i1} = -u_{i2}$$

这种输入称为差模输入。

设 $u_{i1} < 0$，$u_{i2} > 0$，则 u_{i1} 使 VT_1 的集电极电流减少了 Δi_{C1}，VT_1 的集电极电位升高了 Δv_{C1}；而 u_{i2} 却使 VT_2 的集电极电流增加了 Δi_{C2}，VT_2 的集电极电位降低了 Δv_{C2}。这样两个单管放大电路的集电极电位一高一低，呈异向变化，这就是差分放大电路名称的由来，则整个放大电路的输出为

$$u_o = \Delta v_{C1} - \Delta v_{C2}$$

由于电路的对称性，$|\Delta v_{C1}| = |\Delta v_{C2}|$，故

$$u_o = 2\Delta v_{C1}$$

例如，$\Delta v_{C1} = 1V$，$\Delta v_{C2} = -1V$，则

$$u_o = 2V$$

可见，差分放大电路对差模输入信号有放大作用，输出电压为单管输出电压变化的两倍。

（2）共模输入

两个输入信号 u_{i1} 和 u_{i2} 的大小相等，极性相同，该信号称为共模信号，即有

$$u_{i1} = u_{i2}$$

这种输入称为共模输入。

在共模输入信号的情况下，每个单管放大电路对输入信号具有放大作用，但由于电路的对称性，它们的输出同时升高或者同时降低，而且数值相等，即

$$\Delta v_{C1} = \Delta v_{C2}$$

则整个放大电路的输出为

$$u_o = \Delta v_{C1} - \Delta v_{C2} = 0$$

可见，差分放大电路对共模输入信号没有放大作用，即对共模输入信号而言，其电压放大倍数为零。差分放大电路对零点漂移的抑制就是该电路对共模输入信号抑制的一个特例。因电路对称，折合到两边输入端的等效漂移电压也必然相等，这相当于给输入端输入了共模信号。所以，差分放大电路抑制共模信号的能力大小，反映出其对零漂的抑制水平。

（3）比较输入

两个输入信号 u_{i1} 和 u_{i2} 的大小和相对极性是任意的(既非差模，又非共模)，这种输入信号可分解为差模信号和共模信号来处理，这种输入信号常用于自动控制系统。

例 8-4-1 差分放大电路的输入 $u_{i1} = 6mV$，$u_{i2} = 4mV$，试将其分解为差模分量和共模分量。

解：将 u_{i1} 分解为 5mV 与 1mV 之和，即

$$u_{i1} = 5\text{mV} + 1\text{mV}$$

将 u_{i2} 分解为 5mV 与 1mV 之差，即

$$u_{i2} = 5\text{mV} - 1\text{mV}$$

这样，可认为 5mV 是输入信号中的共模分量，即

$$u_{c1} = u_{c2} = 5\text{mV}$$

而 +1mV 和 -1mV 为差模分量，即 $u_{d1} = 1\text{mV}$，$u_{d2} = -1\text{mV}$。

值得注意的是，由上述例题可得出

$$\begin{cases} u_{i1} = u_{c1} + u_{d1} \\ u_{i2} = u_{c2} + u_{d2} \end{cases} \tag{8-4-1}$$

由式（8-4-1）可求出输入信号的差模分量和共模分量。

3. 典型电路

差分放大电路主要靠电路的对称性和双端输出（两个集电极之间的电压）来抑制零点漂移，但实际上要做到电路的完全对称是比较困难的，因而单靠提高电路的对称性抑制零点漂移是有一定限度的。另外，差分放大电路每个管子集电极电位的漂移并未受到抑制，若采用单端（从一个管子集电极与"地"之间）输出，零点漂移根本无法抑制。因此，常用的典型差分放大电路如图 8-4-2 所示。该电路中多加了电位器 R_P、发射极电阻 R_E 和负电源 $-U_{EE}$。

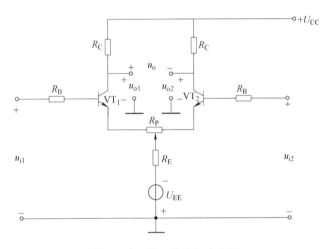

图 8-4-2 典型差分放大电路

R_P 的作用是克服电路不对称性。因电路不会完全对称，当输入电压为零时，两集电极之间电压并不一定等于零，则可通过调节 R_P 改变两管的初始工作状态，从而使输出电压为零，故电位器 R_P 也称为调零电位器。由于 R_P 的相应部分分别接于两管的发射极，其对差模信号有负反馈作用，因此阻值不宜过大，一般 R_P 值取在几十欧至几百欧之间。

R_E 的作用是稳定电路的工作点。它可限制每个管子的漂移范围，以减小零点漂移。如当温度升高使 I_{C1} 和 I_{C2} 均增加时，其抑制漂移的过程为

可见，由于 R_E 的电流负反馈作用，抑制了每个管子集电极电流 I_C 的变化，稳定了 Q 点的漂移，使输出端的漂移进一步减小。显然，R_E 的阻值愈大，电流负反馈作用就愈强，抑制零点漂移的效果愈显著。但 R_E 的阻值不能过大，否则在电源电压 U_{CC} 一定的条件下，R_E 上的电压降过大，会使集电极电流过小，Q 点降低，并影响电压放大倍数。

同理，由于种种外界因素引起的两个管子集电极电流、集电极电位所产生的同向漂移，R_E 对它们都有电流负反馈作用，使每个管子的漂移受到抑制，这样就进一步增强了差分电路抑制漂移和共模信号的能力。由于 R_E 对共模信号有很强的抑制能力，因此 R_E 也称为共模反馈电阻。

R_E 对要放大的差模信号有没有影响呢？差模信号使两管的集电极电流产生异向变化，电路对称性较好的情况下，两管电流一增一减，变化量相等，通过 R_E 中的电流维持不变，其上电压降也保持不变，不起负反馈作用。因此，R_E 基本上不影响差模信号的放大效果。

虽然 R_E 愈大，抑制零点漂移的作用愈显著，但在电源电压 U_{CC} 一定时，过大的 R_E 会使集电极电流过小，影响 Q 点和电压放大倍数。因此，电路接入负电源 $-U_{EE}$ 来补偿两端的直流压降，从而获得合适的 Q 点。

8.4.2 工作状态分析

现以图 8-4-2 所示的双端输入-双端输出电路为例，分析差分放大电路对差模信号（$u_{i1} = -u_{i2}$）的放大情况。

1. 静态分析

由于电路对称，则计算一个管子（VT_1）的 Q 点即可。因 R_P 的阻值很小，故在直流通路中未画出，电路的单管直流通路如图 8-4-3 所示。

静态时，设 $I_{B1} = I_{B2} = I_B$，$I_{C1} = I_{C2} = I_C$，则有

$$R_B I_B + U_{BE} + 2R_E I_E = U_{EE}$$

式中，当 $R_B I_B + U_{BE} \ll 2R_E I_E$ 时，$V_E \approx 0$。每个管子的集电极电流为

$$I_C \approx I_E \approx \frac{U_{EE}}{2R_E} \tag{8-4-2}$$

每个管子的基极电流为

$$I_B = \frac{I_C}{\beta} \approx \frac{U_{EE}}{2\beta R_E} \tag{8-4-3}$$

每个管子的集-射极电压为

$$U_{CE} \approx U_{CC} - R_C I_C \approx U_{CC} - \frac{R_C U_{EE}}{2R_E} \tag{8-4-4}$$

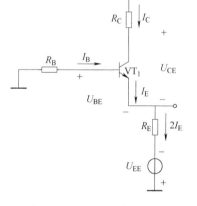

图 8-4-3 单管直流通路

2. 动态分析

单管（边）差模信号通路如图 8-4-4a 所示。由于 R_E 对差模信号不起作用，其两端的电压降不变，对差模信号可视为短路，差模微变等效电路如图 8-4-4b 所示。

因调零电位器 R_P 值很小，图中忽略了其影响。由此可得单管差模电压放大倍数为

$$A_{d1} = \frac{u_{o1}}{u_{i1}} = -\frac{\beta R_C i_b}{(R_B + r_{be}) i_b} = -\frac{\beta R_C}{R_B + r_{be}} \tag{8-4-5}$$

同理，可得

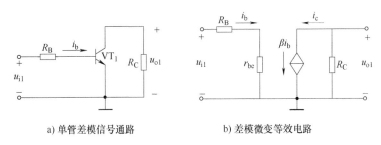

a) 单管差模信号通路　　　　　　b) 差模微变等效电路

图 8-4-4　单管差模信号通路和差模微变等效电路

$$A_{d2} = \frac{u_{o2}}{u_{i2}} = -\frac{\beta R_C}{R_B + r_{be}} = A_{d1} \qquad (8\text{-}4\text{-}6)$$

双端输出电压为

$$u_o = u_{o1} - u_{o2} = A_{d1}(u_{i1} - u_{i2}) = A_{d1}u_i$$

故双端输入-双端输出差分放大电路的差模电压放大倍数为

$$A_d = \frac{u_o}{u_i} = A_{d1} = -\frac{\beta R_C}{R_B + r_{be}}$$

由此可见，双端输出差分放大电路的电压放大倍数与单管放大电路的电压放大倍数相等。接成差分放大电路在放大倍数上受到一定损失，但却有效地抑制了零点漂移。

当在两管的集电极之间接入负载电阻 R_L 时，则有

$$A_d = -\frac{\beta R'_L}{R_B + r_{be}} \qquad (8\text{-}4\text{-}7)$$

式中，$R'_L = R_C /\!/ \dfrac{1}{2}R_L$。

因为当输入差模信号时，一管的集电极电位下降，另一管增高，R_L 的中点相当于"零"电位(接"地")，所以每管各带一半负载电阻。

双端输入-双端输出差分放大电路(见图 8-4-2)的微变等效电路如图 8-4-5 所示。可见，输入电阻 r_i 是由两个 R_B 和两个 r_{be} 构成的，故输入电阻为

$$r_i = 2(R_B + r_{be}) \qquad (8\text{-}4\text{-}8)$$

同样，两个集电极电阻 R_C 也相等，如果输出电压取自两个晶体管的集电极，则输出电阻为

$$r_o = R_C + R_C = 2R_C \qquad (8\text{-}4\text{-}9)$$

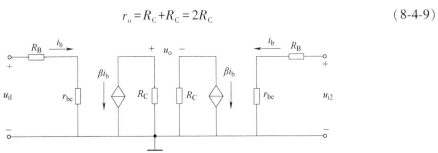

图 8-4-5　图 8-4-2 的微变等效电路

8.4.3 输入输出方式

1. 差分放大电路的输入和输出方式

双端输入-双端输出的差分放大电路也可从 VT_1 或 VT_2 的集电极单端输出，则放大电路的放大倍数分别为

$$A_d = \frac{u_{o1}}{u_i} = \frac{u_{o1}}{2u_{i1}} = -\frac{1}{2} \frac{\beta R_C}{R_B + r_{be}} \text{（反相输出）} \tag{8-4-10}$$

$$A_d = \frac{u_{o2}}{u_i} = \frac{u_{o2}}{2u_{i2}} = \frac{1}{2} \frac{\beta R_C}{R_B + r_{be}} \text{（同相输出）} \tag{8-4-11}$$

可见，单端输出差分放大电路的放大倍数只有双端输出差分放大电路的一半。

差分放大电路的输入端除双端输入外，还有单端输入，如将 VT_1 的输入端或 VT_2 的输入端接"地"，另一端接输入信号 u_i。同样，单端输入的差分放大电路又分双端输出和单端输出两种。

需要注意的是，差模电压放大倍数与输出方式有关，而与输入方式无关。双端输出时，其差模电压放大倍数等于每一边单管放大电路的电压放大倍数。单端输出时，差模电压放大倍数只有双端输出差分放大电路电压放大倍数的一半。无论是单端输入还是双端输入，输入电阻均相同。双端输出时的输出电阻 $r_o = 2R_C$，单端输出时的输出电阻 $r_o = R_C$。

2. 差分放大电路的共模抑制比

工业测量和控制系统中的放大电路往往会受到共模信号的干扰，如外界信号的干扰或折合到输入端的漂移信号等。因此，一个良好的差分放大电路必须具有较好的抗共模信号的能力。差分放大电路的差模信号是有用信号，要求对其有较大的放大倍数；而共模信号是要抑制的，对共模信号的放大倍数越小，就意味着零点漂移越小，抗共模干扰能力就越强，在用作比较放大时，就越能准确地反映出信号的偏差值。常用共模抑制比 K_{CMRR} 来表示差分放大电路放大差模信号和抑制共模信号的能力，其定义为放大电路对差模信号的放大倍数 A_d 和共模信号的放大倍数 A_c 之比，即

$$K_{CMRR} = \left| \frac{A_d}{A_c} \right| \tag{8-4-12}$$

或用对数形式表示为

$$K_{CMRR} = 20 \lg \left| \frac{A_d}{A_c} \right| \text{（dB）}$$

其单位为 dB（分贝）。

在理想条件下，电路完全对称，共模信号的放大倍数为

$$A_c = \frac{u_{oc}}{u_{ic}} = \frac{u_{o1c} - u_{o2c}}{u_{ic}} = 0$$

则 $K_{CMRR} \to \infty$。实际上，电路完全对称是不可能的，共模抑制比不可能为无穷大，实用的差分放大电路 K_{CMRR} 约为 1000。

由此可知，提高双端输出差分放大电路共模抑制比的途径：一是使电路参数尽量对称；二是尽可能加大共模反馈电阻 R_E。对单端输出的差分放大电路，主要的手段是加强共模反馈电阻 R_E 的作用。

本章小结

（1）共发射极放大电路是指放大电路的输入回路和输出回路共用了晶体管的发射极。它具有较强的电压放大能力。

（2）放大电路的分析分为静态分析和动态分析。静态分析是指输入信号为零时的工作状态分析，此时电路只有直流电源供电，属于电路的直流工作状态。动态分析是指有输入信号作用时电路的工作状态分析。不管是静态分析还是动态分析，因为晶体管属于非线性器件，放大电路在本质上是非线性电路图，一定条件下的近似线性化，是经常被采用的分析方法。

（3）放大电路的静态工作点是放大电路的工作基础，合适的静态工作点能保证晶体管工作在放大区。

（4）射极输出器属于一种基本的放大电路形式，其优点是输入阻抗高和输出阻抗低，在电子技术中有非常广泛的用途。

（5）在电子系统或设备中，输入信号往往非常微弱，要将这些微弱的信号放大到足够的程度，单级放大电路通常难以满足要求，则需要将两个或两个以上的单级放大电路逐级连接起来组成多级放大电路。

（6）差分放大电路是为了解决直接耦合放大电路中零点漂移问题而提出的放大电路形式。差分放大电路靠特殊的对称结构以及发射极电阻对温度漂移信号的抑制作用来解决零点漂移问题，其静态分析和动态分析参照共射极放大电路分析。

拓展知识

补偿门铃

补偿门铃电路如图8-拓展知识-1所示。该电路仅从门铃变压器获取很少的能量，只有在按钮弹起时，门铃才能响，这样可以避免长时间按动门铃的恶意行为。按下按钮后，电源经整流桥给 C_1 和 C_2 充电，这时 VT_1 导通，VT_2 截止，蜂鸣器 HA 不发声。按钮弹起后，C_1 通过 R_1、R_2 和 VT_1 放电，当 R_2 上的电压低于 VT_1 导通电压时，VT_1 截止，VT_2 导通，HA 蜂鸣器发声，发声时间取决于 C_2 的容量。注意，补偿门铃不能用普通的门铃或者音乐芯片代替，因为 C_2 储存的能量有限。

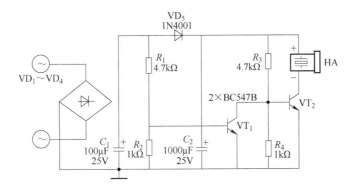

图8-拓展知识-1　补偿门铃电路图

习　题

8-1　选择题

1. 在习题 8-1-1 图中，若将 R_B 增大，则集电极电流 I_C（　　），集电极电位 V_C（　　）。

I_C：A. 增大　　B. 减小　　C. 不变

V_C：A. 增大　　B. 减小　　C. 不变

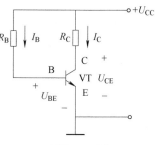

习题 8-1-1 图

2. 习题 8-1-1 图中的晶体管原处于放大状态，若将 R_B 调到零，则晶体管（　　）。

A. 处于饱和状态　　　　　　B. 仍处于放大状态

C. 被烧毁

3. 习题 8-1-1 图中，$U_{CC}=12V$，$R_C=3k\Omega$，$\beta=50$，U_{BE} 可忽略，若使 $U_{CE}=6V$，则 R_B 应为（　　）。

A. 360$k\Omega$　　　　　　　B. 300$k\Omega$　　　　　　　C. 600$k\Omega$

4. 习题 8-1-1 图中，$U_{CC}=12V$，$R_C=3k\Omega$，$\beta=50$，U_{BE} 可忽略，若使 $I_C=1.5mA$，则 R_B 应为（　　）。

A. 360$k\Omega$　　　　　　　B. 400$k\Omega$　　　　　　　C. 600$k\Omega$

5. 固定偏置共发射极放大电路中各个交流分量的相位：u_o 与 u_i（　　）；u_o 与 i_c（　　）；i_b 与 i_c（　　）。

u_o 与 u_i：A. 同相　　B. 反相　　C. 相位任意

u_o 与 i_c：A. 同相　　B. 反相　　C. 相位任意

i_b 与 i_c：A. 同相　　B. 反相　　C. 相位任意

6. 习题 8-1-6 图所示的放大电路中，若将偏置电阻 R_B 的阻值调小，而晶体管仍工作于放大区，则电压放大倍数 $|A_u|$ 应（　　）。

A. 减小　　　　　　　　B. 增大　　　　　　　　C. 基本不变

7. 在固定偏置共发射极交流放大电路中，（　　）是正确的。

A. $\dfrac{u_{BE}}{i_B}=r_{be}$　　　　B. $\dfrac{U_{BE}}{I_B}=r_{be}$　　　　C. $\dfrac{u_{be}}{i_b}=r_{be}$

8. 在习题 8-1-8 图所示的分压式偏置放大电路中，通常偏置电阻 R_{B1}（　　）R_{B2}。

A. >　　　　　　　　B. <　　　　　　　　C. ≈

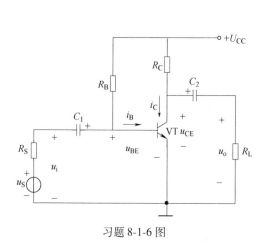

习题 8-1-6 图

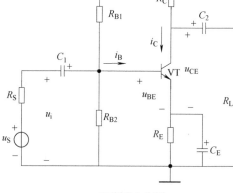

习题 8-1-8 图

9. 在习题 8-1-8 图所示的放大电路中，若只将交流旁路电容 C_E 除去，则电压放大倍数 $|A_u|$（　　）。

A. 减小　　　　　　　　B. 增大　　　　　　　　C. 不变

10. 射极输出器( )。

A. 有电流放大作用，没有电压放大作用

B. 有电流放大作用，也有电压放大作用

C. 没有电流放大作用，也没有电压放大作用

11. 在习题 8-1-11 图所示的差分放大电路中，抑制电阻 R_E 对( )起到抑制作用。

A. 共模信号   B. 差模信号   C. 共模和差模信号

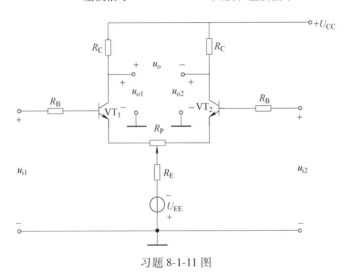

习题 8-1-11 图

8-2 如习题 8-2 图所示电路，哪几个电路可正常工作？为什么？

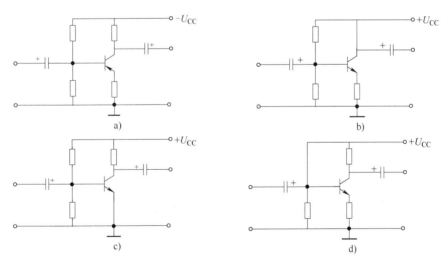

习题 8-2 图

8-3 在习题 8-3 图所示的电路中，若 $U_{CC} = 10V$，今要求 $U_{CE} = 5V$，$I_C = 2mA$，试求 R_C 和 R_B 的阻值。设晶体管的 $\beta = 40$。

8-4 一个双极型晶体管 $\beta = 60$，组成基本共发射极放大电路如习题 8-4 图所示。电源电压 $U_{CC} = 12V$。

（1）设 $R_C = 1k\Omega$，求基极临界饱和电流 I_{BS}；（2）设 $I_B = 0.15mA$，欲使管子饱和，R_C 的最小值为多少（饱和压降 $U_{CE(sat)}$ 忽略不计）？

8-5 共发射极放大电路如习题 8-5 图所示。设晶体管的 $\beta = 30$，$U_{CE(sat)} = 0.3V$。（1）计算静态工作点 Q 的数值，并分析此时的最大不失真输出幅度 U_{om} 是多大（C_1、C_2 对交流可视为短路）？（2）若想获得最大的

不失真输出幅值，R_B 约为多大？

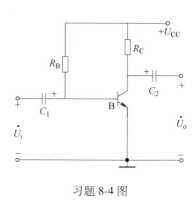

习题 8-3 图   习题 8-4 图

8-6 习题 8-6 图所示为某单管共发射极放大电路中晶体管的输出特性和直流、交流负载线。求：
（1）电源电压 U_{CC}；（2）静态集电极电流 I_{CQ} 和管压降 U_{CEQ}。

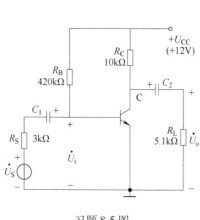

习题 8-5 图

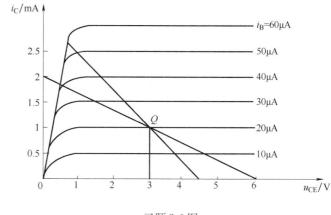

习题 8-6 图

8-7 在习题 8-7 图所示的分压式工作点稳定电路中，$U_{CC} = 12V$，$R_{B1} = 27k\Omega$，$R_{B2} = 100k\Omega$，$R_E = 2.3k\Omega$，$R_C = 5.1k\Omega$，$R_L = 10k\Omega$。设 $U_{BE} = 0.7V$，$\beta = 100$，I_{CEO}、$U_{CE(sat)}$ 均可忽略不计，各电容对交流可视为短路。求：（1）静态工作电流 I_{CQ} 及工作电压 U_{CEQ}；（2）小信号时的电压放大倍数、输入电阻、输出电阻。

8-8 在习题 8-8 图所示的电路中，晶体管的 $\beta = 100$，分别计算静态工作点 Q、电压放大倍数 A_u、输入电阻、输出电阻。

8-9 画出习题 8-9 图所示电路的直流通路、交流通路、微变等效电路，并写出静态工作点、输入电阻、输出电阻及电压放大倍数的表达式。

8-10 放大电路如习题 8-10 图所示电路，已知 $U_{CC} = 12V$，$R_B = 300k\Omega$，$R_C = R_L = R_S = 3k\Omega$，$\beta = 50$。求：（1）静态工作点 Q；（2）R_L 接入情况下电路的电压放大倍数；（3）输入电阻和输出电阻。

8-11 如习题 8-11 图所示的射极输出器中，已知 $R_S = 50\Omega$，$R_{B1} = 100k\Omega$，$R_{B2} = 30k\Omega$，$R_E = 1k\Omega$，晶体管的 $\beta = 50$，$r_{be} = 1k\Omega$，试求电压放大倍数、输入电阻、输出电阻。

8-12 两级放大电路如习题 8-12 图所示，晶体管的 $\beta_1 = \beta_2 = 40$，$r_{be1} = 1.37k\Omega$，$r_{be2} = 0.89k\Omega$。（1）画出直流通路，并估算各级电路的静态值（计算 U_{CE1} 时忽略 I_{B2}）；（2）画出微变等效电路，并计算 A_{u1}、A_{u2} 和 A_u；（3）计算输入电阻和输出电阻。

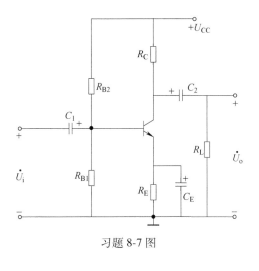

习题 8-7 图

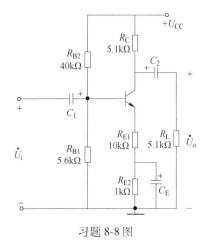

习题 8-8 图

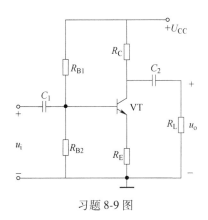

习题 8-9 图

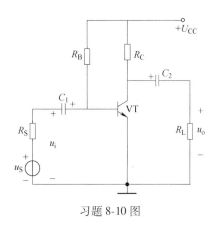

习题 8-10 图

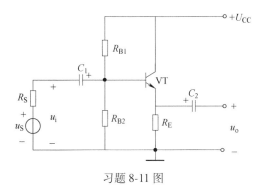

习题 8-11 图

8-13　如习题 8-13 图所示，$U_{CC} = 12V$，$R_C = 2k\Omega$，$R_E = 2k\Omega$，$R_B = 300k\Omega$，晶体管的 $\beta = 50$，电路有两个输出端。试求：（1）电压放大倍数 $A_{u1} = \dfrac{\dot{U}_{o1}}{\dot{U}_i}$ 和 $A_{u2} = \dfrac{\dot{U}_{o2}}{\dot{U}_i}$；（2）输出电阻 r_{o1} 和 r_{o2}。

8-14　习题 8-14 图所示是单端输入-双端输出差分放大电路，已知 $\beta = 50$，$U_{BE} = 0.7V$，试计算电压放大倍数 $A_d = \dfrac{u_o}{u_i}$。

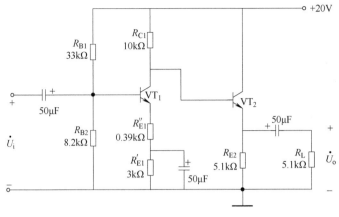

习题 8-12 图

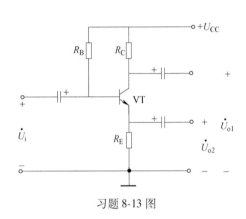

习题 8-13 图

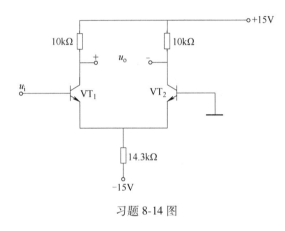

习题 8-14 图

第 **9** 章

集成运算放大器及反馈

导读

前面两章所讨论的各种电路都是由各种单个元件，如晶体管、二极管、电阻和电容等连接而成的电子电路，称为分立电路。

20 世纪 60 年代初，出现了一种崭新的电子器件——集成电路。所谓集成电路，就是利用集成技术，通过氧化、光刻、扩散、外延生长等工艺过程，将许多晶体管、二极管、电阻和小容量的电容，以及连接导线等集中制造在一小块儿硅片上，组成一个不可分割的整体，最后封装在塑料或陶瓷等外壳儿内。集成电路打破了分立元件和分立电路的设计方法，实现了材料、元件和电路的统一。它不仅具有体积更小、质量更轻和功耗更低等优点，而且减少了电路的焊接点，提高了电路工作的可靠性。

所以，集成电路的问世，标志着电子技术进入了微电子学时代，极大地促进了各个科学技术领域先进技术的发展。按集成度分，集成电路有小规模、中规模、大规模和超大规模等，目前集成电路的集成度已达到几亿至几十亿个，而芯片的面积只有几十平方毫米。按导电类型分，集成电路有双极型、单极型和两者兼容的。按功能分，集成电路有数字集成电路和模拟集成电路。模拟集成电路有集成运算放大器、集成功率放大器、集成稳压电源、集成数/模和模/数转换器等。本章主要讨论集成运算放大器的基本问题。

本章学习要求

1）了解集成运算放大器的组成和主要参数，重点理解理想运算放大器的电压传输特性及分析依据。

2）理解反馈的概念，重点掌握反馈类型的判别。

3）理解负反馈对放大电路工作性能的影响。

4）重点掌握运算放大器在信号运算电路中的应用。

5）了解运算放大器的非线性应用。

9.1　集成运算放大器简介

人们常将能实现对模拟信号进行基本运算的放大器称为运算放大器（简称运放），它实际上是一种输入电阻高、输出电阻低、电压放大倍数非常大的多级直接耦合放大电路。集成运算放大器是一种模拟集成电路，早期的运算放大器主要用于模拟计算机中，通过改变运算放大器外接反馈电路和输入电路的形式与参数，可完成加法、减法、乘法、除法、微分和积分，以及对数和指数等数学运算，因此人们把它称为运算放大器。近年来，由于集成技术的飞速发展，各种新型的集成运算放大器（如 CMOS 集成）不断涌现，其应用已远远超出了数学运算范围。它在信号变化与处理、有源滤波、自动测量、程序控制及波形产生等技术领域中作为基本硬件得到了广泛的应用。

9.1.1 集成运算放大器的组成

集成运算放大器的品种繁多，电路也各不相同，但基本组成相似，通常由输入级、中间级、输出级和偏置电路四部分组成。集成运算放大器的框图如图 9-1-1 所示。

输入级是提高运算放大器质量的关键，要求其输入电阻高，以减少零点漂移和抑制共模信号。输入级都采用差分放大电路，具有同相和反相两个输入端。

中间级主要进行电压放大，要求其有较大的电压放大倍数，一般由共发射极放大电路组成。

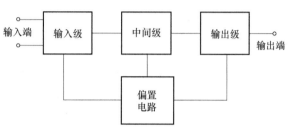

图 9-1-1 集成运算放大器的组成框图

输出级与负载连接，要求其输出电阻带负载能力强，能输出足够大的电压和电流，一般由互补对称电路或射极输出器组成。

偏置电路的作用是为上述各级电路提供稳定且合适的静态偏置电流，一般由理想电流源电路组成。

9.1.2 集成运算放大器的主要参数

运算放大器的参数是评价运算放大器性能好坏的主要指标，是正确选择和使用运算放大器的重要依据。先将其主要技术指标介绍如下。

1）开环电压放大倍数（差模电压放大倍数）A_{u_o}：输出端开路，没有外加反馈情况下，输入端加一小信号所测出的电压放大倍数，是决定运算放大器精度的重要因素。其值越大，精度越高，一般为 $10^4 \sim 10^7$，即 $80 \sim 140\text{dB}$。

2）共模抑制比 K_{CMR}：集成运算放大器对共模信号的抑制能力，用放大器的差模电压放大倍数与共模电压放大倍数之比的绝对值表示，也常用分贝值表示，其理想值为无穷大。

3）开环输入电阻（差模输入电阻）r_{id}：集成运算放大器在没有外接反馈电阻的开环情况下，从两个输入端看进去的等效电阻。其值越大，集成运算放大器从外加信号源中所吸取的电流越小，对信号源的影响越小，理想值则为无穷大。

4）开环输出电阻 r_o：集成运算放大器在没有外接反馈电阻的开环情况下的输出电阻。其值越小，集成运算放大器带负载能力越强，理想值为 0。

5）最大输出电压 U_{OM}：在一定的电源电压下，集成运算放大器的最大不失真输出电压。F007 集成运算放大器的最大输出电压约为 $\pm 13\text{V}$。

6）输入失调电压 U_{IO}：在实际的运算放大器中，由于制造中元器件参数的不对称性等原因，当输入电压为 0 时，$u_o \neq 0$。反过来说，如果要 $u_o = 0$，则必须在输入端加一个很小的补偿电压，它就是输入失调电压。U_{IO}一般为几毫伏，显然它越小越好。

7）输入失调电流 I_{IO}：输入信号为零时，两个输入端静态基极电流之差。此值越小，表明输入级的对称性越好。其理想值为0。

以上介绍了运算放大器几个主要参数的意义，其他参数（输入偏置电流、最大共模输入电压等）的意义是可以理解的，就不一一说明了。总之，集成运算放大器具有开环电压放大倍数高、输入电阻高、输出电阻低、漂移小、可靠性高、体积小等主要特点，所以它已成为一种通用器件，广泛而灵活地运用于各个技术领域中。在选用集成运算放大器时，就像选用其他电路元器件一样，要根据它们的参数说明，确定适用的型号。

9.1.3 理想运算放大器

1. 理想运算放大器的电路符号

在分析运算放大器时，通常将它看成一个理想运算放大器。"理想"主要表现在以下几个方面：

① 开环电压放大倍数 $A_{u_o} \to \infty$。

② 差模输入电阻 $r_{id} \to \infty$。

③ 开环输出电阻 $r_o \to 0$。

④ 共模抑制比 $K_{CMR} \to \infty$。

图 9-1-2 所示是理想运算放大器的图形符号，它由两个输入端和一个输出端组成。图中，"▷"表示放大器类；"∞"表示理想运算放大器，电压放大倍数为无穷大；标"－"的是反相输入端，表示输出信号 u_o 与该端的输入信号 u_- 相位相反；标"＋"的是同相输入端，表示输出信号 u_o 与该端的输入信号 u_+ 相位相同。

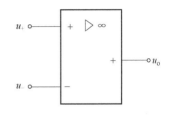

图 9-1-2 理想运算放大器的图形符号

运算放大器的输入信号为

$$u_{id} = u_+ - u_-$$

(9-1-1)

2. 集成运算放大器的电压传输特性

电压传输特性是表示集成运算放大器输出电压 u_o 与输入电压 $u_{id}(u_{id} = u_+ - u_-)$ 之间关系的特性曲线，如图 9-1-3 所示。它可分为线性放大区和非线性放大区两部分。

（1）线性放大区

在线性放大区，输出电压 u_o 与输入电压 u_{id} 成正比，即

$$u_o = A_{u_o} u_{id} = A_{u_o}(u_+ - u_-)$$

(9-1-2)

由于集成运算放大器的开环电压放大倍数很大，即使输入毫伏级以下的信号，也足以使输出电压饱和，即最大输出电压为 U_{OM} 或 $-U_{OM}$。所以，如果运算放大器工作在线性区，通常引入深度电压负反馈。

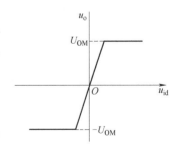

图 9-1-3 集成运算放大器的电压传输特性曲线

运算放大器工作在线性区时的分析依据有两条：

1）由于理想运算放大器的开环电压放大倍数 $A_{u_o} \to \infty$，而输出电压受电源电压的限制，是一个有限值（最大不超过 U_{OM}），则运算放大器两输入端的电压差近似为0，即 $u_+ = u_-$，两个输入端的对地电位基本相等，电位差趋近于0，就像短路一样，称为虚假短路，简称"虚

短"。

2）运算放大器的 $r_{\mathrm{id}} \to \infty$，而运算放大器的输入电压总是有限的，这使得集成运算放大器的两个输入端几乎不取用电流，即 $i_+ = i_- = 0$，集成运算放大器的输入电流可忽略不计，这时运算放大器的两个输入端就像断开一样，称为虚假断开，简称"虚断"。

（2）非线性工作区

当集成运算放大器的工作范围超出线性放大区时，输出电压和输入电压之间不再满足式(9-1-2)。此时也有两条结论成立：

1）由于 $A_{u_o} \to \infty$，$(u_+ - u_-)$ 稍有变化，输出电压即达到正向饱和电压 U_{OM} 或负向饱和电压 $-U_{\mathrm{OM}}$，在数值上它们分别接近于运算放大器的正负电源电压，即

$$u_+ > u_-, \quad u_o = U_{\mathrm{OM}}$$

$$u_+ < u_-, \quad u_o = -U_{\mathrm{OM}}$$

2）由于理想运算放大器的差模输入电阻 $r_{\mathrm{id}} \to \infty$，因此，虽然 $u_+ \neq u_-$，但输入电流仍然为零($i_+ = i_- = 0$)，即"虚断"现象依然存在。

总之，在分析集成运算放大器的应用电路时，首先将集成运算放大器当成理想运算放大器，然后判断集成运算放大器是工作在线性放大区还是工作在非线性放大区，在此基础上再分析具体电路的工作原理，其他问题也就迎刃而解了。

9.2 放大电路中的负反馈

9.2.1 反馈的基本概念

1. 反馈的定义

反馈就是将放大电路的输出信号(电压或电流)的一部分或全部，通过一定的反馈电路返回到输入端，对原输入端产生影响的过程。反馈放大电路的组成如图 9-2-1 所示。

反馈信号增强输入信号的反馈称为正反馈，削弱输入信号的反馈称为负反馈。在放大电路中，已经广泛地通过引入负反馈来改善放大器的性能。

反馈放大电路的分类如下：

若反馈信号中只有直流成分，则称为直流反馈；若反馈信号中只有交流成分，则称为交流反馈。直流反馈一般用于稳定静态工作点，交流反馈一般用于改善放大电路的性能，本节重点研究交流反馈。

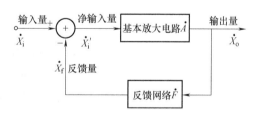

图 9-2-1 反馈放大电路的组成

若反馈信号取自输出电压，则称为电压反馈；若反馈信号取自输出电流，则称为电流反馈。

若反馈信号与输入信号在输入回路中相串联，则称为串联反馈；相并联则称为并联反馈。

2. 正、负反馈的辨别

判断反馈极性采用的方法是"瞬时极性法"。先任意设定输入信号的瞬时极性，然后根据输入与输出信号的相位关系，确定输出信号的极性，再根据输出信号的极性判断反馈信号

的极性。若反馈信号使净输入信号增加，则为正反馈；若反馈信号使净输入信号减小，则为负反馈。

晶体管与集成运算放大器的瞬时极性如图9-2-2所示。晶体管基极和集电极的瞬时极性相反；集成运算放大器同相输入端与输出端的瞬时极性相同，反相输入端与输出端的瞬时极性相反。

在图9-2-3所示的放大电路中，R_F跨接在输出和反相输入端之间，故将输出电压反送回输入端而引入反馈。若设输入信号的瞬时极性为正(以"⊕"标记)，则输出信号的瞬时极性为负(以"⊖"标记)，经R_F反送回输入端，反馈信号的瞬时极性为负，即与输入信号的瞬时极性相反，即反馈信号削弱了输入信号的作用，故可判定为负反馈。

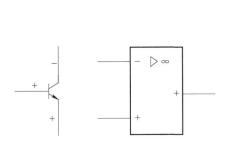

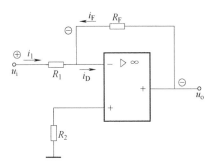

图9-2-2　晶体管与集成运算放大器的瞬时极性　　　　图9-2-3　集成运算放大器反馈举例

3. 电压、电流反馈的判别

电压反馈和电流反馈可以根据采样的方式进行判别。

若用负载短路法判别：通常是将被采样的一级放大器的输出端交流短路(即令$u_o = 0$)，若反馈作用消失，则为电压反馈，否则为电流反馈。

若根据反馈网络与输出端的接法判断：反馈网络与输出端接于同一节点为电压反馈，不接于同一节点为电流反馈。

电流反馈和电压反馈的效果与负载有关，要想得到较强的负反馈效果，电压负反馈要求负载越大越好，电流负反馈要求负载越小越好。

4. 串、并联反馈的判别

串联反馈和并联反馈可以根据电路结构确定：当反馈信号和输入信号接在放大器的同一点(另一点往往是接地点)时，一般可判定为并联反馈；而接在放大器的不同点时，一般可判定为串联反馈。

9.2.2　负反馈的四种类型

根据反馈电路与基本放大电路在输入端和输出端连接方式的不同，负反馈可分为以下四种类型。

1. 串联电压负反馈

在图9-2-4所示的电路中，将输出端交流短路，使输出电压u_o为0，则电阻R_F接地，与电阻R_1并联，反馈作用消失，故可判定为电压反馈。输入信号接在集成运算放大器的同相输入端和地之间，反馈信号反馈到集成运算放大器的反相输入端和地之间，不在同一点，故可判定为串联反馈。按照瞬时极性法，当输入电压u_i的瞬

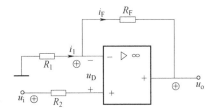

图9-2-4　串联电压负反馈

时极性为⊕时，经运算放大器同相放大后的输出电压 u_o 为⊕，反馈到运算放大器反相输入端的反馈电压极性也为⊕，净输入电压 u_D 与没有反馈时相比被削弱了，因而可判定为负反馈。综上所述，图 9-2-4 所示的电路引入了串联电压负反馈。

2. 并联电压负反馈

在图 9-2-5 所示的电路中，将输出端交流短路，使输出电压 u_o 为 0，则电阻 R_F 接地，与电阻 R_1 并联，反馈作用消失，故可判定为电压反馈。输入信号接在集成运算放大器的反相输入端和地之间，反馈信号反馈到集成运算放大器的反相输入端和地之间，在同一点，故可判定为并联反馈。按照瞬时极性法，当输入电压 u_i 的瞬时极性为⊕时，经运算放大器反相放大后的输出电压 u_o 为⊖，反馈到运算放大器反相输入端的反馈电压极性也为⊖，即与输入信号的瞬时极性相反，故可判定为负反馈。综上所述，图 9-2-5 所示的电路引入了并联电压负反馈。

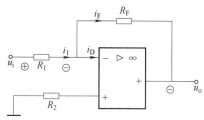

图 9-2-5　并联电压负反馈

3. 串联电流负反馈

在图 9-2-6 所示的电路中，将负载 R_L 短路，这时仍有电流流过电阻 R_F，产生反馈电压 u_F，所以可判定为电流反馈。输入信号接在集成运算放大器的同相输入端和地之间，而反馈信号反馈到集成运算放大器的反相输入端和地之间，不在同一点，故可判定为串联反馈。按照瞬时极性法，当输入电压 u_i 的瞬时极性为⊕时，经运算放大器同相放大后的输出电压 u_o 为⊕，反馈到运算放大器反相输入端的反馈电压极性也为⊕，净输入信号 u_D 被削弱了，故可判定为负反馈。综上所述，图 9-2-6 所示的电路引入了串联电流负反馈。

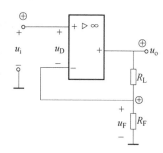

图 9-2-6　串联电流负反馈

4. 并联电流负反馈

在图 9-2-7 所示的电路中，将负载 R_L 短路，这时仍有电流流过电阻 R_F，产生反馈电压 u_F，所以可判定为电流反馈。输入信号接在集成运算放大器的反相输入端和地之间，反馈信号反馈到集成运算放大器的反相输入端和地之间，在同一点，故可判定为并联反馈。按照瞬时极性法，当输入电压 u_i 的瞬时极性为⊕时，经运算放大器反相放大后的输出电压 u_o 为⊖，u 也为⊖，导致反馈电流 i_F 增大，净输入信号 i_D 被削弱了，故可判定为负反馈。综上所述，图 9-2-7 所示的电路引入了并联电流负反馈。

例 9-2-1　在图 9-2-8 所示的放大电路中，判别级间反馈类型。

解：将输出端短路，反馈消失，故为电压反馈；反馈信号与输入信号分别作用于晶体管的不同输入端（VT_1 的发射极和基极），故为串联反馈；由瞬时极性法，设 VT_1 的基极极性为⊕，则在反馈作用下，发射极极性为⊕，削弱了净输入电压，是负反馈。所以，此电路引入了串联电压负反馈。

9.2.3　负反馈对放大电路性能的影响

1. 降低电压放大倍数，提高稳定性

在图 9-2-1 所示的反馈放大电路的组成中，未引入反馈时的电压放大倍数称为开环电压放大倍数，即

$$\dot{A} = \frac{\dot{X}_\mathrm{o}}{\dot{X}_\mathrm{i}'} \qquad\qquad (9\text{-}2\text{-}1)$$

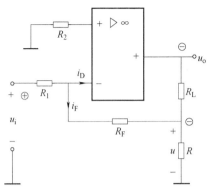

图 9-2-7　并联电流负反馈

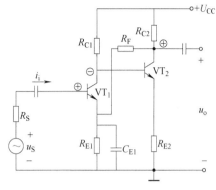

图 9-2-8　例 9-2-1 图

$\dot{F}$ 为反馈网络的反馈系数，即

$$\dot{F} = \frac{\dot{X}_\mathrm{f}}{\dot{X}_\mathrm{o}} \qquad\qquad (9\text{-}2\text{-}2)$$

$\dot{X}_\mathrm{i}'$ 是净输入信号，当引入反馈时其大小为

$$\dot{X}_\mathrm{i}' = \dot{X}_\mathrm{i} - \dot{X}_\mathrm{f} \qquad\qquad (9\text{-}2\text{-}3)$$

引入负反馈后整个电路的电压放大倍数称为闭环电压放大倍数 $\dot{A}_\mathrm{f}$，即

$$\dot{A}_\mathrm{f} = \frac{\dot{X}_\mathrm{o}}{\dot{X}_\mathrm{i}} \qquad\qquad (9\text{-}2\text{-}4)$$

将式(9-2-1)、式(9-2-2)、式(9-2-3)代入式(9-2-4)可得

$$\dot{A}_\mathrm{f} = \frac{\dot{A}}{1+\dot{A}\dot{F}} \qquad\qquad (9\text{-}2\text{-}5)$$

式中，$1+\dot{A}\dot{F}$ 称为反馈深度。反馈深度表示引入反馈后放大电路的放大倍数与无反馈时相比所变化的倍数。反馈深度的大小直接影响反馈电路的工作状态。在负反馈放大电路中，$|1+\dot{A}\dot{F}|>1$，所以 $|\dot{A}_\mathrm{f}|<|\dot{A}|$，表明负反馈降低了放大电路的放大倍数。如果 $|1+\dot{A}\dot{F}|\gg1$，则 $\dot{A}_\mathrm{f} = \dfrac{\dot{A}}{1+\dot{A}\dot{F}} \approx \dfrac{1}{\dot{F}}$，称为深度负反馈。对于深度负反馈电路，其闭环放大倍数 $\dot{A}_\mathrm{f}$ 近似与开环增益 $\dot{A}$ 无关。

为方便讨论，设放大电路在中频段工作，反馈网络仅由电阻组成，式(9-2-5)中的 $\dot{A}$、$\dot{F}$ 及 $\dot{A}_\mathrm{f}$ 均为实数，即

$$A_\mathrm{f} = \frac{A}{1+AF} \qquad\qquad (9\text{-}2\text{-}6)$$

两边对 A 求导数：

$$\frac{\mathrm{d}A_\mathrm{f}}{A_\mathrm{f}} = \frac{1}{1+AF}\frac{\mathrm{d}A}{A} \qquad\qquad (9\text{-}2\text{-}7)$$

此时，$\dfrac{\mathrm{d}A_\mathrm{f}}{A_\mathrm{f}}$ 称为闭环放大倍数的相对变化率，$\dfrac{\mathrm{d}A}{A}$ 称为开环放大倍数的相对变化率。对于负反

馈放大器，$1+AF>1$，所以 $\dfrac{\mathrm{d}A_\mathrm{f}}{A_\mathrm{f}}<\dfrac{\mathrm{d}A}{A}$。上述结果表明，受外界因素的影响，开环放大倍数 A 有一个较大的相对变化率 $\dfrac{\mathrm{d}A}{A}$ 时，由于引入了负反馈，闭环放大倍数的相对变化率 $\dfrac{\mathrm{d}A_\mathrm{f}}{A_\mathrm{f}}$ 只有开环放大倍数相对变化率的 $\dfrac{1}{1+AF}$，即闭环放大倍数的稳定性优于开环放大倍数。

在深度负反馈的条件下，即 $1+AF\gg1$ 时，可得

$$A_\mathrm{f}=\frac{1}{1+AF}\approx\frac{1}{F} \qquad (9\text{-}2\text{-}8)$$

式(9-2-8)表明，深度负反馈时的闭环放大倍数仅取决于反馈系数 F。通常反馈网络仅由电阻构成，反馈系数 F 十分稳定，所以，闭环放大倍数必然是相当稳定的，诸如温度变化、参数改变、电源电压波动等明显影响开环放大倍数的因素，都不会对闭环放大倍数产生很大影响。

2. 减小非线性失真

如果运算放大电路的附近有强磁场或强电场存在，则运算放大电路的内部会产生感应电压。如果电源发生不规则的波动，运算放大电路内部也会相应地有波动电压。所有这些外来因素，都会在运算放大电路内部形成干扰电压。当运算放大电路输入的有用信号很微弱时，经放大后在输出端的有用信号就有可能被淹没在被放大了的干扰电压之中。为了减小干扰电压，除了加屏蔽外，还引入负反馈使运算放大电路内部的干扰电压得以衰减。

实际上，运算放大器并非是一个完全的线性元件，因此会产生非线性失真。在集成运算放大电路中引入负反馈也可以减小非线性失真。

例如，图 9-2-9a 所示开环放大电路的输入电压是正弦波，经放大后，输出电压波形失真。图 9-2-9b 所示是引入负反馈后，即闭环放大电路的情况。再经过放大后，可使输出电压波形在两个半周的波形差别比没有负反馈时的明显减小，从而改善了输出波形的失真，但不能完全消除失真，如图 9-2-9b 所示。

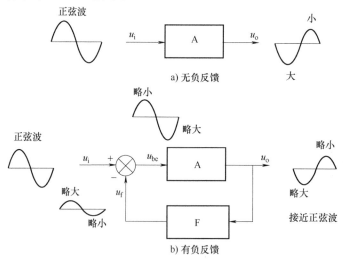

图 9-2-9 利用负反馈改善波形失真

3. 展宽通频带

由于电路总电容的影响，阻容耦合放大器的放大倍数，在高频段和低频段都要下降。引

入负反馈可以减小各种因素(当然也包括这些电容)的影响,使放大倍数在比较宽的频段上趋于稳定,即展宽了通频带。

4. 对输入和输出电阻的影响

负反馈对输入电阻的影响取决于输入端的反馈类型,而与输出端的取样方式无关。在串联反馈中,由于反馈电压和输入电压反极性串联叠加,输入电流减小,故输入电阻增大;在并联反馈中,由于反馈电流和输入电流并联,净输入电流增加,故输入电阻减小。

引入负反馈后,对输出电阻的影响取决于输出端的取样方式,而与输入端的反馈类型无关。电压反馈使输出电压趋于稳定,使其受负载变动的影响减小,即使得放大器的输出特性接近理想电压源特性,故输出电阻减小;电流反馈使输出电流趋于稳定,使其受负载变动的影响减小,即使得放大器的输出特性接近理想电流源特性,故输出电阻增大。

9.3　集成运算放大器的线性应用

运算放大器具有可靠性高、放大性能好(如较大的放大倍数、较宽的通频带、较低的零点漂移等)、使用方便等特点,广泛应用在自动控制、测量系统、电子计算机、通信装置和其他电子设备中。运算放大器的应用分为线性和非线性应用两类。

集成运算放大器的线性应用主要体现在信号运算电路中。也就是,集成运算放大器在深度负反馈的情况下,通过改变反馈电路与输入电路的结构形式和参数,实现比例、加减法、积分与微分等各种运算。此外,工作在线性区的运算放大器也应用于信号处理中的有源滤波电路等。

9.3.1　比例运算电路

比例运算电路就是指电路的输出电压与输入电压为线性比例关系的电路,当比例系数大于1时为放大电路。

1. 反相比例运算电路

输入信号从反相输入端引入的比例运算电路称为反相比例运算电路,如图9-3-1所示。输入信号 u_i 经电阻 R_1 送到反相输入端,而同相输入端通过电阻 R_2 接"地",反馈电阻 R_F 跨接在输出端和反相输入端之间。

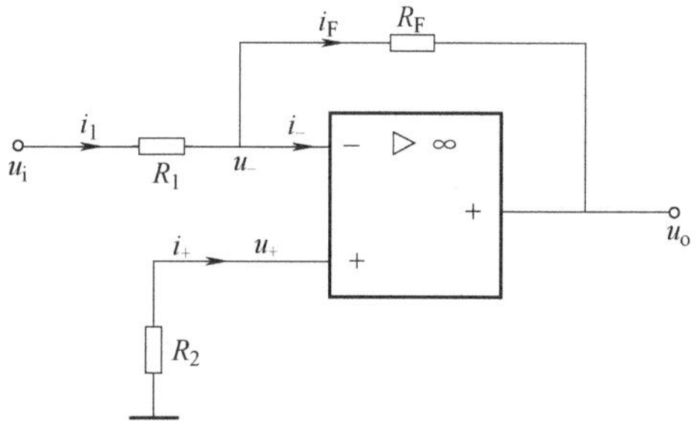

根据运算放大器工作在线性区时的两个重要结论,分别有

$$i_1 \approx i_F$$
$$u_- \approx u_+ = 0$$

由图9-3-1可列出输入、输出电压分别为

$$u_i = R_1 i_1$$

图9-3-1　反相比例运算电路

$$u_o = -R_F i_F$$

由此得出

$$u_o = -\frac{R_F}{R_1} u_i \tag{9-3-1}$$

闭环电压放大倍数则为

$$A_F = \frac{u_o}{u_i} = -\frac{R_F}{R_1} \tag{9-3-2}$$

式中，负号表示 u_o 与 u_i 反相。

由式(9-3-2)可见，u_o 与 u_i 为比例运算关系，只要 R_1 和 R_F 阻值足够精确，且运算放大器的开环电压放大倍数很高，则可认为 u_o 与 u_i 间的关系只取决于 R_F 与 R_1 的比值，而与运算放大器本身的参数无关，这就保证了比例运算的精度和稳定性。图9-3-1中 R_2 称为平衡电阻，$R_2 = R_1 /\!/ R_F$，其作用是保持同相输入端和反相输入端外接电阻的阻值相等，使运算放大器静态时两个输入端电流相等，保证运算放大器工作在对称平衡状态。

当 $R_F = R_1$ 时，则有

$$A_F = \frac{u_o}{u_i} = -1 \qquad\qquad (9\text{-}3\text{-}3)$$

称为反相器。

利用前面所学的反馈知识可知，图9-3-1所示的反相比例运算电路是一个并联电压负反馈电路。此类电路的输出电阻很低。此外，由于 $|FA| \gg 1$，$A_F \approx \dfrac{1}{F}$，电路为深度负反馈，因而，电路的工作状态非常稳定，具有较强的带负载能力。

2. 同相比例运算电路

输入信号从同相输入端引入的比例运算电路称为同相比例运算电路，如图9-3-2所示。

根据理想运算放大器工作在线性区时的分析依据，分别有

$$u_- \approx u_+ = u_i$$

$$i_1 \approx i_F$$

由图9-3-2可分别得

$$i_1 = -\frac{u_-}{R_1} = -\frac{u_i}{R_1}$$

$$i_F = \frac{u_- - u_o}{R_F} = \frac{u_i - u_o}{R_F}$$

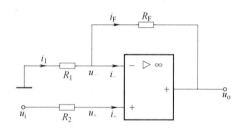

图 9-3-2 同相比例运算电路

由此可得输出电压为

$$u_o = \left(1 + \frac{R_F}{R_1}\right) u_i \qquad\qquad (9\text{-}3\text{-}4)$$

闭环电压放大倍数为

$$A_F = \frac{u_o}{u_i} = 1 + \frac{R_F}{R_1} \qquad\qquad (9\text{-}3\text{-}5)$$

由式(9-3-5)可见，u_o 与 u_i 间的比例关系只与 R_1 和 R_F 有关，而与运算放大器本身的参数无关。式中 A_F 为正值，表示 u_o 与 u_i 同相，并且 A_F 总大于或等于1，这点与反相比例运算电路不同。同相比例运算电路是串联电压负反馈电路，具有稳定性高、输入电阻较高、输出电阻较低、带负载能力强等优点。

当 $R_1 = \infty$（断开）或 $R_F = 0$ 时，则有

$$A_F = \frac{u_o}{u_i} = 1 \qquad (9\text{-}3\text{-}6)$$

这种同相比例运算电路称为电压跟随器，它类似于晶体管放大电路中的射极跟随器，如图9-3-3所示。它和由分立元件组成的射极跟随器相比，具有更优良的性

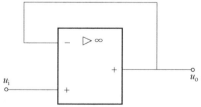

图 9-3-3 电压跟随器

能：跟随效果更好，电压放大倍数更接近于 1，输入电阻更高，输出电阻更低。因此，同相比例运算电路应用相当广泛。

例 9-3-1　试求图 9-3-4 所示电路的输出电压 u_o。

解：图示电路中供给基本放大器的 +15V 电源，经两个 $10k\Omega$ 的电阻分压后加到同相输入端，反相输入端未接 R_1（即 $R_1 = \infty$），故此电路为电压跟随器，则

$$u_o = u_i = \frac{10}{10+10} \times 15V = 7.5V$$

可知，u_o 只与电源电压和分压电阻有关。改变分压电阻可得不同的 u_o，其精度和稳定度均较高，可作为基准电压。

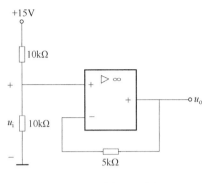

图 9-3-4　例 9-3-1 图

9.3.2　加减法运算电路

1. 加法运算电路

如果将三个输入信号接到集成运算放大器的反相输入端，则组成反相加法运算电路，如图 9-3-5 所示。

由图 9-3-5 可得各个电阻电流分别为

$$i_{i1} = \frac{u_{i1}}{R_{i1}}, \quad i_{i2} = \frac{u_{i2}}{R_{i2}}, \quad i_{i3} = \frac{u_{i3}}{R_{i3}}$$

$$i_F = i_{i1} + i_{i2} + i_{i3} = -\frac{u_o}{R_F}$$

由上列各式，可得输出电压为

$$u_o = -\left(\frac{R_F}{R_{i1}} u_{i1} + \frac{R_F}{R_{i2}} u_{i2} + \frac{R_F}{R_{i3}} u_{i3} \right) \qquad (9\text{-}3\text{-}7)$$

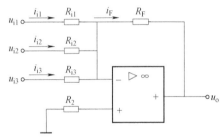

图 9-3-5　反相加法运算电路

当 $R_{i1} = R_{i2} = R_{i3} = R_1$ 时，则有

$$u_o = -\frac{R_F}{R_1} (u_{i1} + u_{i2} + u_{i3}) \qquad (9\text{-}3\text{-}8)$$

当 $R_1 = R_F$ 时，可得

$$u_o = -(u_{i1} + u_{i2} + u_{i3}) \qquad (9\text{-}3\text{-}9)$$

由式(9-3-7)、式(9-3-8)和式(9-3-9)可见，加法运算电路也与运算放大器本身的参数无关，只要电阻值足够精确，就可保证加法运算的精度和稳定性。

平衡电阻 $R_2 = R_{i1} /\!/ R_{i2} /\!/ R_{i3} /\!/ R_F$。

2. 减法运算电路

电路中同相和反相两个输入端都有信号输入，这种输入方式称为差分输入或比较输入，减法运算电路如图 9-3-6 所示。

电路中反相和同相输入端电压分别为

$$u_- = u_{i1} - i_1 R_1 = u_{i1} - \frac{R_1}{R_1 + R_F} (u_{i1} - u_o)$$

$$u_+ = \frac{u_{i2}}{R_2 + R_3} R_3$$

因为 $u_+ = u_-$，故从上列两式可得

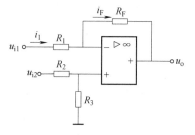

$$u_o = \left(1 + \frac{R_F}{R_1}\right) \frac{R_3}{R_2 + R_3} u_{i2} - \frac{R_F}{R_1} u_{i1} \qquad (9\text{-}3\text{-}10)$$

当 $R_2 = R_1$ 和 $R_F = R_3$ 时，则有

$$u_o = \frac{R_F}{R_1}(u_{i2} - u_{i1}) \qquad (9\text{-}3\text{-}11)$$

图 9-3-6　减法运算电路

当 $R_F = R_1$ 时，可得

$$u_o = u_{i2} - u_{i1} \qquad (9\text{-}3\text{-}12)$$

可见，输出电压与两个输入电压的差值成正比，完成减法运算。

由式(9-3-11)可得电压放大倍数，即

$$A_F = \frac{u_o}{u_{i2} - u_{i1}} = \frac{R_F}{R_1} \qquad (9\text{-}3\text{-}13)$$

根据上述分析，差分输入信号可以分解为一组共模信号和一组差模信号。因此，为了保证运算精度应当选用共模抑制比较高的运算放大器。

9.3.3　微积分运算电路

1. 积分运算电路

积分运算电路与反相比例运算电路相类似，用电容 C_F 代替 R_F 作为反馈元件，反馈到反相输入端，即为积分运算电路，如图 9-3-7 所示。

信号从反相端输入，同相端接"地"，故 $u_- \approx 0$，即

$$i_1 = i_F = \frac{u_i}{R_1}$$

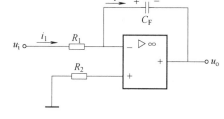

输出电压为

$$u_o = -u_C = -\frac{1}{C_F}\int i_F \mathrm{d}t = -\frac{1}{R_1 C_F}\int u_i \mathrm{d}t \qquad (9\text{-}3\text{-}14)$$

图 9-3-7　积分运算电路

可见，u_o 与 u_i 的积分成比例，且相位相反。$R_1 C_F$ 称为积分时间常数，其值愈大，达到某一电压 u_o 值所需的时间就愈长。

当输入电压 u_i 为阶跃电压时，如图 9-3-8a 所示，则

$$u_o = -\frac{U_1}{R_1 C_F} t \qquad (9\text{-}3\text{-}15)$$

其波形如图 9-3-8b 所示，最终 u_o 达到负饱和值 $-U_{O(\mathrm{sat})}$。

由于充电电流基本恒定 $\left(i_F \approx i_1 \approx \dfrac{U_1}{R_1}\right)$，故 u_o 是时间 t 的一次函数，提高了它的线性度。

图 9-3-9 所示电路是由反相比例运算和积分运算两部分组成的比例积分调节器，简称 PI(Proportional Integrator)调节器。在自动控制系统中需要有调节器(或称校正电路)，以保证系统的稳定性和控制精度。

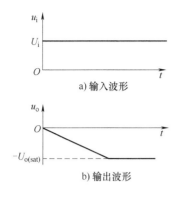

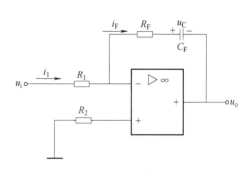

图 9-3-8　积分运算电路阶跃响应波形　　　　图 9-3-9　PI 调节器

2. 微分运算电路

微分运算是积分运算的逆运算，只需将积分运算电路反相输入端的电阻和反馈电容调换位置，就成为微分运算电路，如图 9-3-10 所示。

由图 9-3-10 可分别有

$$i_1 = C_1 \frac{\mathrm{d}u_C}{\mathrm{d}t} = C_1 \frac{\mathrm{d}u_i}{\mathrm{d}t}$$

$$u_o = -R_F i_F = -R_F i_1$$

故输出电压为

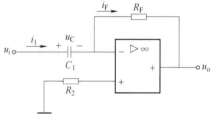

$$u_o = -R_F C_1 \frac{\mathrm{d}u_i}{\mathrm{d}t} \qquad (9\text{-}3\text{-}16)$$

图 9-3-10　微分运算电路

即输出电压与输入电压对时间的一次微分成正比。

当 u_i 为阶跃电压时，u_o 为尖脉冲电压，如图 9-3-11 所示。

在图 9-3-12 所示电路中，输出电压 u_o 与输入电压 u_i 之间有比例(比例系数为 $\frac{R_2}{R_1} + \frac{C_1}{C_2}$)、微分(微分时间常数为 $R_2 C_1$)和积分(积分时间常数为 $R_1 C_2$)的关系，这些系数是相互牵连，而不能独立调节的，而且 u_o 和 u_i 相位相反，称这种电路为 PID(Proportional Integral Differentiator)调节器。PID 调节器在各种生产过程的自动控制系统中应用相当广泛。

201

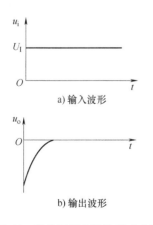

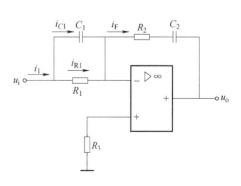

图 9-3-11　微分运算电路阶跃响应波形　　　　图 9-3-12　PID 调节器

9.3.4 有源滤波电路

滤波电路(亦称滤波器)可以实现选频。对于所选定的频率范围内的信号，滤波器的衰减作用较小，能使其顺利通过；而对于频率超出此范围的信号，滤波器的衰减作用较大，使其不易通过。通常，滤波器分为低通、高通、带通和带阻四种。仅有无源元件电阻、电容构成的滤波器称为无源滤波器，其带负载能力较差。由无源元件电阻、电容和放大器构成的滤波器称为有源滤波器。其中，放大器广泛采用带有深度负反馈的集成运算放大器，集成运算放大器高输入阻抗、低输出阻抗的特性，使滤波器的输出和输入之间实现良好的隔离，便于级联，以构成滤波特性好或对频率特性有特殊要求的滤波器。

1. 有源低通滤波电路

图 9-3-13 所示是有源低通滤波电路。设输入电压 u_i 为某一频率的正弦电压，则可用相量表示。根据 RC 电路有

$$\dot{U}_+ = \dot{U}_C = \frac{\frac{1}{j\omega C}}{R + \frac{1}{j\omega C}} \dot{U}_i = \frac{\dot{U}_i}{1 + j\omega RC}$$

根据同相比例运算电路，输出电压为

$$\dot{U}_o = \left(1 + \frac{R_F}{R_1}\right)\dot{U}_+$$

故输出电压与输入电压关系为

$$A_F = \frac{\dot{U}_o}{\dot{U}_i} = \frac{1 + \frac{R_F}{R_1}}{1 + j\omega RC} = \frac{1 + \frac{R_F}{R_1}}{1 + j\frac{\omega}{\omega_0}}$$

式中，$\omega_0 = \frac{1}{RC}$ 称为截止角频率，有时也用截止频率 $f_0 = \frac{1}{2\pi RC}$ 表示。

如果频率 ω 为变量，则电路的传递函数为

$$A_F(j\omega) = \frac{\dot{U}_o(j\omega)}{\dot{U}_i(j\omega)} = \frac{1 + \frac{R_F}{R_1}}{1 + j\frac{\omega}{\omega_0}} = \frac{A_{F0}}{1 + j\frac{\omega}{\omega_0}} \tag{9-3-17}$$

由式(9-3-17)可得幅频关系为

$$|A_F(j\omega)| = \frac{|A_{F0}|}{\sqrt{1 + \left(\frac{\omega}{\omega_0}\right)^2}} \tag{9-3-18}$$

相频关系为

$$\varphi(\omega) = -\arctan\frac{\omega}{\omega_0} \tag{9-3-19}$$

根据上述分析则有：当 $\omega = 0$ 时，$|A_F(j\omega)| = |A_{F0}|$；当 $\omega = \omega_0$ 时，$|A_F(j\omega)| = \dfrac{|A_{F0}|}{\sqrt{2}}$；当 $\omega = \infty$ 时，$|A_F(j\omega)| = 0$。一阶有源低通滤波电路的幅频特性如图 9-3-14 所示。可见，输入信号的频率 $\omega < \omega_0$ 时，输出电压衰减不多，信号容易通过。

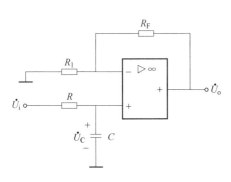

图 9-3-13　一阶有源低通滤波电路

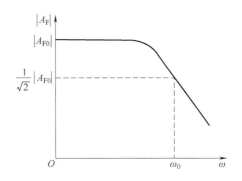

图 9-3-14　一阶有源低通滤波电路的幅频特性

为了改善滤波效果，使 $\omega > \omega_0$ 时信号衰减得快些，可采用二阶或者高阶有源滤波电路来实现。二阶有源低通滤波电路及其幅频特性如图 9-3-15 和图 9-3-16 所示。

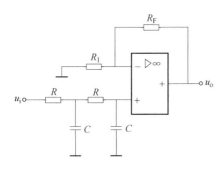

图 9-3-15　二阶有源低通滤波电路

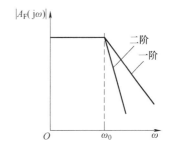

图 9-3-16　二阶有源低通滤波电路的幅频特性

2. 有源高通滤波电路

高通滤波电路和低通滤波电路一样，有一阶和高阶滤波电路。将图 9-3-13 所示一阶有源低通滤波电路中的电阻 R 和电容 C 对调，则成为一阶有源高通滤波电路，如图 9-3-17 所示。

根据 RC 电路可得同相输入端电压为

$$\dot{U}_+ = \frac{R}{R + \dfrac{1}{j\omega C}} \dot{U}_i = \frac{\dot{U}_i}{1 + \dfrac{1}{j\omega RC}}$$

根据同相比例运算电路，输出电压为

$$\dot{U}_o = \left(1 + \frac{R_F}{R_1}\right) \dot{U}_+$$

故电路电压放大倍数为

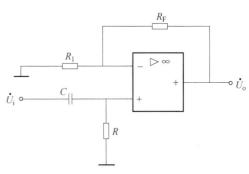

图 9-3-17　一阶有源高通滤波电路

$$A_F = \frac{\dot{U}_o}{\dot{U}_i} = \frac{1+\dfrac{R_F}{R_1}}{1+\dfrac{1}{\mathrm{j}\omega RC}} = \frac{1+\dfrac{R_F}{R_1}}{1-\mathrm{j}\dfrac{\omega_0}{\omega}}$$

式中，$\omega_0 = \dfrac{1}{RC}$

以频率 ω 为变量的电路传递函数为

$$A_F(\mathrm{j}\omega) = \frac{\dot{U}_o(\mathrm{j}\omega)}{\dot{U}_i(\mathrm{j}\omega)} = \frac{1+\dfrac{R_F}{R_1}}{1-\mathrm{j}\dfrac{\omega_0}{\omega}} = \frac{A_{F0}}{1-\mathrm{j}\dfrac{\omega_0}{\omega}} \qquad (9\text{-}3\text{-}20)$$

其幅频关系为

$$|A_F(\mathrm{j}\omega)| = \frac{|A_{F0}|}{\sqrt{1+\left(\dfrac{\omega_0}{\omega}\right)^2}} \qquad (9\text{-}3\text{-}21)$$

相频关系为

$$\varphi(\omega) = \arctan\frac{\omega_0}{\omega} \qquad (9\text{-}3\text{-}22)$$

根据上述分析则有：当 $\omega = 0$ 时，$|A_F(\mathrm{j}\omega)| = 0$；当 $\omega = \omega_0$ 时，$|A_F(\mathrm{j}\omega)| = \dfrac{|A_{F0}|}{\sqrt{2}}$；当 $\omega = \infty$ 时，$|A_F(\mathrm{j}\omega)| = |A_{F0}|$。一阶有源高通滤波电路的幅频特性如图 9-3-18 所示。

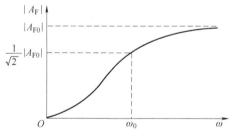

图 9-3-18　一阶有源高通滤波电路的幅频特性

9.4　集成运算放大器的非线性应用

9.4.1　电压比较器

电压比较器是用来比较两个输入电压大小的电路，它将一个模拟电压信号和一个参考固定电压相比较，在二者幅度相等的附近，输出电压将产生跃变，相应输出高电平或低电平。

简单的电压比较器如图 9-4-1a 所示，U_{REF} 是参考电压，加在同相输入端，输入信号电压 u_i 加在反相输入端。运算放大器工作于开环状态，即非线性区。集成运算放大器按理想条件考虑：当 $u_i \leqslant U_{REF}$ 时，$U_o = +U_{OM}$；当 $u_i \geqslant U_{OM}$ 时，$U_o = -U_{OM}$。图 9-4-1b 是电压比较器的传输特性曲线，在比较器的输入端进行模拟信号大小的比较，在输出端则以高电平或低电平来反映比较结果。当 $U_{REF} = 0$ 时，输入电压和零电平比较，此时的电压比较器称为过零比较器。当输入电压为正弦波时，u_o 为方波电压，如图 9-4-1c 所示。

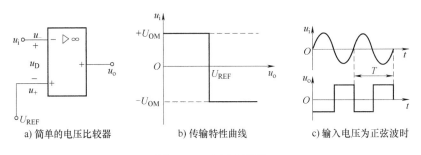

a) 简单的电压比较器　　　　b) 传输特性曲线　　　　c) 输入电压为正弦波时

图 9-4-1　电压比较器

使电压比较器输出电压发生跃变的输入电压值称为阈值电压 U_{TH}，又称门限电压。一般电压比较器的阈值电压 $U_{TH} = U_{REF}$，过零比较器的 $U_{TH} = 0$，它们都只有一个阈值电压，因此也称单值电压比较器。在电压比较器中，阈值电压 U_{TH} 是分析输出电压翻转的关键参数。

有时为了将输出电压限制在某一特定值，以与接在输出端的数字电路的电平配合，可在电压比较器的输出端与"地"之间接一个双向稳压二极管 VDZ，用于双向限幅，稳压二极管的电压为 U_Z，如图 9-4-2 所示，此时输出电压的最大值 $U_{OM} \approx U_Z$。

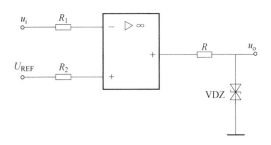

图 9-4-2　具有限幅作用的电压比较器

9.4.2　滞回比较器

单值电压比较器的电路简单、灵敏度高，但抗干扰能力差，即如果输入信号因受到干扰在门限电压附近变化，那么输出电压将反复地从一个电平变化到另一个电平。如果用此输出电压控制电动机等设备，将出现频繁动作，这是不允许的。滞回比较器能克服简单电压比较器的缺点，反相滞回比较器的电路如图 9-4-3a 所示。

滞回比较器在输入 $u_i = u_+ = u_-$ 时，输出发生跃变。由于输出有两种状态 $+U_Z$ 和 $-U_Z$，所以使输出发生跃变的输入有两个值，分别称为正向阈值(门限)电压 U_{T+} 和负向阈值(门限)电压 U_{T-}。

利用叠加原理可求得同相输入端的电压为

$$u_+ = \frac{R_2}{R_2 + R_F} u_o + \frac{R_F}{R_2 + R_F} U_{REF} \tag{9-4-1}$$

开始时 $u_i < u_+$，使初始状态 $u_o = +U_Z$，当输入电压 u_i 逐渐增大到 u_+ 时，滞回比较器就要发生跃变，跳到 $-U_Z$，这个发生翻转的 u_+ 就是正向门限电压 U_{T+}，有

$$U_{T+} = \frac{R_2}{R_2+R_F}U_Z + \frac{R_F}{R_2+R_F}U_{REF} \qquad (9\text{-}4\text{-}2)$$

这时由于输出为$-U_Z$，u_+也发生了变化，即负向门限电压U_{T-}，有

$$U_{T-} = -\frac{R_2}{R_2+R_F}U_Z + \frac{R_F}{R_2+R_F}U_{REF} \qquad (9\text{-}4\text{-}3)$$

当输入电压u_i逐渐减小到U_{T-}时，比较器的输出再发生翻转，跃变为$+U_Z$，其对应的传输特性曲线如图9-4-3b所示。

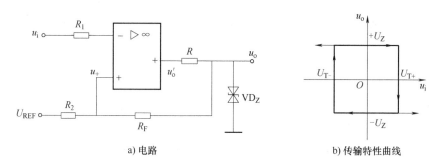

a) 电路   b) 传输特性曲线

图 9-4-3 反相滞回比较器电路及其传输特性曲线

上述两个门限电压之差称为门限宽度或回差，用符号ΔU_T表示，即

$$\Delta U_T = U_{T+} - U_{T-} = \frac{2R_2}{R_2+R_F}U_Z \qquad (9\text{-}4\text{-}4)$$

由上述分析可知，改变参考电压的大小和极性，滞回比较器的电压传输特性曲线将产生水平方向的移动；改变稳压二极管的稳定电压，可使滞回比较器的电压传输特性曲线产生垂直方向的移动。

例 9-4-1 已知图9-4-3a所示的反相滞回比较器，稳压二极管的稳定电压$U_Z = 9V$，$R_2 = 20k\Omega$，$R_F = 40k\Omega$，$U_{REF} = 3V$，输入电压u_i为图9-4-4a所示的正弦波，试画出输出电压u_o的波形。

解：由于输出高电平和低电平为$\pm 9V$，阈值（门限）电压分别为

$$U_{T+} = \frac{R_2}{R_2+R_F}U_Z + \frac{R_F}{R_2+R_F}U_{REF}$$

$$= \left(\frac{20}{20+40}\times 9 + \frac{40}{20+40}\times 3\right) V = 5V$$

$$U_{T-} = -\frac{R_2}{R_2+R_F}U_Z + \frac{R_F}{R_2+R_F}U_{REF}$$

$$= \left(-\frac{20}{20+40}\times 9 + \frac{40}{20+40}\times 3\right) V = -1V$$

开始时$u_i < 5V$，$u_o = +9V$，当输入电压u_i逐渐增大到5V时，比较器发生跃变，跳到$-9V$，在输入电压u_i逐渐减小过程中，$u_i > -1V$时，$u_o = -9V$，$u_i < -1V$时，$u_o = +9V$，输出电压波形如图9-4-4b所示。

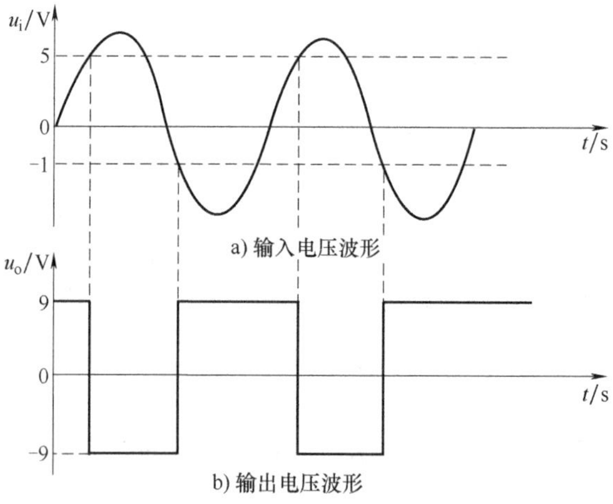

a) 输入电压波形

b) 输出电压波形

图 9-4-4 输入、输出电压波形

本章小结

（1）集成运算放大器的电路可分为输入级、中间级、输出级和偏置电路四个基本组成部分。它具有输入电阻高、输出电阻低、电压放大倍数非常大的特点。

（2）集成运算放大器的传输特性曲线分为线性放大区和非线性放大区两部分。集成运算放大器工作在线性放大区时，可用"虚短"和"虚断"来分析。集成运算放大器工作在非线性放大区时，输出电压只有 U_{OM} 或 $-U_{OM}$ 两种可能。

（3）反馈是指将输出信号（电压或电流）的一部分或全部通过反馈网络反送到输入端，从而影响输入的过程。

（4）反馈依据传递的信号类型可分为交流反馈和直流反馈；依据反馈采样的物理量可分为电压反馈和电流反馈；依据反馈与输入回路的连接形式可分为串联反馈和并联反馈。在负反馈放大电路中反馈包括串联电压、并联电压、串联电流和并联电流四种类型。

（5）负反馈对集成运算放大器性能的影响，可以通过反馈类型来确定：串联反馈提高输入电阻；并联反馈降低输入电阻；电压反馈降低输出电阻，稳定输出电压；电流反馈提高输出电阻，稳定输出电流。

（6）模拟运算电路用来实现模拟信号的各种运算，其输出是输入信号的运算结果，电路中的集成运算放大器必须引入适当的负反馈，使之工作在线性放大区，输出与输入之间呈线性关系。基本运算包括比例、加法、减法、微分、积分及它们的组合。根据负反馈集成运算放大器电路分析的方法，计算输出和输入之间的运算关系。

拓展知识

扬声器放大电路

某扬声器的放大电路如图 9-拓展知识-1 所示。VT_1、VT_2、VT_3 为电压放大级，VT_4 为推动级（末前级），$VT_5 \sim VT_8$ 为互补对称功率放大级。音频信号由线路或拾音器插口 XJ_1 输入，第一级为射极输出器，有较高的输入电阻，以适配拾音器的高内阻特性。R_{25}、C_{39}、R_{27}、C_{40} 组成高频噪声抑制滤波电路，以滤去拾音器带来的噪声，R_{P1} 为音量控制电位器。第二级、第三级除进行电压放大外，还实现音调控制。R_{34}、C_{45}、R_{37}、R_{P2}、R_{36}、C_{46} 组成低音控制电路，R_{P2} 为低音调节电位器；R_{39}、C_{49}、R_{P3}、C_{50} 组成高音控制电路，R_{P3} 为高音调节电位器。这两种电路都是利用不同的 RC 电路，对高、低音频信号呈现不同的阻抗来达到提高或衰减高、低音的目的。第二级通过 C_{57} 引入并联电压负反馈，防止高频自激振荡。第三级通过 R_{42} 引入串联电流负反馈，使其输入电阻增加，与音调控制电路进行匹配。VT_4 为推动级（末前级），对信号再一次放大，通过 C_{54} 引入电压负反馈，防止电路产生"啸叫"。$VT_5 \sim VT_8$ 组成互补对称功率放大电路，其中 VT_5、VT_6 合成 NPN 型，VT_7、VT_8 合成 PNP 型。R_{52}、R_{53} 用以减少复合管的穿透电流，提高复合管的温度稳定性；二极管 VD_5、VD_6 和热敏电阻 R_{49} 组成静态工作点稳定电路；R_{P4} 为电位器。R_{44}、C_{52} 构成级间串联电压负反馈，用来减小失真，并使整机音质得到改善。

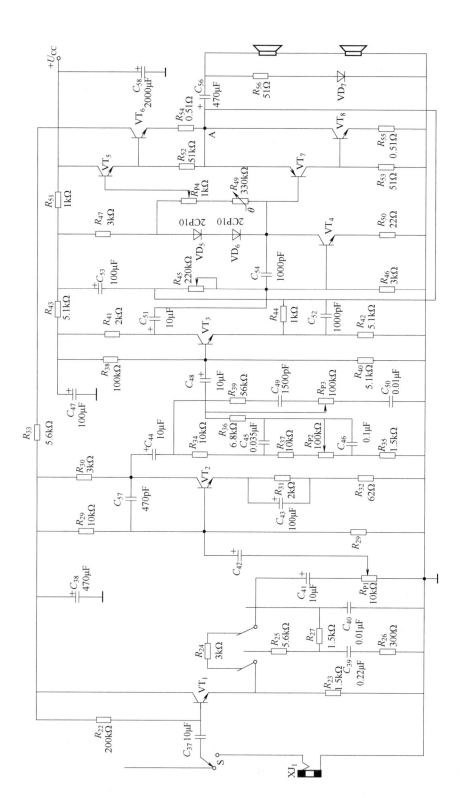

图 9-拓展知识-1 扬声器放大电路

习　题

9-1　选择题

1. 在习题 9-1-1 图所示电路中，引入了何种反馈？(　　)。

A. 正反馈　　　　　　　　　　B. 负反馈　　　　　　　　　　C. 无反馈

2. 在习题 9-1-2 图所示电路中，输出电压 u_o 为(　　)。

A. u_i　　　　　　　　　　B. $-u_i$　　　　　　　　　　C. $-2u_i$

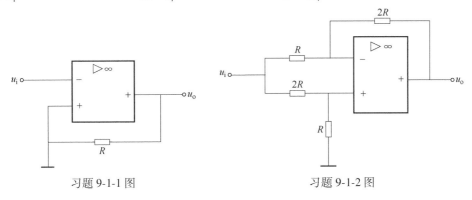

习题 9-1-1 图　　　　　　　　　　习题 9-1-2 图

3. 在习题 9-1-3 图所示电路中，输出电压 u_o 为(　　)。

A. $-3u_i$　　　　　　　　　　B. $3u_i$　　　　　　　　　　C. u_i

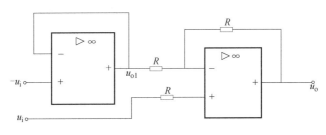

习题 9-1-3 图

4. 在习题 9-1-4 图所示电路中，若 $u_i = 1\text{V}$，则 u_o 为(　　)。

A. 6V　　　　　　　　　　B. 4V　　　　　　　　　　C. −6V

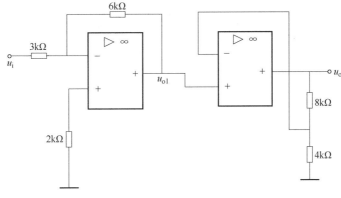

习题 9-1-4 图

5. 在习题 9-1-5 图所示电路中，若 $u_i = -0.5\text{V}$，则输出电流 i_o 为(　　)。

A. 10mA   B. 5mA   C. -5mA

6. 在习题9-1-6图所示电路中，若 u_i 为正弦电压，则 u_o 为（   ）。

   A. 与 u_i 同相的正弦电压   B. 与 u_i 反相的正弦电压   C. 矩形波电压

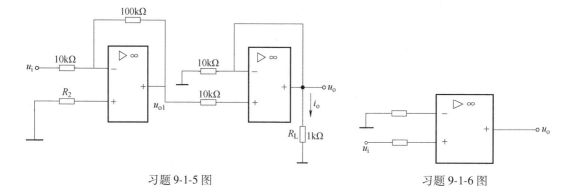

习题9-1-5图   习题9-1-6图

7. 在习题9-1-7图所示电路中，反馈 R_F 引入的是（   ）。

   A. 并联电流负反馈   B. 串联电压负反馈

   C. 并联电压负反馈   D. 串联电流负反馈

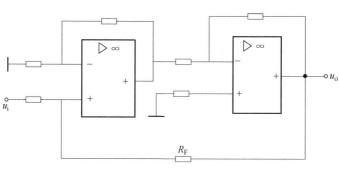

习题9-1-7图

8. 某测量放大电路，要求输入电阻高，输出电流稳定，应引入（   ）。

   A. 并联电流负反馈   B. 串联电压负反馈

   C. 并联电压负反馈   D. 串联电流负反馈

9. 希望提高放大器的输入电阻和带负载能力，应引入（   ）。

   A. 并联电压负反馈   B. 串联电压负反馈

   C. 串联电流负反馈   D. 并联电流负反馈

10. 习题9-1-10图所示 RC 正弦波振荡电路中，在维持等幅振荡时，若 $R_F = 100$kΩ，则 R_1 为（   ）。

   A. 100kΩ   B. 200kΩ   C. 50kΩ   D. 150kΩ

9-2 在习题9-2图所示的反相比例运算电路中，设 $R_1 = 10$kΩ，$R_F = 500$kΩ，试求闭环电压放大倍数 A_F 和平衡电阻 R_2。

9-3 在习题9-3图所示的同相比例运算电路中，已知 $R_1 = 2$kΩ，$R_F = 10$kΩ，$R_2 = 2$kΩ，$R_3 = 18$kΩ，$u_i = 1$V，试计算输出电压 u_o。

9-4 如习题9-4图所示，已知 $u_{i1} = 1$V，$u_{i2} = 2$V，$u_{i3} = 3$V，$u_{i4} = 4$V，$R_1 = R_2 = 2$kΩ，$R_3 = R_4 = R_F = 1$kΩ，试计算输出电压 u_o。

9-5 如习题9-5图所示，试列出 u_o 与 u_i 的运算关系式。

9-6 如习题9-6图所示，试列 u_o 与 u_{i1}、u_{i2} 的运算关系式。

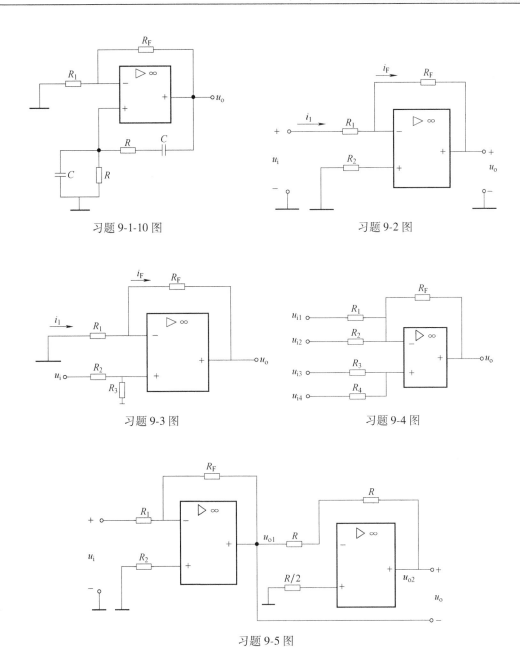

习题 9-1-10 图

习题 9-2 图

习题 9-3 图

习题 9-4 图

习题 9-5 图

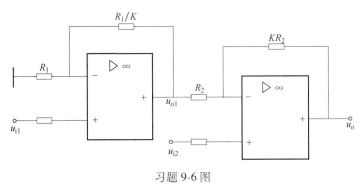

习题 9-6 图

9-7 试分析习题9-7图所示的放大电路，指出反馈电路类型和反馈性质（正反馈还是负反馈，直流反馈还是交流反馈），判断反馈方式为何种组态（串联还是并联，电压还是电流）。

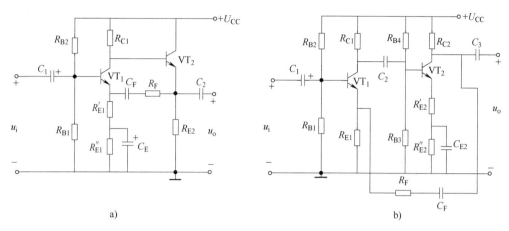

习题 9-7 图

9-8 判断习题9-8图所示电路的反馈类型（正负反馈、串并联反馈、电压电流反馈、交直流反馈）。

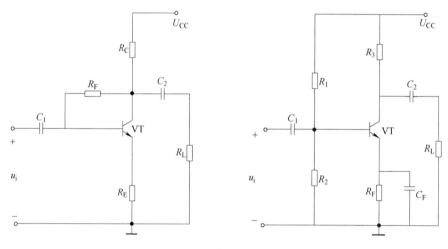

习题 9-8 图

第 10 章

直流稳压电源

导读

目前电能主要以交流电形式供电，但在许多场合都需要直流电源，如电解、电镀、直流电动机的驱动、各种电子设备和自动控制装置等。为了得到直流电源，可采用半导体器件(二极管等)将单相或三相交流电压转换为幅值稳定、输出电流不等的直流电压。将交流电转换为直流电的电路(或设备)，称为直流稳压电源。直流稳压电源主要由电源变压器、整流电路、滤波电路和稳压电路四部分组成，如图 10-0-1 所示。

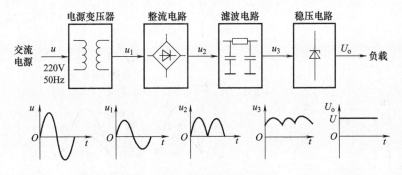

图 10-0-1　直流稳压电源框图

电源变压器(亦称整流变压器)的作用是将交流电源电压转换为整流电路所需的交流电压；整流电路的作用是将交流电压变换为单方向脉动电压；滤波电路的作用是将整流输出电压中的交流成分滤除，以减小脉动程度，为负载提供比较平滑的整流电压；稳压电路的作用是在交流电源电压波动或负载变动时，使得输出的直流电压比较平滑稳定。

本章首先讨论整流电路、滤波电路和稳压电路，然后分析直流稳压电源。

本章学习要求

1) 理解单相半波和桥式整流电路的工作原理。

2) 了解滤波电路和稳压管稳压电路的工作原理。

3) 了解三端集成稳压器的应用。

10.1 整流电路

10.1.1 单相半波整流电路

1. 工作原理

单相半波整流电路由电源变压器 TR、二极管 VD 和负载电阻 R_L 组成，如图 10-1-1 所示。设电源变压器二次绕组电压（也称整流输入电压）为

$$u = \sqrt{2}\,U\sin\omega t$$

其波形如图 10-1-2a 所示。

根据二极管 VD 的单向导电性，当 u 为正半周时，a 端为正，b 端为负，二极管 VD 在正向电压作用下导通，电阻 R_L 中流过电流，其两端电压 $u_O = u$，二极管相当于短路；当 u 为负半周时，a 端为负，b 端为正，二极管承受反向电压而截止，电阻 R_L 上无电流流过，其两端电压 $u_O = 0$。在二极管 VD 导通时，其正向压降 U_D 很小，可忽略不计。因此，二极管导通时输出电压 u_O 的波形和输入电压 u 正半周的波形相同，如图 10-1-2b 所示。

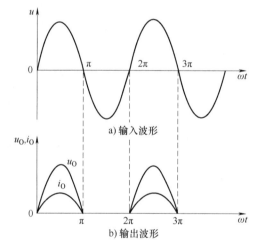

a) 输入波形

b) 输出波形

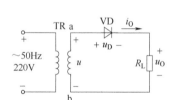

图 10-1-1 单相半波整流电路　　　　图 10-1-2 单相半波整流电路的电压电流波形

2. 单相半波整流电路的主要参数

用于描述整流电路性能好坏的主要参数有输出电压平均值、输出电流平均值、二极管承受的最大反向电压。

（1）输出电压平均值

负载上得到单一方向，但大小变化的电压 u_O，称为单向脉动电压。单相半波整流电压 u_O 在一个周期的平均值为

$$U_O = \frac{1}{2\pi}\int_0^\pi \sqrt{2}\,U\sin\omega t\,\mathrm{d}(\omega t) = \frac{\sqrt{2}}{\pi}U = 0.45U \tag{10-1-1}$$

可见，单相半波整流电压平均值与交流电压有效值之间的关系。

（2）输出电流平均值

输出电流平均值为

$$I_O = \frac{U_O}{R_L} = 0.45\frac{U}{R_L} \tag{10-1-2}$$

（3）二极管承受的最大反向电压

电路中二极管 VD 在不导通（截止）时，所承受的最大反向电压为

$$U_{\mathrm{DRM}} = \sqrt{2}\,U \tag{10-1-3}$$

根据负载所需要的直流电压 U_{O}、直流电流 I_{O} 和最大反向电压 U_{DRM}，则可选择合适的整流元件。

10.1.2　单相桥式整流电路

单相半波整流电路结构简单，但其缺点是只利用了电源的半个周期，整流输出电压低、脉动幅度较大且变压器利用率低。为了克服这些缺点，可以采用全波整流电路，如图 10-1-3a 所示。

1. 电路组成

电路中 4 个二极管连接成电桥的形式，故称为单相桥式整流电路。单相桥式整流电路习惯简化画法如图 10-1-3b 所示。

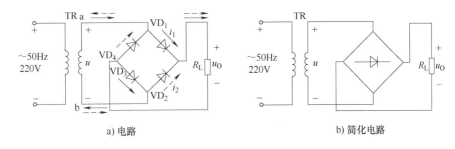

a) 电路　　　　　　　　　　　　　b) 简化电路

图 10-1-3　单相桥式整流电路

2. 工作原理

当变压器二次绕组电压 u 为正半周时，a 点的电位高于 b 点，二极管 VD_1、VD_3 导通，VD_2、VD_4 截止，电流 i_1 流通的路径是 a→VD_1→R_L→VD_3→b。负载电阻 R_L 上得到一个半波电压，如图 10-1-4b 所示。

当变压器二次绕组电压 u 为负半周时，b 点的电位高于 a 点，二极管 VD_1、VD_3 截止，VD_2、VD_4 导通，电流 i_2 的通路是 b→VD_2→R_L→VD_4→a。同样，负载电阻 R_L 上得到一个半波电压，如图 10-1-4b 所示。

3. 单相桥式整流电路的主要参数

（1）输出电压平均值

全波整流电路输出电压的平均值为

$$U_{\mathrm{O}} = \frac{1}{\pi}\int_0^{\pi} \sqrt{2}\,U\sin\omega t\,\mathrm{d}(\omega t)$$

$$= \frac{2\sqrt{2}}{\pi}U = 0.9U \tag{10-1-4}$$

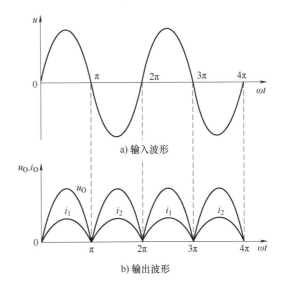

a) 输入波形

b) 输出波形

图 10-1-4　单相桥式整流电路的电压电流波形

（2）输出电流平均值

输出电流的平均值为

$$I_{\mathrm{O}} = \frac{U_{\mathrm{O}}}{R_{\mathrm{L}}} = 0.9\frac{U}{R_{\mathrm{L}}} \tag{10-1-5}$$

（3）二极管的平均电流

在桥式整流电路中每个二极管只导通半周，导通角为 π，因而通过每个二极管的平均电流是负载电流平均值的 $1/2$，即

$$I_{\mathrm{D}} = \frac{1}{2}I_{\mathrm{O}} \tag{10-1-6}$$

（4）二极管承受的最大反向电压

由图 10-1-4 可见，每个二极管承受的最大反向电压与半波整流电路相同，即

$$U_{\mathrm{DRM}} = \sqrt{2}\,U \tag{10-1-7}$$

4. 整流二极管的选择

考虑到电网电压的波动范围为 10%，为了工作可靠，选择桥式整流电路的整流二极管时，应至少有 10% 的余量，因此应使二极管的最大整流电流 $I_{\mathrm{OM}} > 1.1I_{\mathrm{D}}$，二极管的反向工作峰值电压 $U_{\mathrm{RWM}} > 1.1U_{\mathrm{DRM}}$。

单相桥式整流电路与半波整流电路相比，在相同的变压器二次电压下，对二极管的参数要求是一致的，并且还具有输出电压高、变压器利用率高、脉动小等优点，因此得到相当广泛的应用。

目前，半导体器件生产厂家已将整流二极管封装在一起，制造成单相桥式整流模块。模块只有输入交流和输出直流四根接线引脚，其特点是连接线少，可靠性高，使用相当方便。

例 10-1-1 要求设计一单相桥式整流电路，其输出直流电压为 110V、直流电流为 3A。试求：（1）变压器二次绕组电压和电流的有效值；（2）二极管所承受的最大反向电压；（3）选择合适的二极管。

解：（1）由式（10-1-4）可知变压器二次绕组电压的有效值为

$$U = \frac{U_{\mathrm{O}}}{0.9} = \frac{110}{0.9}\mathrm{V} = 122\mathrm{V}$$

考虑到二极管的正向压降和变压器二次绕组的阻抗压降，空载电压 U_{20} 应略大于（约 10%）U，设

$$U_{20} = 1.1U = 1.1 \times 122\mathrm{V} = 134\mathrm{V}$$

变压器二次绕组电流的有效值为

$$I = \frac{U}{R_{\mathrm{L}}} = \frac{1}{0.9}I_{\mathrm{O}} = 1.11I_{\mathrm{O}} = 1.11 \times 3\mathrm{A} = 3.33\mathrm{A}$$

（2）二极管承受的最大反向电压为

$$U_{\mathrm{DRM}} = \sqrt{2}\,U_{20} = \sqrt{2} \times 134\mathrm{V} = 190\mathrm{V}$$

通过二极管的电流平均值为

$$I_{\mathrm{D}} = \frac{1}{2}I_{\mathrm{O}} = \frac{1}{2} \times 3\mathrm{A} = 1.5\mathrm{A}$$

（3）查手册，可选用 4 只 2CZ12D 型整流二极管，其最大整流电流为 3A，反向工作峰值电压为 300V（为使用安全起见，其反向工作峰值电压要比实际承受的最大反向电压大一倍左右）。

10.2　滤波电路

整流电路虽然输出的电压为单方向的脉动电压，但还含有或大或小的交流分量（多次谐波分量），对常用的电子仪器和自动控制设备而言，经整流输出的电压不宜用作直流电源。因此，一般在整流后，还需使用滤波电路将脉动的直流电压变为平滑的、比较理想的直流电压。滤波电路分为无源电路和有源电路，而直流电源中均采用无源电路。

1. 电容滤波电路

电容滤波电路是最常见也是最简单的滤波电路，在整流电路的输出端（即负载电阻两端）并联一个电容即组成滤波电路，如图 10-2-1a 所示。利用电容的充放电作用，使输出电压趋于平滑。

（1）工作原理

在 u 的正半周，$u>u_C$，二极管 VD_1、VD_3 导通，电源既向负载 R_L 供电，又对电容 C 充电，当到达最大值（$u_C=U_m$）时，u_C 随 u 下降而下降。当 $u<u_C$ 时，VD_1、VD_3 承受反向电压而截止，电容对负载放电，u_C 按指数规律下降。

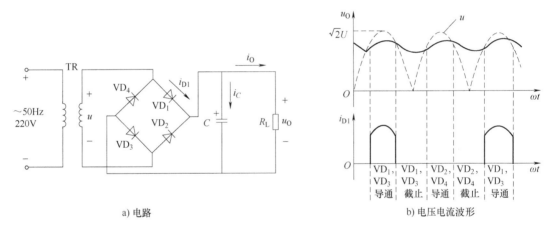

a) 电路　　　　　　　　　　　　　b) 电压电流波形

图 10-2-1　单相桥式整流电容滤波电路

在 u 的负半周，又开始重复上述规律进行充放电，只是在 $|u|>u_C$ 时，VD_2、VD_4 导通。经滤波后 u_O 的波形如图 10-2-1b 所示。

（2）滤波电容的选择和输出直流电压的估算

整流电路采用电容滤波的目的是减小输出电压的脉动幅度。由于流经导通二极管的电流相等，如 VD_1、VD_3 导通时，电流为 $i_{D1}=i_C+i_O$，如图 10-2-1b 所示。电路充电的时间常数为 $\tau_1=r_0C$，其中 r_0 为变压器二次绕组的内阻和二极管 VD_1、VD_3 导通时的正向电阻之和，而二极管的正向电阻及变压器二次绕组的内阻很小，可以忽略；放电时间常数 $\tau_2=R_LC$ 较大，故输出电压下降缓慢。

在实际工作中，为了得到比较好的滤波效果，常常根据下式来选择滤波电容 C 的容量：

$$R_LC \geqslant (3 \sim 5)\frac{T}{2} \tag{10-2-1}$$

式中，T 为电网交流电压的周期。由于电容值比较大，因此通常可选用电解电容器。电容器的耐压应大于$\sqrt{2}U$，连接时一定要注意极性不能接反。

输出电压的平均值为

$$\begin{cases} U_0 = U(\text{半波整流}) \\ U_0 = 1.2U(\text{全波整流}) \end{cases} \tag{10-2-2}$$

每个二极管中的平均电流仍为负载电流平均值的一半，但二极管的导通时间缩短。因流经二极管的冲击电流较大，要求选择二极管时应考虑留有适当的余量，一般取平均电流的2~3倍选择二极管的最大整流电流。

总之，电容滤波电路简单易行，输出电压平均值高，适用于负载电流较小，并且其变化也较小的场合。

例 10-2-1 某单相桥式整流电容滤波电路，负载电阻 $R_L = 150\Omega$，要求输出电压 $U_0 = 30\text{V}$，交流电源的频率 $f = 50\text{Hz}$。试求：（1）变压器二次绕组电压和电流的有效值；（2）选择整流二极管和滤波电容。

解：（1）变压器二次绕组电压和电流的有效值分别为

$$U = \frac{U_0}{1.2} = 25\text{V}$$

$$I = 2I_0 = 2 \times \frac{U_0}{R_L} = 0.4\text{A}$$

（2）选择整流二极管

流过二极管的平均电流为

$$I_D = \frac{1}{2}I_0 = 0.1\text{A}$$

二极管所承受的最大反向电压为

$$U_{DRM} = \sqrt{2}U = 35\text{V}$$

考虑充电时流过二极管的冲击电流，二极管可选 2CZ54C，其最大整流电流为 500mA，反向工作峰值电压为 100V。

选择的电容由

$$R_L C = 5 \times \frac{T}{2} = 0.05\text{s}$$

可得

$$C = 333\mu\text{F}$$

因此，可以选用 $333\mu\text{F}$、耐压 50V 的电解电容。

2. 电感滤波电路

在电流较大时，由于负载电阻 R_L 很小，若采用电容滤波电路，则电容容量势必会很大，而且整流二极管的冲击电流也会增大，就会使得整流二极管和电容器的选择变得较难，在这种情况下可选用电感滤波。在整流电路与负载电阻之间串联一个电感线圈 L，就构成了电感滤波电路。由于电感线圈的电感量要足够大，所以一般需要采用有铁心的线圈，如图 10-2-2 所示。

电感滤波是利用电感隔交通直的特性进行滤波的。当整流电路输出脉动直流电压时，负载电流将随着增加或减少。当负载电流增加时，电感线圈中就会产生与电流方向相反的感应

图 10-2-2　单相桥式整流电感滤波电路

电动势，阻止电流的增加；而当负载电流减少时，电感线圈中就会产生与电流方向相同的感应电动势，阻止电流的减少。这样使得负载电流的脉动程度减小了，在负载上也就可以得到一个比较平滑的直流输出电压。电感量越大，滤波效果越好。

电感线圈对直流分量呈现的电抗很小（仅为线圈本身的内阻 R），故电感滤波电路输出电压的平均值为

$$U_O = U_D \frac{R_L}{R + R_L} \approx 0.9 U \frac{R_L}{R + R_L} \tag{10-2-3}$$

式中，U_D 为整流电路输出的直流电压平均值（忽略交流分量 u_d）。

电感滤波电路输出电压平均值小于整流电路输出电压平均值，当 R 可忽略不计时，$U_O \approx 0.9 U$，输出电压的交流分量越小，脉动越小。应注意的是，只有 $\omega L \gg R_L$ 时，才能获得较好的滤波效果，即 L 越大，滤波效果越好。另外，由于感应电动势的作用，减小了二极管的冲击电流，平滑了流经二极管的电流，也延长了二极管的寿命。

3. 复式滤波电路

电容滤波电路只有在 $R_L C$（放电时间常数）数值较大时，才可以有效地抑制谐波分量。电感滤波电路电感越大才能获得较好的滤波效果，但 L 增大，则 ωL 增大，因而线圈匝数增大，线圈内阻 R 也增大，从而引起输出电压下降。当单独使用电容或电感进行滤波，效果仍然不理想时，可以采用复式滤波电路。通常采用的复式滤波电路主要有 LC 滤波电路、π 形 LC 滤波电路和 π 形 RC 滤波电路等，如图 10-2-3 所示。复式滤波电路的工作原理与电容滤波电路和电感滤波电路相同，只不过是经过两次以上的滤波，使得输出波形更加平滑，负载上近乎得到干电池电源电压的效果。

各种滤波电路性能比较见表 10-2-1。

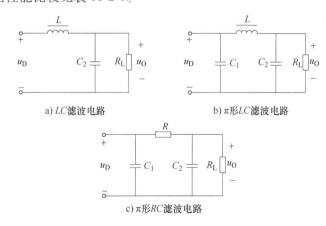

a) LC 滤波电路　　　　　　b) π 形 LC 滤波电路

c) π 形 RC 滤波电路

图 10-2-3　复式滤波电路

表 10-2-1　各种滤波电路性能比较

性能	C	L	LC	π 形 LC 或 RC
U_O/U	1.2	0.9	0.9	1.2
二极管导通角 θ	小	大	大	小
适用场合	小电流负载	大电流负载	适应性较强	小电流负载

10.3　稳压电路

　　交流电压经整流和滤波变换成比较平滑的直流电压，但由于输出电压的平均值取决于变压器二次绕组电压的有效值，所以当电网电压波动时，直流输出电压的平均值也会随之波动；另外，整流电路和滤波电路都有一定的内阻，当负载变化时，内阻压降也将发生变化。因此，经过整流和滤波的直流电压，会引起精密电子测量仪器、自动控制装置和日用电器等设备工作不正常，甚至无法工作。为了获得稳定性好的直流电压，还必须采取稳压措施，也就是在整流和滤波电路的后面再加上稳压电路。

10.3.1　稳压管稳压电路（并联型稳压电路）

1. 电路组成

　　稳压管稳压电路是由稳压管 VZ 和限流电阻 R 组成的一种最简单的稳压电路，如图 10-3-1 所示。稳压电路的输入电压是经整流和滤波后的电压 U_I，输出电压为 U_O，也就是稳压管的稳定电压 U_Z，R_L 为负载电阻。

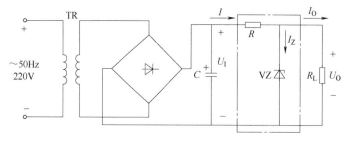

图 10-3-1　稳压管稳压电路

　　由稳压电路可得

$$U_I = U_R + U_O$$

$$I = I_Z + I_O$$

则电路输出电压为

$$U_O = U_Z = U_I - RI \tag{10-3-1}$$

2. 稳压原理

　　当某种原因引起电网电压升高时，稳压电路输入电压 U_I 随之升高，输出电压 U_O 也按比例升高。由于 $U_O = U_Z$ 以及稳压管的伏安特性，U_Z 升高使得 I 和 I_Z 迅速增大。I 增大引起 RI 升高，因而输出电压 U_O 下降。可见，只要选择合适的限流电阻 R，可抑制电网电压波动引起的 U_O 变化。上述自动稳定输出电压的过程可表述为

$$U_I \uparrow \to U_O(U_Z) \uparrow \to I_Z \uparrow \to RI \uparrow$$
$$U_O \downarrow \longleftarrow$$

可见，电网电压波动时，输出电压 U_O 基本稳定。

当负载电阻 R_L 减小（即负载电流增大）时，将使 I 增大，RI 也升高，则 U_O 下降。根据稳压管的伏安特性，U_Z 下降使得 I_Z 迅速减小，则引起 I 迅速减小。I 减小引起 RI 减小，因而输出电压 U_O 升高。如果电路参数选择适当，可使 I 基本不变，从而使 U_O 也基本不变。该自动稳定输出电压的过程可表述为

$$R_L \downarrow \rightarrow U_O(U_Z) \downarrow \rightarrow I_Z \downarrow \rightarrow I \downarrow \rightarrow RI \downarrow$$
$$U_O \uparrow \longleftarrow$$

可见，负载波动时，输出电压 U_O 基本不变。

综上所述，由稳压管 VZ 与限流电阻 R 组成的稳压电路，通过调整限流电阻 R 上的压降，达到保持输出电压 U_O 基本不变的效果。应注意的是，在电路中如果有稳压管 VZ 存在，则必须有与之匹配的限流电阻 R。

3. 电路参数的选择

选择稳压管时，一般可由经验公式计算，即有

$$\begin{cases} U_Z = U_O \\ I_{ZM} = (1.5 \sim 3)I_{OM} \\ U_I = (2 \sim 3)U_O \end{cases} \tag{10-3-2}$$

10.3.2　串联型稳压电路

稳压管稳压电路结构简单，稳压性能较好，内阻较小，常用于负载电流较小的场合，但缺点是受稳压管的最大稳定电流限制，负载电流不宜太大，电压不可调节，且稳定性较差。为了克服稳压管稳压电路输出电压不宜调节及不能适应输出电压波动大和负载电流波动大的缺点，通常可采用串联型稳压电路。串联型稳压电路克服了并联型稳压电路输出电流小，输出电压不能调节的缺点，因而在电子设备中得到了广泛的应用。同时，这种稳压电路也是集成稳压电路的基本组成部分。

串联型稳压电路以稳压管稳压电路为基础，利用晶体管或运算放大器的放大作用，增大负载电流，保持输出电压的稳定性和可调性，因而使用相当广泛。带有运算放大器的串联型稳压电路如图 10-3-2 所示。

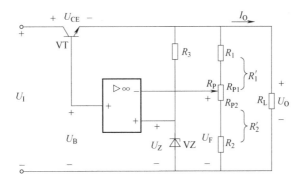

图 10-3-2　串联型稳压电路

1. 电路组成

（1）采样环节

采样电路由电阻 R_1、R_P、R_2 组成，将输出电压 U_O 的一部分电压 U_F，送至比较放大电

路的反相输入端。采样电压为

$$U_F = \frac{R_2'}{R_1' + R_2'} U_O \qquad (10\text{-}3\text{-}3)$$

式中，$R_1' = R_1 + R_{P1}$，$R_2' = R_2 + R_{P2}$，R_P 为电位器的阻值。

（2）基准电压

基准电压由稳压管 VZ 和限流电阻 R_3 组成的电路获得，即稳压管的电压 U_Z。基准电压是一个稳定性较高的直流电压，作为调整、比较的标准。

（3）比较放大

比较放大电路由运算放大器构成，运算放大器的输出电压为

$$U_B = A_u(U_+ - U_-) = A_u(U_Z - U_F) \qquad (10\text{-}3\text{-}4)$$

运算放大器将采样电压 U_F 和基准电压 U_Z 比较产生的差值电压放大后去控制晶体管 VT 的压降 U_{CE}。

（4）调整环节

调整环节由工作在放大区的晶体管 VT 组成，其基极电流 I_B 受比较放大电路输出信号控制。只要控制晶体管 VT 的基极电流 I_B，就可以改变集电极电流 I_C 和集-射极电压 U_{CE}，从而达到自动调整输出电压 U_O 的目的，所以称晶体管 VT 为调整管。

2. 稳压原理

当输入电压 U_I 或负载电阻 R_L（即负载电流 I_O）的变化使输出电压 U_O 升高时，采样电压 U_F 随之升高，运算放大器的输出电压 U_B 下降，调整管 VT 的集电极电流 I_C 也减小，管压降 U_{CE} 升高，输出电压 $U_O = U_I - U_{CE}$ 下降，使得输出电压 U_O 保持不变。其自动调整过程实际上是利用电阻 R_2' 引入的串联电压负反馈来实现的，即

$$U_O \uparrow \rightarrow U_F \uparrow \rightarrow U_B \downarrow \rightarrow I_C \downarrow \rightarrow U_{CE} \uparrow$$
$$U_O \downarrow \longleftarrow$$

同理，当 U_I 或者 I_O 的变化使 U_O 降低时，电路同样可以使输出电压 U_O 保持不变。

根据图 10-3-2 所示电路，串联型稳压电路的输出电压为

$$U_O = \left(1 + \frac{R_1'}{R_2'}\right) U_F \qquad (10\text{-}3\text{-}5)$$

从上述调整过程可以看出，改变基准电压或调整电位器，即可改变输出电压 U_O 的大小。

10.3.3 集成稳压电源

分立元件组装的直流稳压电源体积大、成本高、功能单一，故使用不方便。随着集成工艺技术的飞速发展，已将串联型稳压电路中的采样环节、基准电压、比较放大和调整环节各元器件等集成在同一硅片上，制成稳压器。

集成稳压电源具有体积小、使用方便、工作可靠等特点，目前已得到广泛应用。目前国内外生产的集成稳压器多达数千种，产品主要包括两类：固定输出式和可调输出式。在集成稳压器中，最常用的是三端集成稳压器，这里主要介绍 W78×× 和 W79×× 系列三端稳压器，三端稳压器的外形与引脚排列如图 10-3-3 所示。W78×× 系列的 3 个引脚分别为输入端 1、输出端 2 和公共端 3，W79×× 系列的 3 个引脚分别为输入端 3、输出端 2 和公共端 1。

常用的三端稳压器有 W78×× 系列（输出固定正电压）和 W79×× 系列（输出固定负电压），

"××"表示输出的电压值，可为 5V、6V、9V、12V、15V、18V 和 24V 共 7 个等级。例如，W7815 表示输出电压为 +15V，W7915 表示输出电压为 -15V。如果需要 -5V 直流电压时，应选用 W7905 稳压器。W78×× 和 W79×× 系列稳压器外加散热器时，输出电流可达 1.5 ~ 2.2A，最高输出电压为 ±35V，输出电压变化率为 0.1% ~ 0.2%。下面介绍三端稳压器的应用电路。

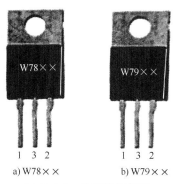

图 10-3-3　稳压器外形图

1. 基本电路

W78×× 和 W79×× 系列稳压器的基本应用电路如图 10-3-4 所示。

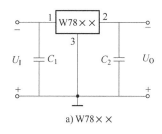 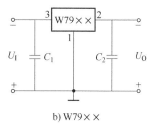

图 10-3-4　三端稳压器基本应用电路

2. 提高输出电压电路

当实际所需电压超过稳压器的规定值时，可以外接一些元件，以提高输出电压，如图 10-3-5 所示。U_{XX} 为三端稳压器的固定输出电压，则实际输出电压为

$$U_O = U_{XX} + U_Z \qquad (10\text{-}3\text{-}6)$$

3. 扩大输出电流电路

当稳压电路所需输出电流大于 2A 时，可以通过外接大功率晶体管扩大输出电流，如图 10-3-6 所示。图中 I_3 为稳压器公共端电流，其值很小，一般为几毫安，可以忽略不计。所以 $I_1 \approx I_2$，则有

$$I_O \approx I_2 + I_C = I_2 + \beta I_B = I_2 + \beta(I_1 - I_R)$$
$$= (1+\beta)I_2 - \beta\frac{U_{BE}}{R} \qquad (10\text{-}3\text{-}7)$$

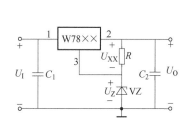 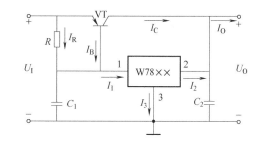

图 10-3-5　提高输出电压电路　　　图 10-3-6　提高输出电流电路

可见，因为 U_{BE} 很小，输出电流近似扩大了 β 倍。

电路中的电阻 R 用于保证晶体管只在输出电流 I_O 较大时才导通。

4. 输出电压可调式稳压电路

输出电压可调稳压电路如图 10-3-7 所示，运算放大器起电压跟随作用。电路中 $U_+ = U_-$，则输出电压 U_0 为

$$U_0 = \left(1 + \frac{R_2}{R_1}\right) U_{XX} \tag{10-3-8}$$

只要适当调节电位器 R_P，即适当调整 R_1 与 R_2 的比值，则可调节输出电压 U_0 的大小。

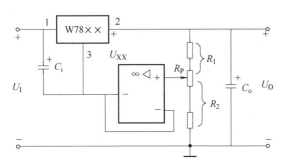

图 10-3-7 输出电压可调式稳压电路

5. 正、负输出稳压电路

W78×× 与 W79×× 相互配合，可以得到正、负输出稳压电路，如图 10-3-8 所示。电路中二极管 VD_1、VD_2 起保护作用，正常工作时均处于截止状态。如果 W79×× 的输入端未接入输入电压，W78×× 的输出电压将通过负载电阻接到 W79×× 的输出端使得 VD_2 导通，从而将 W79×× 的输出电位钳制在 0.7V 左右，保护其不被损坏；同样，VD_1 对 W78×× 起保护作用。

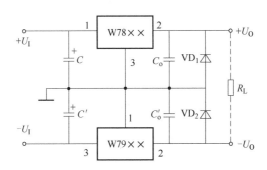

图 10-3-8 正、负输出稳压电路

本章小结

（1）在电路系统中，常常需要将交流电网电压转换为稳定的直流电压，为此要使用整流、滤波和稳压等环节来实现。

（2）整流电路是利用二极管的单向导电性，将交流电转变为脉动的直流电。整流电路有半波和全波两种，常用的是单相桥式整流电路。虽然两种整流电路的输出电压均为单向脉动直流电压，但单相桥式整流电路的输出电压脉动幅度小。

（3）为抑制输出电压中的脉动程度，通常在整流电路后再接滤波电路。滤波电路有各种不同的形式，滤波的主要目的在于利用储能元件滤掉脉动直流电压中的交流成分，使其输出

电压比较平稳。滤波电路一般可分为电容滤波、电感滤波、复式滤波。

（4）为了保证输出电压不受电网电压、负载和温度的变化而产生波动，可在整流滤波后接入稳压电路。稳压管稳压电路结构简单，但输出电压不可调，适用于负载电流较小的场合。串联型稳压电路中引入了深度电压负反馈，输出电压较为稳定。

（5）集成稳压电源中重点是三端稳压器，它具有体积小、质量轻、价格低、使用方便等优点，应用相当广泛。另外其型号较多，除 W78××、W79×× 系列，还有 W117、W217、W317、W137、W237 等。目前已经有整流、滤波、稳压于一体的直流模块出售，应用时应了解各种电路的具体特点。

拓展知识

我国稳压器发展前景光明，必须走自主创新之路

随着社会的进步，用电设备与日俱增，由于我国西电东送、南北互供、全国联网的实施，稳压器需求仍将保持平稳增长的态势。

稳压器是一种能自动调整输出电压的供电电路或供电设备，其作用是将波动较大和达不到电器设备要求的电源电压稳定在它的设定值范围内，使各种电路或电器设备能在额定工作电压下正常工作。

国内稳压器前景光明

随着新一轮的电力投资热潮来临，输变电设备制造企业在未来几年都将处于满负荷状态，呈现产销两旺、十分景气的局面。而作为输配电行业一个重要分支的稳压器制造业更是一路高歌。

据统计，稳压器增长速度将继续快于总体模拟集成电路（IC）市场和半导体市场，2018—2022 年均复合增长率约为 11.26%。

相比之下，同期总体模拟 IC 市场与总体半导体市场的复合年度增长率分别为 6.92% 和 9.21%。稳压器是一个快速增长的市场，2022 年销售额预计将从 2016 年的 556 亿美元增长到 1108 亿美元。每年的增长速度都高于其他模拟 IC 市场。

稳压器行业需不断创新

数十年来，我国的电力行业发展迅速，电力供应出现紧张局面，庞大的电力建设给稳压器行业带来了机遇和挑战，因此走技术创新之路是必然的选择。

电源中的电子稳压器需要进行技术创新，在具体使用条件下完成具体功能中，追求性能价格比最好。现在的电源产品，普遍以"轻、薄、短、小"为特点向小型化和便携化发展。电子稳压器必须适应作为用户的电源产品对体积和质量的要求，同时，由于电子稳压器的原材料价格逐年上涨，因此，如何减小体积和质量，如何降低成本，成为近年来电子稳压器发展的主要方向。

目前我国从事电子稳压器研究、开发生产的单位已超过 2000 家，其中有国营、民营和外资企业。虽然我国在小容量方面已经拥有相当的实力，但是我国技术实力还非常薄弱，阻碍了我国稳压器行业今后的发展。

因此，我国稳压器在引进国外先进技术的同时，需大力推动自主创新，不断研制和开发出各种结构形式的稳压器。这对于我国在国际市场中占有领先的地位具有重要的意义。

习　题

10-1　选择题

1. 在习题 10-1-1 图所示的单相半波整流电路中，$u = 141\sin\omega t\,\text{V}$，则整流电压平均值 U_O 为（　　　）。

A. 63.45V　　　　　　　　B. 45V　　　　　　　　C. 90V

2. 在习题 10-1-2 图所示的单相桥式整流电路中，$u = 141\sin\omega t\,\text{V}$，若有一个二极管断开，则整流电压平均值 U_O 为（　　　）。

A. 63.45V　　　　　　　　B. 45V　　　　　　　　C. 90V

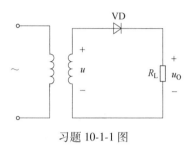　　　　　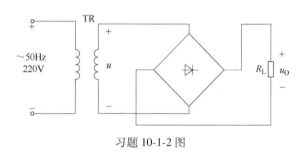

习题 10-1-1 图　　　　　　　　　　　　　习题 10-1-2 图

3. 在习题 10-1-3 图所示的变压器二次绕组有中心抽头的单相全波整流电路中，$u = 20\sqrt{2}\sin\omega t\,\text{V}$，则整流电压平均值 U_O 为（　　　）。

A. 9V　　　　　　　　B. 18V　　　　　　　　C. 20V

4. 在习题 10-1-3 图所示的变压器二次绕组有中心抽头的单相全波整流电路中，$u = 20\sqrt{2}\sin\omega t\,\text{V}$，截止时二极管承受的最大反向电压 U_{DRM} 为（　　　）。

A. 40V　　　　　　　　B. $40\sqrt{2}\,\text{V}$　　　　　　　　C. $20\sqrt{2}\,\text{V}$

5. 在习题 10-1-5 图所示的电路中，$u = 10\sqrt{2}\sin\omega t\,\text{V}$，二极管 VD 承受的最大反向电压 U_{DRM} 为（　　　）。

A. $10\sqrt{2}\,\text{V}$　　　　　　　　B. $20\sqrt{2}\,\text{V}$　　　　　　　　C. 10V

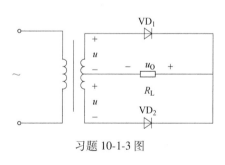　　　　　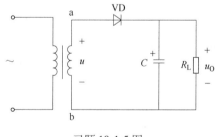

习题 10-1-3 图　　　　　　　　　　　　习题 10-1-5 图

6. 在习题 10-1-5 图所示的电路中，$u = 10\sqrt{2}\sin\omega t\,\text{V}$，当输出端开路时，则电压 u_O 为（　　　）。

A. $10\sqrt{2}\,\text{V}$　　　　　　　　B. $20\sqrt{2}\,\text{V}$　　　　　　　　C. u

7. 在习题 10-1-7 图所示的稳压电路中，已知 $U_1 = 10\text{V}$，$U_O = 5\text{V}$，$I_Z = 10\text{mA}$，$R_L = 500\Omega$，则限流电阻 R 应为（　　　）。

A. 1000Ω　　　　　　　　B. 500Ω　　　　　　　　C. 250Ω

8. 在习题 10-1-8 图所示的稳压电路中，已知 $U_Z = 6\text{V}$，则 U_O 为（　　　）。

A. 6V　　　　　　　　B. 15V　　　　　　　　C. 21V

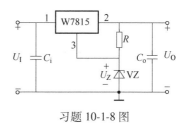

习题 10-1-7 图　　　　　　习题 10-1-8 图

9. 在习题 10-1-9 图所示的可调稳压电路中 $R=0.25\text{k}\Omega$，如果要得到 10V 的输出电压，应该将 R_p 调到多大（　　）。

A. $6.8\text{k}\Omega$　　　　　　B. $4.5\text{k}\Omega$　　　　　　C. $1.75\text{k}\Omega$

10-2　在习题 10-2 图中，已知 $R_L=80\Omega$，直流电压表 V 的读数为 110V，求：

（1）直流电流表 A 的读数；（2）整流电流的最大值；（3）交流电压表 V_1 的读数。

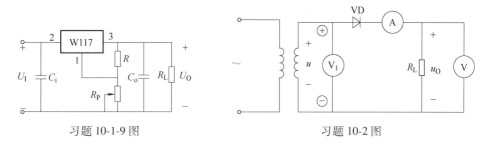

习题 10-1-9 图　　　　　　　　　习题 10-2 图

10-3　有一电压为 110V，电阻为 55Ω 的直流负载，采用单相桥式整流电路（不带滤波器）供电，试求变压器二次绕组电压和电流的有效值。

10-4　今要求负载电压 $U_o=30\text{V}$，负载电流为 $I_o=150\text{mA}$，采用单相桥式整流电路，带电容滤波器，已知交流频率为 50Hz，试选用滤波电容器。

10-5　在习题 10-5 图中，试求输出电压 U_o 的可调范围是多少？

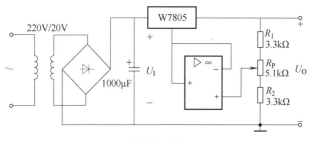

习题 10-5 图

227

10-6　试设计一直流稳压电源，其输入 220V/50Hz 的交流电压，输出电压 U_o 为 15V，最大输出电流为 500mA，采用单相桥式整流电路（带电容滤波）和三端集成稳压器（输入输出电压差为 5V）。

（1）画出电路图；

（2）确定电源变压器电压比；

（3）选择整流二极管、滤波电容和三端集成稳压器。

第 **11** 章

门电路和组合逻辑电路

导读

电子技术中用于传递和处理信号的电子电路一般可分为两大类，即模拟电子电路(简称模拟电路)和数字电子电路(简称数字电路)。前面几章讨论的都是模拟电路，其中的电信号是随时间连续变化的模拟信号，本章开始讨论数字电路。数字电路是指能够完成对数字量进行算术和逻辑运算的电路，其中的电信号是不连续变化的数字信号(也称脉冲信号)。由于它具有逻辑运算和逻辑处理功能，因此也将数字电路称为数字逻辑电路。按电路的组成单元和功能，数字电路又分为组合逻辑电路和时序逻辑电路。本章在讨论组合逻辑电路基本单元(门电路)的基础上，介绍常用组合逻辑电路的分析和设计方法。

本章学习要求

1）了解数字电路特点，会进行数制间的转换。
2）掌握常用门与组合门的逻辑功能，了解 TTL 门和 CMOS 门的特点。
3）掌握逻辑代数的基本运算法则和基本定律，能熟练运用逻辑表达式、逻辑状态表和逻辑图表示逻辑函数，掌握逻辑函数的化简方法。
4）重点掌握简单组合逻辑电路的分析设计方法。

11.1 数字电路基础

数字电路是处理和传输数字信号的电路，所谓数字信号是指在时间和数值上离散的信号，如矩形波、尖脉冲等。在数字电路中主要研究的是输入、输出信号之间的逻辑关系(条件和结果间的关系)，常用 0 和 1 两个状态表示。

数字电路基础

11.1.1 数字电路特点

某测量旋转物体转速的数字测速系统如图 11-1-1 所示。被测物体的转轴上装有一个圆盘，圆盘上有一个小孔，光线可透过小孔照射到光电接收装置上。有光照时，光电接收装置的输出电压增大。因此被测物体每转动一周，光电接收装置就输出一个电信号，这个信号具有短暂和突发的特点，这种信号称为脉冲信号。由光电接收装置输出的脉冲信号较弱，幅度小且形状不规则，通常应进行放大和整形。整形后的信号通过门控电路进入计数器。门控电路由程序控制电路发出的信号控制其开、闭。门控电路应过一段时间打开一次，每次开通一定的时间（1s）。只有门控电路打开时，脉冲信号才能通过这个电路进入计数器。最终显示译码器显示出待测电动机的转速。

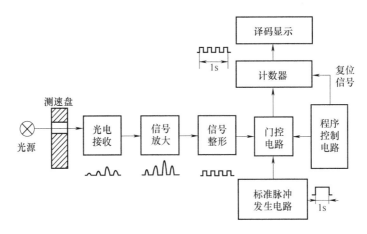

图 11-1-1　数字测速系统框图

通过上述数字测速电路的工作原理，可以看出数字电路具有以下特点。

1）抗干扰能力强，精度高。在模拟电路中主要研究的是输入与输出间的大小和相位关系，而数字电路中二极管、晶体管和场效应晶体管均工作在开关状态，主要研究脉冲信号在处理和传输中有、无（1 和 0 二值信号）间的逻辑关系。外界干扰信号被局限在一定范围，对脉冲信号几乎没有影响，因而数字电路具有较强的抗干扰能力。

2）电路结构简单，通用性强。数字电路在信号处理和传输时，仅要求电路能够识别高、低电平。因此，凡具有高、低两个稳定电平的电路，均可作为数字电路的基本单元电路（门电路和触发器）。由基本单元电路组成的数字电路，不仅结构简单和使用方便，还便于集成化和系列化。

3）良好的保密性能。数字电路在进行信号处理和传输的过程中均采用数字信号（1 和 0），因而较易于进行加密处理，故对信息资源具有良好的保密性。

11.1.2　数制

所谓数制是指计数进位制。按进位规律分十进制、二进制、八进制和十六进制等，人们日常生活和工作中习惯用十进制，数字电路中广泛使用二进制，而计算机系统中常用十六进制。

1. 十进制

十进制有 0~9 共 10 个数码，基数为 10，低位数码向高位数码的进位规律是"逢 10 进 1"，数码在数列中的位置不同，其值也不同。例如，数 3267，可用 10 的幂的整数倍之和表示为

$$(3267)_{10} = 3 \times 10^3 + 2 \times 10^2 + 6 \times 10^1 + 7 \times 10^0$$

通常，对于任意一个有多位整数的十进制数，可展开为

$$(N)_{10} = d_{n-1}10^{n-1} + d_{n-2}10^{n-2} + \cdots + d_1 10^1 + d_0 10^0 = \sum_{i=0}^{n-1} d_i 10^i \qquad (11\text{-}1\text{-}1)$$

式中，d_i 为第 i 位的数码，可取 0~9 中的任何一个；10^i 为各对应位的"权"；n 为整数的总位数。

2. 二进制

二进制只有 2 个数码 **0** 和 **1**，基数为 2，进位规律是"逢 2 进 1"。n 位二进制数的按"权"展开式为

$$(N)_2 = d_{n-1}2^{n-1} + d_{n-2}2^{n-2} + \cdots + d_1 2^1 + d_0 2^0 = \sum_{i=0}^{n-1} d_i 2^i \qquad (11\text{-}1\text{-}2)$$

式中，d_i 为第 i 位的数码（**0** 或 **1**）；2^i 为各对应位的"权"；n 为总位数。

3. 八进制

八进制有 0~7 共 8 个数码，基数为 8，进位规律是"逢 8 进 1"。n 位八进制数的按"权"展开式为

$$(N)_8 = d_{n-1}8^{n-1} + d_{n-2}8^{n-2} + \cdots + d_1 8^1 + d_0 8^0 = \sum_{i=0}^{n-1} d_i 8^i \qquad (11\text{-}1\text{-}3)$$

4. 十六进制

十六进制有 0~9、A（10）、B（11）、C（12）、D（13）、E（14）、F（15）共 16 个数码，基数为 16，进位规律是"逢 16 进 1"。n 位十六进制数的按"权"展开式为

$$(N)_{16} = d_{n-1}16^{n-1} + d_{n-2}16^{n-2} + \cdots + d_1 16^1 + d_0 16^0 = \sum_{i=0}^{n-1} d_i 16^i \qquad (11\text{-}1\text{-}4)$$

二进制、十进制、八进制、十六进制的对应关系见表 11-1-1。

表 11-1-1   几种进制的对应关系对照表

十进制	二进制	八进制	十六进制	十进制	二进制	八进制	十六进制
0	**0000**	0	0	8	**1000**	10	8
1	**0001**	1	1	9	**1001**	11	9
2	**0010**	2	2	10	**1010**	12	A
3	**0011**	3	3	11	**1011**	13	B
4	**0100**	4	4	12	**1100**	14	C
5	**0101**	5	5	13	**1101**	15	D
6	**0110**	6	6	14	**1110**	16	E
7	**0111**	7	7	15	**1111**	17	F

11.1.3 二进制与十进制的相互转换

1. 转换方法

如果将二进制转换为十进制，只要用式（11-1-2）写出二进制数的按"权"展开式，然后相加，就得到等值的十进制数。反之，要将十进制数转换为二进制数，只需用 2 不断去整除十进制数，直至商为 0，所有余数倒排（由下向上读取），即可得到所需的二进制数。

例 11-1-1　将二进制数 **110110** 和 **10111011** 转换成十进制数。

解：（1）$(110110)_2 = 1 \times 2^5 + 1 \times 2^4 + 0 \times 2^3 + 1 \times 2^2 + 1 \times 2^1 + 0 \times 2^0 = 32 + 16 + 4 + 2 = (54)_{10}$

（2）$(10111011)_2 = 1 \times 2^7 + 0 \times 2^6 + 1 \times 2^5 + 1 \times 2^4 + 1 \times 2^3 + 0 \times 2^2 + 1 \times 2^1 + 1 \times 2^0 = 128 + 32 + 16 + 8 + 2 + 1 = (187)_{10}$

例 11-1-2　将十进制数 10 和 185 转换成二进制数。

解：（1）将 10 转换为二进制数，则有

$2\underline{|10}$　　余数=0=d_0　(低位)
$2\underline{|5}$　　余数=0=d_1
$2\underline{|2}$　　余数=0=d_2
$2\underline{|1}$　　余数=0=d_3　(高位)
　0

即 $(10)_{10}=(\mathbf{1010})_2$。

（2）将 185 转换为二进制数，则有

$2\underline{|185}$　　余数=1=d_0　(低位)
$2\underline{|92}$　　余数=0=d_1
$2\underline{|46}$　　余数=0=d_2
$2\underline{|23}$　　余数=1=d_3
$2\underline{|11}$　　余数=1=d_4
$2\underline{|5}$　　余数=1=d_5
$2\underline{|2}$　　余数=0=d_6
$2\underline{|1}$　　余数=1=d_7　(高位)
　0

即 $(185)_{10}=(\mathbf{10111001})_2$。

2. BCD 码

数字系统中常用二进制，而人们却习惯用十进制，为了便于人机联系，通常采用二-十进制，简称 BCD(Binary Coded Decimal)码，它用 4 位二进制数来表示 0~9 的 10 个数码，既具有二进制数的形式，又具有十进制数的特点。

4 位二进制数的组合有 16 个数，要用它表示 10 个数码，必然有 6 个是不用的数。采用不同的组合，可得到不同形式的 BCD 码，最常用的是 8421BCD 码，它是一种加权码，从高位到低位，每位"权"分别为 8、4、2、1。

除 8421 码外，5421 码和 2421 码也为加权码，只是每位的"权"不尽相同。而余 3 码和格雷码为无权码，余 3 码的特点是每一位值比 8421 码多 3，格雷码的特点是每两个相邻数的二进制代码只有一位不同，因此在计数时可靠性高。

表 11-1-2 为几种常用 BCD 码的对应关系。

表 11-1-2　几种常用 BCD 码的对应关系

十进制	有权码			无权码	
	8421 码	5421 码	2421 码	余 3 码	格雷码
0	0000	0000	0000	0011	0010
1	0001	0001	0001	0100	0110
2	0010	0010	0010	0101	0111
3	0011	0011	0011	0110	0101
4	0100	0100	0100	0111	0100
5	0101	1000	0101	1000	1100
6	0110	1001	0110	1001	1101
7	0111	1010	0111	1010	1111
8	1000	1011	1110	1011	1110
9	1001	1100	1111	1100	1010

11.1.4 脉冲信号

脉冲信号是指持续时间相对周期短得多的信号，如图 11-1-2 所示。数字电路常用矩形波作为脉冲信号，如图 11-1-2a 所示。而实际的矩形脉冲如图 11-1-3 所示。其主要的参数有：

1）脉冲幅度 U_m：脉冲信号变化的最大值。

2）脉冲上升沿 t_r：从幅值的 10% 上升到 90% 所需的时间。

3）脉冲下降沿 t_f：从幅值的 90% 下降到 10% 所需的时间。

4）脉冲宽度 t_p：从上升沿脉冲幅值的 50% 到下降沿脉冲幅值的 50% 所需的时间，又称为脉冲持续时间。

5）脉冲周期 T：脉冲信号相邻两个上升沿的脉冲幅值的 10% 两点间的时间间隔。

6）脉冲频率 f：单位时间的脉冲数，即 $f = \dfrac{1}{T}$。

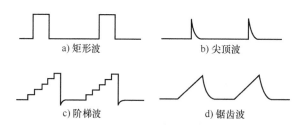

图 11-1-2 脉冲信号

数字电路通常依据脉冲信号的有无、个数、宽度和频率进行工作，所以电路中的信号便于处理和储存，且具有较强的抗干扰能力和较高准确性。

另外，数字电路中通常将脉冲信号电位的高低称为"电平"，即电位水平。用高、低电平表示两种不同逻辑状态时，有两种不同规定方法。如果以高电平表示逻辑 1，低电平表示逻辑 0，则称为正逻辑；反之，若以高电平表示逻辑 0，低电平表示逻辑 1，则称为负逻辑，如图 11-1-4 所示。本书中在没有特殊说明情况下，一律采用正逻辑。

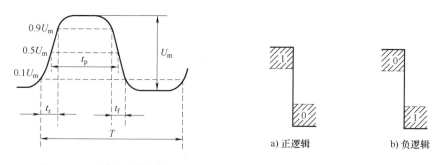

图 11-1-3 实际矩形脉冲   图 11-1-4 正逻辑和负逻辑的约定

应注意的是，逻辑电路中高、低电平的电位(电压)取值范围不同，通常(正逻辑)规定 TTL 逻辑电路高电平为 $2.4V < U < 5V$，低电平为 $0V < U < 0.8V$；而 CMOS 逻辑电路高电平为 $4.99V < U < 5V$，低电平为 $0V < U < 0.01V$。

11.2　逻辑门电路

所谓逻辑是指事物前因和后果之间的关系，也称为逻辑关系。门是指二极管、晶体管、场效应晶体管等的开关状态。逻辑门电路一般有多个输入端，当各输入端信号之间满足一定条件（原因）时，才能决定电路中门的通断状态（结果），也就是能够实现输入条件和输出结果之间逻辑关系的电路。基本逻辑门电路有与门、或门和非门三种。

11.2.1　基本逻辑门电路

1. 与逻辑和与门

（1）与逻辑

与逻辑又称为逻辑乘，它是指决定事物的全部条件同时具备时，结果才发生。两个串联的开关 A、B 组成的电路如图 11-2-1 所示。当两个开关 A、B 全部闭合（条件）时，电灯 Y 才会亮（结果）；如果 A 和 B 中有一个断开，灯就不亮。与逻辑关系式为

$$Y = A \cdot B$$

将与逻辑电路的输入、输出关系用表格表示，称为与逻辑状态表，见表 11-2-1。

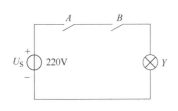

图 11-2-1　与逻辑电路

表 11-2-1　与逻辑状态表

输入		输出
A	B	Y
0	0	0
0	1	0
1	0	0
1	1	1

（2）二极管与门电路

用二极管组成的与门电路和逻辑符号如图 11-2-2 所示。当电路输入 A、B、C 均为 1 时，输出 Y 为 1；只要有一个输入为 0，输出端 Y 为 0。与门电路的逻辑表达式为

$$Y = A \cdot B \cdot C \qquad (11\text{-}2\text{-}1)$$

式中表示与的点"·"通常可省略不写，即 $Y = ABC$。

与门电路的逻辑状态和表 11-2-1 相同。与门电路的逻辑功能为：有 0 出 0，全 1 出 1。

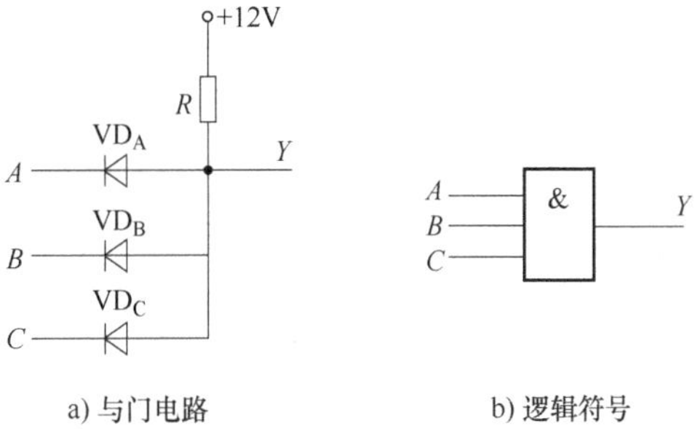

a) 与门电路　　　b) 逻辑符号

图 11-2-2　二极管与门电路和逻辑符号

2. 或逻辑和或门

（1）或逻辑

或逻辑又称逻辑加，它是指决定事物的条件只要有一个具备时，结果就会发生。两个并联的开关 A、B 组成的电路如图 11-2-3 所示。当电路中只要有一个开关闭合时，灯 Y 就会亮；只有 A、B 全断开，灯 Y 才不亮。或逻辑关系式为

$$Y = A + B$$

233

或逻辑的逻辑状态见表11-2-2。

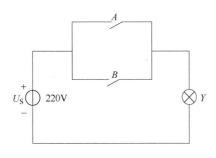

图 11-2-3　或逻辑电路

表 11-2-2　或逻辑状态表

输入		输出
A	B	Y
0	0	0
0	1	1
1	0	1
1	1	1

（2）二极管或门电路

由二极管组成的或门电路和逻辑符号如图 11-2-4 所示。当 A、B、C 有一个（或一个以上）输入为 1 时，输出 Y 为 1；当 A、B、C 输入均为 0 时，输出 Y 为 0。或门电路的逻辑表达式为

$$Y = A + B + C \qquad (11\text{-}2\text{-}2)$$

二极管或门电路的逻辑状态与表 11-2-2 相同。

或门电路的逻辑功能可以概括为：有 1 出 1，全 0 出 0。

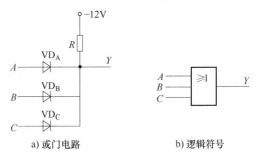

a) 或门电路　　　　b) 逻辑符号

图 11-2-4　二极管或门电路和逻辑符号

3. 非逻辑和非门

（1）非逻辑

非逻辑也叫逻辑否定（求反），它是指条件具备了，结果不发生；而条件不具备时，结果却发生了。由开关 A 和电阻 R 组成的非逻辑电路如图 11-2-5 所示。当 开关 A 断开为低电平时，灯 Y 亮；A 接通高电平时，灯灭。非逻辑关系式为

$$Y = \overline{A}$$

非逻辑的逻辑状态见表11-2-3。

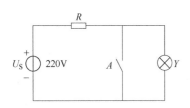

图 11-2-5　非逻辑电路

表 11-2-3　非逻辑状态表

输入	输出
A	Y
0	1
1	0

（2）晶体管非门电路

晶体管组成的非门电路和逻辑符号如图 11-2-6 所示。当电路输入 A 为 1 时，晶体管饱和导通，输出 Y 为 0；当输入 A 为 0 时，晶体管截止，输出 Y 为 1。非门电路的逻辑表达式为

$$Y = \overline{A} \qquad\qquad (11\text{-}2\text{-}3)$$

晶体管非门电路的逻辑状态和表 11-2-3 相同。非门电路的逻辑功能为：有 0 出 1，有 1 出 0。

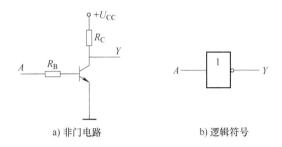

a) 非门电路　　　　　　　　b) 逻辑符号

图 11-2-6　晶体管非门电路和逻辑符号

11.2.2　复合逻辑门电路

逻辑门电路使用中经常将基本逻辑门电路组合成复合逻辑门电路，以丰富逻辑电路的功能。

1. 与非门电路

将与门和非门串联组成与非门，如图 11-2-7 所示。其逻辑表达式为

$$Y = \overline{ABC} \qquad\qquad (11\text{-}2\text{-}4)$$

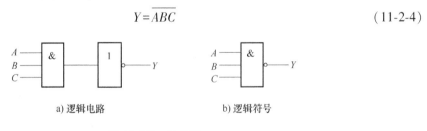

a) 逻辑电路　　　　　　　　b) 逻辑符号

图 11-2-7　与非门

与非门的逻辑功能为：有 0 出 1，全 1 出 0。

2. 或非门电路

将或门和非门串联组成或非门，如图 11-2-8 所示。其逻辑表达式为

$$Y = \overline{A+B+C} \qquad\qquad (11\text{-}2\text{-}5)$$

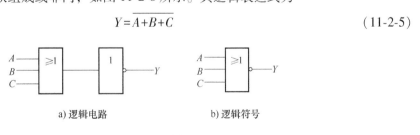

a) 逻辑电路　　　　　　　　b) 逻辑符号

图 11-2-8　或非门

或非门的逻辑功能为：有 1 出 0，全 0 出 1。

3. 与或非门电路

将两个(或多个)与门的输出端连接，再与或门、非门串联，可组成与或非门电路，如图 11-2-9 所示。其逻辑表达式为

$$Y = \overline{AB + CD} \qquad\qquad (11\text{-}2\text{-}6)$$

与或非门的逻辑功能为：一组全 1 出 0，各组有 0 出 1。

除以上三种复合逻辑门电路以外，常用的还有异或门、同或门等，其具体实现方法将在以后几节讨论。

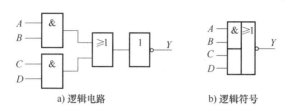

a) 逻辑电路   b) 逻辑符号

图 11-2-9   与或非门

11.2.3 集成逻辑门电路

基本逻辑门电路均属于分立元件门电路，而实际应用中已广泛使用集成逻辑门电路，即在一块半导体基片上制作出一个完整的逻辑电路所需要的全部元件和连线，使用时只要简单的连接（电源、输入和输出）。其具有体积小、可靠性高、速度快、价格便宜的特点。

目前生产和使用的数字集成电路种类很多，按工艺类型区分，有 MOS 型（CMOS 电路、NMOS 电路、PMOS 电路）、双极型（TTL 电路、ECL 电路等）、Bi-CMOS 型；按输出结构区分，有互补输出/推拉式输出、OD 输出/OC 输出、三态门输出；按逻辑功能区分，有与门、或门、非门等。下面简单介绍 TTL（Transistor-Transistor Logic）与非门电路，它是一种中小规模集成电路。TTL 与非门电路的输入和输出均采用晶体管，这也是 TTL 与非门名字的由来。

1. TTL 与非门

典型的 TTL 与非门电路由 5 只晶体管、5 个电阻共 10 个元件组成，如图 11-2-10 所示。VT_1 为多发射极晶体管，其等效电路如图 11-2-11 所示。

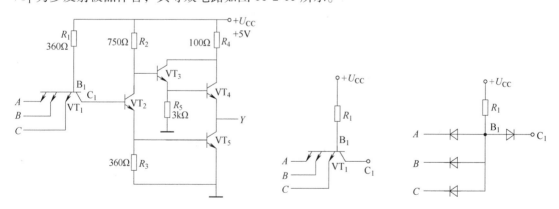

图 11-2-10   TTL 与非门电路   图 11-2-11   多发射极晶体管等效电路

电路中各晶体管的作用：多发射极晶体管 VT_1 主要实现与功能，VT_2 实现非功能，VT_3、VT_4 为复合管，与 VT_5 组成功放输出级。下面简要分析电路的工作原理。

当输入端均为 1（3.6V）时，VT_1 所有发射极均反偏（因 B_1 点电位被三个 PN 结钳位于 2.1V），VT_1 集电极正偏，电源经 R_1 和 VT_1 的集电极向 VT_2 注入电流，VT_2 的发射极又向 VT_5 注入电流，VT_5 也饱和导通，输出端 Y 电压等于 VT_5 的饱和电压降 U_{CESS}（约 0.3V），输

出为 0。由于 VT_2 饱和导通，其集电极电位为

$$V_{C2} = U_{CES2} + U_{BE5} = 0.3V + 0.7V = 1V = V_{B3}$$

V_{B3} 能使 VT_3 导通，并使 VT_4 基极电位为

$$V_{B4} = V_{B3} - V_{BE3} = 1V - 0.7V = 0.3V = V_{E3}$$

V_{B4} 与 V_{E3} 相等，因此 VT_4 因零偏置而截止。

当输入端至少有一个（或几个）是 0（0.3V）时，VT_1 的基极电位 $V_{B1} = 0.7V$，集电极电位 $V_{C1} = 0.3V + 0.7V = 1V$，小于上述使 VT_2、VT_5 饱和导通所需要的电位值（2.1V），故 VT_2、VT_5 截止。VT_2 的集电极电位（即 VT_3 的基极电位）接近电源电压，即 $V_{C2} = V_{B3} \approx 5V$，则使 VT_3、VT_4 导通，Y 端的电位 $V_Y = V_{B3} - U_{BE3} - U_{BE4} \approx 5V - 0.7V - 0.7V = 3.6V$，输出为 1。

综上所述，TTL 与非门的逻辑功能、逻辑表达式均和前面介绍的与非门逻辑电路相同。

常用的 TTL 与非门集成芯片有 74LS20（其中有 2 个与非门）和 74LS00（其中有 4 个与非门），如图 11-2-12 所示。芯片内的每个逻辑门均相互独立，可单独使用，应注意各逻辑门的接线。

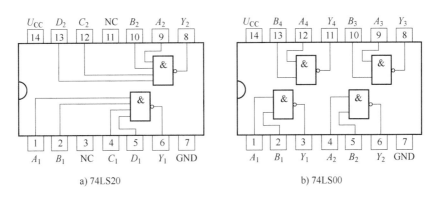

a) 74LS20 b) 74LS00

图 11-2-12 TTL 与非门引脚排列

TTL 与非门逻辑电路的主要特性参数有以下几点：

（1）电压传输特性

反映输入电压 U_I 和输出电压 U_O 之间的关系曲线叫电压传输特性，如图 11-2-13 所示。测试特性时，将某一输入端电压由零逐渐增大，而将其他输入端接在电源正极保持恒定高电位。当 $U_I < 0.7V$ 时，$U_O = 3.6V$，当 U_I 超过 1.3V 后，U_O 急剧下降至 0.3V，此后 U_I 增加，U_O 保持不变。输出由 1 转为 0 时，所对应的输入电压称为阈值电压或门槛电压 U_T（约为 1.4V）。

为了保证电路工作可靠，要求输入高电平 $U_{IH} > 2V$，输入低电平 $U_{IL} < 0.8V$。

（2）抗干扰能力

当输入受到的干扰超过一定值时，会引起输出电平转换，产生逻辑错误。电路抗干扰能力是指保持输出电平在规定范围内，允许输入干扰电压的最大范围用噪声容限参数表示。由于输入低电平和高电平时，其抗干扰能力不同，故有低电平和高电平噪声容限。一般低电平噪声容限为 0.3V 左右，高电平噪声容限为 1V 左右。

（3）平均传输延迟时间

平均传输延迟时间 t_{pd} 用来表示门电路的转换速度。由于晶体管的导通和截止都需要一定的时间，因此，当输入一个脉冲 U_I 时，输出 U_O 的时间有一定延迟，如图 11-2-14 所示。

从输入脉冲上升沿 50% 处到输出脉冲下降沿 50% 处的时间叫导通延迟时间 t_{pd1}；从输入脉冲下降沿 50% 处到输出脉冲上升沿 50% 处的时间叫截止延迟时间 t_{pd2}。两者的平均传输延迟时间，即

$$t_{pd} = \frac{t_{pd1} + t_{pd2}}{2} \tag{11-2-7}$$

t_{pd} 越小，门的开关速度越快。

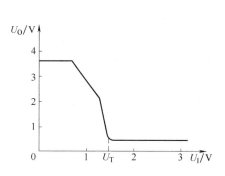

图 11-2-13　TTL 与非门传输特性

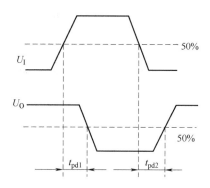

图 11-2-14　平均传输延迟时间

（4）扇出系数

扇出系数是指一个与非门能带同类门的最大数目，它表示带负载能力。对 TTL 门，扇出系数 $N_0 \geq 8$。

2. 集电极开路 TTL 与非门（OC 门）

典型的 TTL 与非门不允许两个门的输出端互连，原因在于 VT_4、VT_5 组成的是推挽（拉）输出极。将图 11-2-10 所示电路中的 VT_3、VT_4 去掉，使 VT_5 处于集电极开路状态，就构成了 OC 门，如图 11-2-15a 所示，它的逻辑符号如图 11-2-15b 所示。

OC 门在使用上除可以完成常规**与非**功能（输出端通过上拉电阻 R_C 接至 $+U_{CC}$，实现 $Y = \overline{ABC}$）外，还便于实现**线与**功能。所谓**线与**是把几个门的输出端接在一起，实现多个信号间的**与**逻辑，如图 11-2-16 所示。如果 Y_1 和 Y_2 中有一个低电平，即两个门中至少有一个门的 VT_5 处于饱和导通状态，则总输出 Y 便为低电平，只有当 Y_1 和 Y_2 都是高电平（两门 VT_5 均截止）时，输出 Y 才是高电平，则有 $Y = Y_1 Y_2$。

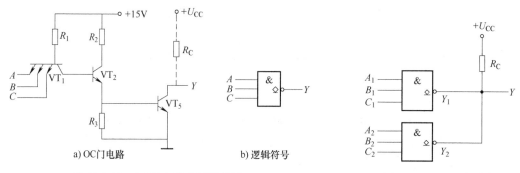

图 11-2-15　OC 门电路和逻辑符号　　　　图 11-2-16　OC 门线与

OC 门的缺点是工作速度不高，平均传输延迟时间较大，原因是没有 VT_3、VT_4 和 VT_5 间的推挽（拉）作用。

3. 三态输出 TTL 与非门(TS 门)

三态输出 TTL 与非门也与普通 TTL 与非门不同,其输出端除了出现高电平和低电平外,还可以出现第三种状态(高阻状态)。三态输出 TTL 与非门电路和逻辑符号如图 11-2-17 所示。可见,它仅仅是在普通 TTL 与非门上多出一个二极管 VD,其中 A、B 是输入端,E 是控制端(也称为使能端)。

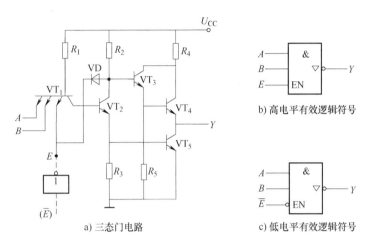

图 11-2-17 三态输出 TTL 与非门电路和逻辑符号

当控制端 $E = 1$ 时,三态门的输出状态取决于输入端 A、B 状态,实现与非逻辑关系,即有 0 出 1,全 1 出 0,故电路处于工作状态。

当控制端 $E = 0$(约 0.3V)时,VT_1 的基极电位约为 1V,使得 VT_2 和 VT_5 截止,二极管 VD 导通,将 VT_2 的集电极电位也钳位在 1V,从而使 VT_4 也截止,则输出端 Y 相连的 VT_4、VT_5 均截止,无论 A、B 为何种状态,输出端开路而处于高阻状态。

如果在控制端 E 接一个反相器(如图 11-2-17 虚线所示),则当 $\overline{E} = 1$ 时,三态门处于高阻状态,而 $\overline{E} = 0$ 时,三态门处于工作状态,称为"低电平有效",逻辑符号如图 11-2-17c 所示。

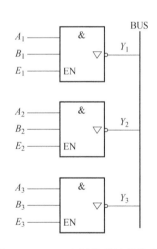

图 11-2-18 三态门构成的总线系统

三态门最主要的作用是构成总线(BUS)系统,如图 11-2-18 所示。只要使各门的控制端轮流处于高电平,即任何时间只能有一个三态门处于工作状态,而其余三态门均处于高阻状态,总线就会轮流接收各三态门的输出。由于三态门的控制信号在时间上错开,就可避免互相影响。另外,三态门实现线与时,总线上可为正逻辑或负逻辑,且速度较高,因而在计算机中被广泛应用。

11.2.4 CMOS 门电路

除了 TTL 集成门电路外,还有由绝缘栅场效应晶体管组成的 MOS 门电路,它具有制造工艺简单、功耗低、体积小、更易于集成化等一系列优点,但传输速度相对低一些。MOS 门电路类型较多,其中 CMOS 门电路为一种互补对称场效应晶体管集成电路,应用较为广泛。

1. CMOS 电路的特点

1）功耗低。工作时总有管子截止、导通，而截止管的阻抗很高，故导通管的电流极微小，因此 CMOS 电路的静态功耗极低，为微瓦级（TTL 电路每门功耗 10mW 以上）。

2）抗干扰能力强。一般 CMOS 电路高、低电平噪声容限均在 1V 以上，故工作稳定可靠。

3）电源电压范围宽。TTL 电源电压为 +5V，而 CMOS 电源电压在 3～18V 范围内均可正常工作，所以易于和其他电路连接。近年来，随着半导体工艺的飞速发展，CMOS 电路在品种、数量、质量等方面均有突破性发展。为克服 CMOS 电路速度慢的缺点，又发展了高速 CMOS 集成电路，简称 HCMOS，HCMOS 的速度比 CMOS 高 8～10 倍，达到标准 TTL 电路的水平，是一种较理想的、正迅速发展着的电路。

在逻辑功能上，TTL 和 CMOS 是相同的。当 CMOS 的电源电压 U_{DD} = +5V 时，它可以和低耗能的 TTL 兼容。本书讨论的内容对 TTL 和 CMOS 同样适用。

2. 门电路多余输入端处理

门电路在使用过程中，通常不允许多余端悬空，可以采用以下处理方法：

1）对与逻辑（与门、与非门电路），可将多余输入端接高电平，即经电阻（1～3kΩ）或直接接电源，如图 11-2-19a、b 所示。

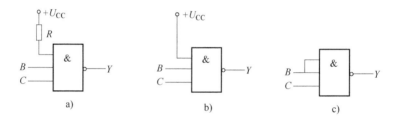

图 11-2-19　与逻辑多余输入端处理

2）对或逻辑（或门、或非门电路），可将多余输入端接低电平，如 11-2-20a 所示。

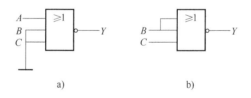

图 11-2-20　或逻辑多余输入端处理

如果前级具有较强的驱动能力，也可将多余输入端和信号输入端连接在一起使用，如图 11-2-19c 和图 11-2-20b 所示。

11.3　逻辑函数和化简方法

利用上述介绍的各种门电路可以组成具有不同逻辑功能的逻辑电路。但组合的逻辑电路既应满足逻辑功能要求，又应满足电路所用的单元器件、逻辑表达式的与项和其中的变量数尽可能少，做到既合理又经济，这就需要对逻辑电路的组合规律进行分析，对给定的逻辑函数进行化简。

11.3.1　逻辑代数运算法则

逻辑代数运算法则

逻辑代数又称布尔代数(Boolean Algebra)，它和普通代数一样也可用 A、B、C 等表示变量，但变量取值只有 1 和 0 两种，表示两种状态。逻辑代数运算法则与普通代数不同，逻辑代数基本运算法则有逻辑与、逻辑或、逻辑非。由三种基本逻辑运算可推导出其他逻辑运算法则和定律，为了便于学习和记忆，将这些逻辑运算基本法则和定律以列表形式给出，见表 11-3-1。

表 11-3-1　逻辑运算基本法则和定律

序号	名称	恒等式	
1	**0-1律**	$0+A=A$	$1 \cdot A=A$
		$1+A=1$	$0 \cdot A=0$
2	交换律	$A+B=B+A$	$AB=BA$
3	结合律	$A+(B+C)=(A+B)+C$	$A(BC)=(AB)C$
4	分配律	$A+BC=(A+B)(A+C)$	$A(B+C)=AB+AC$
5	互补律	$A+\overline{A}=1$	$A\overline{A}=0$
6	吸收律	$A+AB=A$	$A(A+B)=A$
		$AB+A\overline{B}=A$	$(A+B)(A+\overline{B})=A$
		$A+\overline{A}B=A+B$	$A(\overline{A}+B)=AB$
7	重叠律	$A+A=A$	$AA=A$
8	反演律	$\overline{A+B}=\overline{A}\ \overline{B}$	$\overline{AB}=\overline{A}+\overline{B}$
9	对合律	$\overline{\overline{A}}=A$	

以上逻辑运算法则和定律可通过变量取值(0、1)分别进行证明。

例 11-3-1　证明分配律 $A+BC=(A+B)(A+C)$。

解：将原式中等号右侧展开，再利用相关法则可证明与等号左侧相等，即有

$$(A+B)(A+C)=AA+AB+AC+BC$$
$$=A+A(B+C)+BC$$
$$=A(1+B+C)+BC$$
$$=A+BC$$

例 11-3-2　证明反演律(摩根定理)$\overline{A+B}=\overline{A}\ \overline{B}$，$\overline{AB}=\overline{A}+\overline{B}$。

解：定律可以用列举逻辑变量的全部可能的取值来证明，见表 11-3-2。

表 11-3-2　逻辑状态表

A	B	$\overline{A}$	$\overline{B}$	$\overline{AB}$	$\overline{A}+\overline{B}$	$\overline{A+B}$	$\overline{A}\ \overline{B}$
0	**0**	**1**	**1**	**1**	**1**	**1**	**1**
0	**1**	**1**	**0**	**1**	**1**	**0**	**0**
1	**0**	**0**	**1**	**1**	**1**	**0**	**0**
1	**1**	**0**	**0**	**0**	**0**	**0**	**0**

241

由表 11-3-2 可见，反演律成立。

同时大家应注意：$\overline{A+B} \neq \overline{A}+\overline{B}$，$\overline{AB} \neq \overline{A}\,\overline{B}$。

11.3.2 逻辑函数表示方法

逻辑函数表示方法
及相互转换

逻辑函数用于表示输出逻辑变量和输入逻辑变量间的逻辑关系。例如，仅含有 1 个逻辑变量的逻辑函数为 $Y=f(A)$，其中 A 为逻辑变量，Y 为逻辑函数，Y 和 A 的逻辑关系只有两种，即 $Y=A$ 或 $Y=\overline{A}$。若含有 2 个逻辑变量的逻辑函数为 $Y=f(A,B)$，则 Y 和 A、B 间的逻辑关系有 $Y=AB$、$Y=A+B$ 和 $Y=\overline{AB}$ 等。可见，变量越多，具有的逻辑关系也越多。

一个逻辑函数可用逻辑状态表（真值表）、逻辑函数（表达）式和逻辑（电路）图表示。下面举例说明。

1. 列出逻辑状态表（真值表）

所谓逻辑状态表是描述逻辑函数各个变量全部取值组合和函数值对应关系的表格，也称真值表。每个逻辑变量有 0 和 1 两种取值，如果有 n 个输入变量则可组成 2^n 种不同状态，将输入变量所有取值组合和相应的输出函数值全部列出，即为逻辑状态表。

例 11-3-3 某一火灾报警电路由 A、B、C 三个传感器组成，当其中任意两个或两个以上的传感器有报警信号时，报警电路发出声光报警，试列出逻辑状态表。

解：（1）逻辑抽象，即分析电路输入、输出的逻辑状态（二值逻辑中 0 和 1 的状态）。设传感器状态为输入变量，用 A、B、C 表示，为 1 时表示有报警信号，为 0 时表示无报警信号；声光报警信号为输出变量，用 Y 表示，$Y=1$ 时表示有声光报警信号，$Y=0$ 时表示无声光报警信号。

（2）列写逻辑状态表，即描述逻辑函数各变量全部取值组合和函数值（A、B、C 和 Y）对应关系表，见表 11-3-3。

表 11-3-3　例 11-3-3 的状态表

A	B	C	Y	A	B	C	Y
0	0	0	0	1	0	0	0
0	0	1	0	1	0	1	1
0	1	0	0	1	1	0	1
0	1	1	1	1	1	1	1

逻辑状态表的优点是直观明了，逻辑分析和设计往往是在逻辑状态表的基础上进行的，根据逻辑状态表可写出逻辑函数式。但是，当变量较多时列逻辑状态表就比较烦琐了。

2. 写出逻辑函数（表达）式

将输入与输出之间的逻辑关系写成与、或、非的运算组合表达式，就得到了逻辑函数式。由逻辑状态表列写逻辑函数表达式的方法是：从逻辑状态表中选取函数值为 1 的变量组合，其中变量值为 1 的写成原变量，为 0 的写成反变量，对应于使函数值为 1 的每一个组合可写出一个与项，将所有与项再相或，即可得到逻辑函数的与或式。

例 11-3-4 写出例 11-3-3 的逻辑函数式（逻辑状态表见表 11-3-3）。

解：因 A、B、C 有 4 组变量是 Y 为 1 的项，即 011、101、110、111，则 4 个与项分别为 $\overline{A}BC$、$A\overline{B}C$、$AB\overline{C}$、ABC，故逻辑函数的与或式为

242

$$Y = \bar{A}B C + A\bar{B}C + AB\bar{C} + ABC$$

逻辑函数式是逻辑电路分析和设计的基础，但逻辑函数式比较复杂时，不容易直接由变量取值求出函数值，在这一点上不如状态表。

同一个逻辑函数的表达式不是唯一的。逻辑函数的不同表达式之间大多可以通过反演律来进行转换。

3. 逻辑(电路)图

将逻辑函数中各变量之间的与、或、非等逻辑关系用图形符号表示出来，就得到了逻辑图。逻辑与用与门实现，逻辑或用或门实现，逻辑非用非门实现。逻辑图与数字电路器件有直观的对应关系，通过逻辑图便于构成实际的数字电路。

例11-3-5　试画出例11-3-4所得逻辑函数(与或)式的逻辑电路图。

解：用逻辑图形符号代替逻辑函数表达式中的逻辑运算符号，即可画出逻辑图。例11-3-4所得逻辑函数(与或)式，可用3个非门、4个与门和1个或门实现，连接而成的逻辑电路如图11-3-1所示。

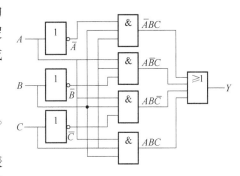

图11-3-1　例11-3-5的逻辑电路

4. 各种逻辑函数表示方法间的相互转换

上述三种表示方法特点不同，适合于不同场合。它们之间存在内在的联系，可以方便地相互转换。

1）由逻辑状态表写逻辑函数式：从逻辑状态表中选取函数值为1的变量组合，其中变量值为1的写成原变量，为0的写成反变量，对应于使函数值为1的每一个组合可写出一个与项，将所有与项再相或，即可得到逻辑函数的与或式。

2）由逻辑函数式列逻辑状态表：将输入变量取值的所有状态组合逐一列出，并代入逻辑函数式中，求出函数值，列成表，就得到逻辑状态表。

3）由逻辑函数式画逻辑图：用逻辑图形符号代替逻辑函数表达式中的逻辑运算符号，即可画出逻辑图。

4）由逻辑图写出逻辑函数式：从输入端逐级写出每个逻辑图形符号对应的逻辑运算，直至输出，就可以得到逻辑函数式。

11.3.3　逻辑函数化简

逻辑函数式越简单，实现它的逻辑电路也就越简单，其可靠性也就相对较高，所以在进行组合逻辑电路设计时，通常要对写出的逻辑函数式进行化简。逻辑函数化简方法常用的有以下几种。

逻辑函数化简

1. 公式化简法

公式化简法就是用逻辑代数的基本运算法则和定律对逻辑函数进行化简，化简的过程就是消去函数表达式中多余变量和与项的过程，也称代数化简法。常用的公式化简法有并项法、吸收法、配项法、加项法。现在通过举例认识和理解公式化简方法。

（1）并项法

利用 $A + \bar{A} = 1$，将两项合并为一项，消去其中多余变量。

例 11-3-6 试用并项法化简下列逻辑函数式：

① $Y=\overline{A}B\overline{C}+A\overline{C}+\overline{B}\,\overline{C}$；

② $Y=A\overline{B}+ACD+\overline{A}\,\overline{B}+\overline{A}CD$。

解： ① $Y=\overline{A}B\overline{C}+A\overline{C}+\overline{B}\,\overline{C}=(\overline{A}B)\overline{C}+(A+\overline{B})\overline{C}=(\overline{A}B)\overline{C}+(\overline{\overline{A}B})\overline{C}=\overline{C}$；

② $Y=A\overline{B}+ACD+\overline{A}\,\overline{B}+\overline{A}CD=A(\overline{B}+CD)+\overline{A}(\overline{B}+CD)=\overline{B}+CD$。

（2）吸收法

利用 $A+AB=A$ 吸收多余变量（因子）。

例 11-3-7 试用吸收法化简逻辑函数式 $Y=A+\overline{\overline{A}\,\overline{BC}}(\overline{A}+\overline{B}\,\overline{C}+D)+BC$。

解：
$$Y=A+\overline{\overline{A}\,\overline{BC}}(\overline{A}+\overline{B}\,\overline{C}+D)+BC=(A+BC)+(A+BC)(\overline{A}+\overline{B}\,\overline{C}+D)$$
$$=A+BC$$

（3）配项法

例 11-3-8 试用配项法化简逻辑函数式 $Y=AB+\overline{A}\,\overline{C}+B\overline{C}$。

解：
$$Y=AB+\overline{A}\,\overline{C}+B\overline{C}=AB+\overline{A}\,\overline{C}+(A+\overline{A})B\overline{C}$$
$$=AB+\overline{A}\,\overline{C}+AB\overline{C}+\overline{A}B\overline{C}$$
$$=AB(1+\overline{C})+\overline{A}\,\overline{C}(1+B)=AB+\overline{A}\,\overline{C}$$

（4）加项法

利用 $A+A=A$ 在函数式中加项，再合并化简

例 11-3-9 试用加项法化简逻辑函数式 $Y=ABC+\overline{A}BC+A\overline{B}C$。

解：
$$Y=ABC+\overline{A}BC+A\overline{B}C$$
$$=ABC+\overline{A}BC+A\overline{B}C+ABC$$
$$=BC(A+\overline{A})+AC(B+\overline{B})=BC+AC$$

例 11-3-10 试用加项法化简逻辑函数式 $Y=ABC+ABD+\overline{A}B\overline{C}+CD+B\overline{D}$。

解：
$$Y=ABC+ABD+\overline{A}B\overline{C}+CD+B\overline{D}$$
$$=ABC+\overline{A}B\overline{C}+CD+B(AD+\overline{D})\,(利用吸收律，则 \overline{D}+AD=\overline{D}+A)$$
$$=ABC+\overline{A}B\overline{C}+CD+B\overline{D}+AB$$
$$=AB(C+1)+\overline{A}B\overline{C}+CD+B\overline{D}\,(利用 0-1 律，则 1+C=1)$$
$$=AB+\overline{A}B\overline{C}+CD+B\overline{D}$$
$$=B(A+\overline{A}\,\overline{C})+CD+B\overline{D}\,(利用吸收律，则 A+\overline{A}\,\overline{C}=A+\overline{C})$$
$$=AB+B(\overline{C}+\overline{D})+CD\,(利用反演律，则 \overline{C}+\overline{D}=\overline{CD})$$
$$=AB+B\overline{CD}+CD\,(利用吸收律，则 CD+B\overline{CD}=CD+B)$$
$$=AB+CD+B$$
$$=B(1+A)+CD=B+CD$$

综上所述，利用公式法化简逻辑函数，需要熟练掌握和运用公式，目前尚无一套完整的

方法。其特点是变量个数不受限制，但结果是否最简有时不易判断。因此，公式化简法具有较大的局限性。

2. 卡诺图化简法

卡诺图是根据逻辑状态表按一定规则画出的方格图。利用卡诺图既可直观而方便地化简逻辑函数，又可克服公式化简法对最终化简结果难以确定的缺点。

（1）最小项

卡诺图的基本组成单元是最小项，首先讨论最小项和最小项表达式。

设有 n 个变量的逻辑函数，其与项由 n 个变量组成，其中每个变量都是以原变量或反变量的形式仅出现一次，则称该与项为最小项。n 个变量的逻辑函数共有 2^n 个最小项。

例如，2 个变量 A、B，则有 4 个最小项 $\overline{A}\,\overline{B}$、$\overline{A}B$、$A\overline{B}$、$AB$；3 个变量 A、B、C 共有 8 个最小项，见表 11-3-4。

表 11-3-4　三变量最小项状态表

变量			m_0	m_1	m_2	m_3	m_4	m_5	m_6	m_7
A	B	C	$\overline{A}\,\overline{B}\,\overline{C}$	$\overline{A}\,\overline{B}C$	$\overline{A}B\overline{C}$	$\overline{A}BC$	$A\overline{B}\,\overline{C}$	$A\overline{B}C$	$AB\overline{C}$	ABC
0	0	0	1	0	0	0	0	0	0	0
0	0	1	0	1	0	0	0	0	0	0
0	1	0	0	0	1	0	0	0	0	0
0	1	1	0	0	0	1	0	0	0	0
1	0	0	0	0	0	0	1	0	0	0
1	0	1	0	0	0	0	0	1	0	0
1	1	0	0	0	0	0	0	0	1	0
1	1	1	0	0	0	0	0	0	0	1

由表 11-3-4 可见，最小项具有以下性质：对任一行最小项仅有一个最小项取值等于 1，而其余最小项均为 0；任意两个不同的最小项的乘积恒为 0；对变量任一组取值，全部最小项之和恒为 1。

任何一个逻辑函数，都可用若干个最小项的逻辑或来表示，即它的最小表达式，这个表达式是唯一的。

最小项也可用 m_i 表示，下标 i 为最小项编号。编号方法是将最小项取值为 1 所对应的那一组变量取值组合当成二进制数，与其相对应的十进制数，就是该最小项的编号。

例 11-3-11　写出逻辑函数式 $Y=\overline{(AB+\overline{A}\,\overline{B}+C)\overline{A}B}$ 的最小项表达式。

解：最小项表达式是指全部以最小项组成的与或式。该逻辑表达式有 3 个变量 A、B、C，则有

$$Y(A,B,C)=\overline{(AB+\overline{A}\,\overline{B}+\overline{C})\overline{A}B}=\overline{(AB+\overline{A}\,\overline{B}+\overline{C})}+\overline{\overline{A}B}$$

$$=\overline{AB}\cdot\overline{\overline{A}\,\overline{B}}\cdot C+A\overline{B}$$

$$=(\overline{A}+\overline{B})(A+B)C+A\overline{B}$$

$$=\overline{A}BC+A\overline{B}C+\overline{A}B(\overline{C}+C)$$

$$=\overline{A}BC+A\overline{B}C+\overline{A}B\overline{C}$$

$$=m_2+m_3+m_5$$

即

$$Y(A,B,C)=\sum m(2,3,5)$$

（2）卡诺图构成

卡诺图是将最小项按照一定规则排列而成的方格图。卡诺图构图原则是：n 变量的卡诺图有 2^n 个小方格（最小项）；最小项按"相邻"原则排列。所谓"相邻"是指逻辑相邻和几何相邻。逻辑相邻是指两个最小项，只有一个变量取值不同，其余的都相同，逻辑相邻的最小项可以合并。而几何相邻是指两个最小项紧挨在一起（包括任一行或列的两头，对折后位置相邻）。2、3、4 个变量卡诺图中最小项排列位置如图 11-3-2 所示。

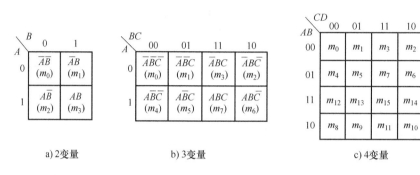

a)2变量   b)3变量   c)4变量

图 11-3-2   三种不同变量卡诺图

值得注意的是：几何相邻的必须逻辑相邻，变量的取值按循环码顺序排列，即 00、01、11、10 的顺序排列；逻辑相邻为上下、左右相邻，对角线上不相邻。

（3）逻辑函数的卡诺图表示

如果已知逻辑函数表达式，将其化成最小项表达式，再画出卡诺图。例如，画出例 11-3-11 所示逻辑函数的卡诺图，如图 11-3-3 所示。画卡诺图的方法是将逻辑函数式中的最小项所对应的方格填入 1，其他方格填入 0。

如果已知逻辑状态表，则将状态表中最小项所对应的 Y 值填入卡诺。例 11-3-3 的逻辑状态表（见表 11-3-3）得到的卡诺图如图 11-3-4 所示。

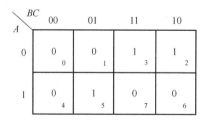

图 11-3-3   例 11-3-11 的卡诺图   图 11-3-4   例 11-3-3 的卡诺图

（4）用卡诺图化简逻辑函数

卡诺图化简逻辑函数的方法是合并最小项，因任意 2 个相邻的最小项可用互补律消去 1

个变量。合并最小项的规律是：2个相邻最小项合并为1项，消去1个相异变量，保留相同变量；4个相邻最小项合并为1项，消去2个相异变量，保留相同变量。依据上述规律可得，合并2^n个相邻最小项，应消去n个变量。

合并相邻最小项就是对相应的小方格圈组，圈组是否合理是化简逻辑函数的关键。正确的圈组原则是：必须按$2,4,8,\cdots,2^n$规律来圈取值为1的相邻最小项；每个取值为1的相邻最小项至少必须圈一次，但可圈多次；圈的个数要最少（与项就少），并要尽可能大（消去的变量就越多）。

消去圈内各最小项相异变量，保留相同变量；最后，再将各圈相同变量的各与项相或，即可得到逻辑函数的最简与或表达式。

例 11-3-12　用卡诺图化简逻辑函数式 $Y=\overline{A}BC+\overline{A}B\overline{C}+A\overline{B}\,\overline{C}+AB\overline{C}$。

解：先画出3变量卡诺图，如图11-3-5所示。将逻辑函数 $Y(A,B,C)=\sum(2,3,4,6)$ 式中各最小项取1，填入相应的小方格。由图可知：从圈①（m_2 和 m_3）中消去变量C，则得与项$\overline{A}B$；从圈②（m_4 和 m_6）中可消去B，则得与项$A\overline{C}$；虚线圈③中的 m_2 和 m_6 已分别被圈过，无新最小项，故为多余圈，应去掉。所以，化简后的与或逻辑式为

$$Y=\overline{A}B+A\overline{C}$$

例 11-3-13　试将逻辑函数式 $Y(A,B,C,D)=\overline{A}\,\overline{B}\,\overline{C}+A\overline{C}D+A\overline{B}+ABCD+\overline{A}\,\overline{B}C$ 化简为最简与或式。

解：画出的4变量卡诺图如图11-3-6所示。从已知条件可见，式中每项并非仅对应一个小方格，如$\overline{A}\,\overline{B}\,\overline{C}$项，应在含有$\overline{A}\,\overline{B}\,\overline{C}$的每个小方格输入1（与$D$和$\overline{D}$无关）；又如$A\overline{B}$项，应在所有含有$A\overline{B}$的小方格输入1。圈①可化简为$\overline{B}$，圈②可化简为$A\overline{D}$，故化简后的最简与或式为

$$Y=\overline{B}+A\overline{D}$$

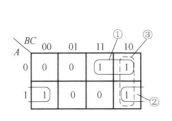

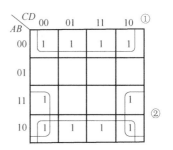

图 11-3-5　例 11-3-12 的卡诺图　　　　图 11-3-6　例 11-3-13 的卡诺图

值得注意的是，可以利用卡诺图中的无关项化简逻辑函数。在某些逻辑函数中变量的某些组合不会出现，或者函数变量的某些组合为任意值（1或0）时，这样的变量取值组合即为无关项，用 d_i 表示。例如，8421BCD 码用4个变量表示时，则有16种组合，其中后6种（1010～1111）不出现的组合就是无关项。无关项的取值为1，或者为0，对函数值均无影响，d_i 在卡诺图对应的小方格中输入"×"。合理地使用无关项，可使逻辑函数的化简较为方便。

例 11-3-14　试化简逻辑函数式 $Y(A,B,C,D)=\sum m(3,4,5,7,8,15)+\sum d(6,10,11)$。

解：该逻辑函数的卡诺图如图11-3-7所示。如果不用无关项，如图11-3-7a所示，则化

简的与或式为 $Y=\overline{A}B\overline{C}+\overline{A}CD+BCD+AB\overline{C}\ \overline{D}$。

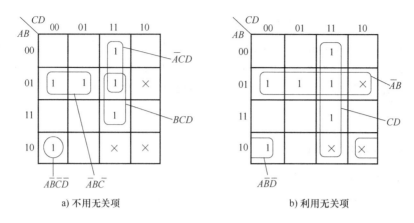

a) 不用无关项 b) 利用无关项

图 11-3-7 例 11-3-14 的卡诺图

如果利用无关项，则逻辑函数的卡诺图如图 11-3-7b 所示，化简后与或式为

$$Y=A\overline{B}\ \overline{D}+\overline{A}B+CD$$

可见，利用无关项可为逻辑函数化简提供方便。

综上所述，用卡诺图表示逻辑函数较为直观，在函数化简中也较为方便。但对多于 5 个变量的逻辑函数，用卡诺图化简便显得复杂和麻烦了。

11.4 组合逻辑电路分析和设计

组合逻辑电路分析

组合逻辑电路是数字电路的主要组成部分之一，由不同的门电路组合而成(简称组合电路)。组合逻辑电路的特点在于，电路任意时刻的输出状态仅取决于该时刻的输入状态，而与电路原来的状态无关，也就是说电路没有记忆功能。

任何一个多输入$(A_1,A_2,\cdots,A_n)$、多输出$(Y_1,Y_2,\cdots,Y_n)$组合逻辑电路可用图 11-4-1 表示。

图 11-4-1 组合逻辑电路

11.4.1 组合逻辑电路分析

组合逻辑电路的分析，就是根据已知逻辑电路图，列出逻辑函数式，再对逻辑函数式化简，根据需要列出逻辑状态表，最后分析电路的逻辑功能。现举例说明组合逻辑电路的分析方法。

例 11-4-1 分析图 11-4-2a 所示逻辑电路的逻辑功能。

解： 根据逻辑电路图可写出逻辑函数式，即有

$$Y=\overline{A\cdot\overline{AB}\cdot\overline{B\cdot\overline{AB}}}$$

对逻辑函数式化简，则有

$$Y=A\cdot\overline{AB}+B\cdot\overline{AB}$$

$$=(A+B)(\overline{AB})=(A+B)(\overline{A}+\overline{B})$$

$$= \overline{A}B + A\overline{B} = A \oplus B$$

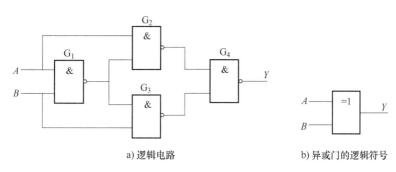

a) 逻辑电路   b) 异或门的逻辑符号

图 11-4-2 例 11-4-1 的逻辑电路和逻辑符号

逻辑状态见表 11-4-1。

表 11-4-1 例 11-4-1 的状态表

A	B	Y
0	0	0
0	1	1
1	0	1
1	1	0

由逻辑状态表可见，只有当两个变量相异（即 $A=0$、$B=1$ 或 $A=1$、$B=0$）时，$Y=1$，称该逻辑电路为异或门电路，用"$\oplus$"表示异或运算。异或门的逻辑符号如图 11-4-2b 所示。

例 11-4-2 分析图 11-4-3a 所示逻辑电路的逻辑功能。

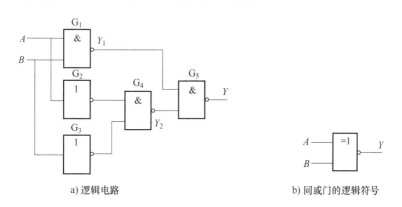

a) 逻辑电路   b) 同或门的逻辑符号

图 11-4-3 例 11-4-2 的逻辑电路和逻辑符号

解： 根据逻辑电路图可写出逻辑函数式，即有

$$Y = \overline{\overline{Y_1} Y_2} = \overline{\overline{AB}\, \overline{\overline{A}\,\overline{B}}}$$

化简逻辑函数式，则有

$$Y = \overline{\overline{Y_1} Y_2} = \overline{\overline{AB}\, \overline{\overline{A}\,\overline{B}}}$$

$$= \overline{\overline{AB} + \overline{A}\,\overline{B}} = AB + \overline{A}\,\overline{B}$$

$$= \overline{A \oplus B} = A \odot B$$

逻辑状态见表 11-4-2。

表 11-4-2　例 11-4-2 的逻辑状态表

A	B	Y
0	0	1
0	1	0
1	0	0
1	1	1

可见，只要两个变量相同（即 $A = B = 1$ 或 $A = B = 0$）时，$Y = 1$，称该电路为同或门电路，用"$\odot$"表示同或运算，也称为"判一致电路"，可用于判断各输入端的状态是否相同（一致）。同或门的逻辑符号如图 11-4-3b 所示。

11.4.2　组合逻辑电路设计

组合逻辑电路设计

组合逻辑电路的设计就是，根据给定的逻辑功能要求，设计出能够实现该功能的最简单组合逻辑电路。所谓最简单，是指电路所用的逻辑器件的种类最少，逻辑器件的数目最少，而且逻辑器件间的连线也最少。具体步骤是：先进行逻辑抽象，列出逻辑状态表，再写出逻辑函数表达式并化简，最后根据要求设计出逻辑电路。

例 11-4-3　有一个火灾报警系统，设有烟感、温感和紫外光感三种不同类型的火灾探测器。为了防止误报，只有当其中两种或者三种探测器发出探测信号时，报警系统才产生报警信号，试用与非门设计产生报警信号的电路。

解： 进行逻辑抽象，即分析因果关系，确定输入和输出变量、逻辑状态数和含义，找出电路状态间转换关系。设烟感、温感和紫外光感探测器为输入变量 A、B、C，并设逻辑变量取值为 0 表示无探测信号发生，取值为 1 表示有探测信号发生；逻辑函数 Y 表示报警系统是否有报警信号发生，$Y = 0$ 表示无报警信号发生，$Y = 1$ 表示有报警信号发生。根据要求可列出逻辑状态表，见表 11-4-3。

由逻辑状态表写出逻辑函数式，取 $Y = 1$ 项列逻辑函数式，可得与或逻辑函数式为

$$Y = \overline{A}BC + A\overline{B}C + AB\overline{C} + ABC$$

表 11-4-3　例 11-4-3 的状态表

输入			输出
A	B	C	Y
0	0	0	0
0	0	1	0
0	1	0	0
0	1	1	1
1	0	0	0

（续）

输入			输出
A	B	C	Y
1	0	1	1
1	1	0	1
1	1	1	1

用卡诺图对逻辑函数式化简，如图 11-4-4 所示，化简结果为

$$Y=AB+BC+AC=\overline{\overline{AB}\ \overline{BC}\ \overline{AC}}$$

画出逻辑电路图。从化简结果可知，如果用与门和或门实现，如图 11-4-5a 所示；如果用与非门实现，如图 11-4-5b 所示。

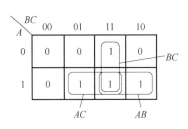

图 11-4-4　例 11-4-3 的卡诺图

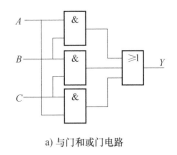

a) 与门和或门电路

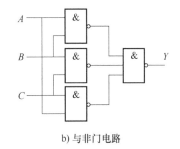

b) 与非门电路

图 11-4-5　例 11-4-3 的电路

应注意，本例的逻辑状态表、逻辑函数式分别与例 11-3-3、例 11-3-4 相同，但通过对逻辑函数式化简后，所得到的逻辑电路与图 11-3-1(例 11-3-5)比较，图 11-4-5 所示电路所用器件种类、数目和连线均最少。

例 11-4-4　试设计 1 位半加器和全加器电路。

解： 所谓半加是指不考虑来自低位的进位将 2 个 1 位二进制数相加，实现半加运算的电路称为半加器。而全加是指将 2 个多位二进制数相加时，每一位都应考虑来自低位的进位，即将 2 个对应位的加数和来自低位的进位 3 个数相加，实现的电路称为全加器。

（1）半加器的逻辑抽象。设 A、B 为加数，S 为本位的和，C 为向高位的进位。A、B 相异时 $S=1$，当 $A=B=1$ 时，$C=1$，$S=0$。

半加器逻辑状态见表 11-4-4。

表 11-4-4　半加器逻辑状态表

A	B	S	C
0	0	0	0
0	1	1	0
1	0	1	0
1	1	0	1

由状态表可得逻辑函数式，则有

$$\begin{cases} S = A\overline{B} + \overline{A}B = A \oplus B \\ C = AB \end{cases} \tag{11-4-1}$$

逻辑电路和符号如图 11-4-6 所示。

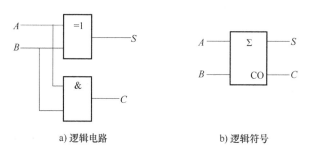

a) 逻辑电路   b) 逻辑符号

图 11-4-6 例 11-4-4 半加器的逻辑电路和逻辑符号

（2）全加器的逻辑抽象。设 A_i、B_i 为 2 个 1 位二进制待加数，C_{i-1} 为低位来的进位数，S_i 为相加后的本位和数，C_i 为向高位的进位数。有进位时 C_i 为 1，否则为 0。

全加器逻辑状态见表 11-4-5。

表 11-4-5 全加器逻辑状态表

A_i	B_i	C_{i-1}	S_i	C_i	A_i	B_i	C_{i-1}	S_i	C_i
0	0	0	0	0	1	0	0	1	0
0	0	1	1	0	1	0	1	0	1
0	1	0	1	0	1	1	0	0	1
0	1	1	0	1	1	1	1	1	1

由状态表可得逻辑函数式为

$$S_i = \overline{A_i}\,\overline{B_i}C_{i-1} + \overline{A_i}B_i\,\overline{C_{i-1}} + A_i\,\overline{B_i}\,\overline{C_{i-1}} + A_iB_iC_{i-1}$$

$$C_i = \overline{A_i}B_iC_{i-1} + A_i\,\overline{B_i}C_{i-1} + A_iB_i\,\overline{C_{i-1}} + A_iB_iC_{i-1}$$

分别对上述逻辑函数式化简，则有

$$\begin{aligned} S_i &= \overline{A_i}\,\overline{B_i}C_{i-1} + \overline{A_i}B_i\,\overline{C_{i-1}} + A_i\,\overline{B_i}\,\overline{C_{i-1}} + A_iB_iC_{i-1} \\ &= (\overline{A_i}B_i + A_i\,\overline{B_i})\,\overline{C_{i-1}} + (\overline{A_i}\,\overline{B_i} + A_iB_i)\,C_{i-1} \\ &= (A_i \oplus B_i)\,\overline{C_{i-1}} + (\overline{A_i \oplus B_i})\,C_{i-1} \\ &= A_i \oplus B_i \oplus C_{i-1} \end{aligned} \tag{11-4-2}$$

$$\begin{aligned} C_i &= \overline{A_i}B_iC_{i-1} + A_i\,\overline{B_i}C_{i-1} + A_iB_i\,\overline{C_{i-1}} + A_iB_iC_{i-1} \\ &= (\overline{A_i}B_i + A_i\,\overline{B_i})\,C_{i-1} + A_iB_i \\ &= (A_i \oplus B_i)\,C_{i-1} + A_iB_i \end{aligned} \tag{11-4-3}$$

若令 $S' = A_i \oplus B_i$，即 S' 为 A_i 和 B_i 的半加和，而 S_i 又是 S' 和 C_{i-1} 的半加和，则全加器可由 2 个半加器和 1 个或门实现，逻辑电路和符号如图 11-4-7 所示。

值得注意的是，由例 11-4-4 可知，异或门具有半加器求和功能，与门具有进位功能。但全加器也可用与或非门实现，请读者根据式（11-4-2）、式（11-4-3）画出用与或非门实现的全加器逻辑电路图。

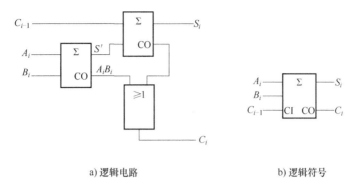

a) 逻辑电路   b) 逻辑符号

图 11-4-7 例 11-4-4 全加器的逻辑电路和逻辑符号

多位二进制数相加可采用全加器级联方法实现，即将低位的进位输出连接到相邻高位输入端。例如，实现 2 个 4 位二进制 $A(=A_3A_2A_1A_0)$ 和 $B(=B_3B_2B_1B_0)$ 相加的 4 位二进制全加器逻辑电路如图 11-4-8 所示。高位相加的结果只有等低位进位产生之后才可稳定，故这种结构的加法器也称为串联型进位加法器。其特点是电路结构简单，但运算速度较慢，在运算速度要求不高的场合应用较为广泛。

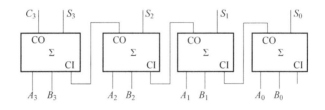

图 11-4-8 4 位二进制全加器逻辑电路

特别说明，由于人们在实践中遇到的逻辑问题层出不穷，因而为解决这些逻辑问题而设计的逻辑电路也不胜枚举。然而我们发现，其中有些逻辑电路经常、大量地出现在各种数字系统中。这些电路包括编码器、译码器、加法器、数据选择器、函数发生器、奇偶校验器/发生器等。为了使用方便，目前厂商已完成这些常用逻辑器件的标准化、集成化生产，形成了单片中小规模集成电路产品，因而具有较强的通用性、兼容性、稳定性等优点。

本章小结

（1）数字电路是传递和处理脉冲信号（数字信号）的电路。电路中的晶体管工作在开关状态（饱和导通或截止）。数字电路中的信息是用二进制数码 0 和 1 表示的。二进制数可以和十进制数相互转换。为了方便人机联系，用四位二进制数表示一位十进制数称为 BCD 码，BCD 码有很多，最常用的是 8421 BCD 码。

（2）逻辑门是组成数字逻辑电路的基本单元，与门、或门、非门分别实现与逻辑、或逻辑、非逻辑。现在广泛应用的是集成电路复合逻辑门，使用集成逻辑门时，要了解它们的主要参数和基本特点。

（3）逻辑代数是分析和设计数字电路的数学工具，是变换和化简逻辑函数的依据。对于逻辑代数的基本运算法则和定律要正确理解并加以记忆。常用的逻辑函数表示方法有真值表、逻辑表达式、逻辑图等,逻辑函数的表示方法之间可以相互转化。

(4)组合逻辑电路的特点是在任何时刻的输出只取决于当时的输入信号,而与电路原来所处的状态无关。组合逻辑电路的分析是指找出已知电路中输出与输入之间的逻辑函数关系,从而判断电路的逻辑功能。组合逻辑电路的设计是指根据给定的逻辑功能,设计出可实现该逻辑功能的合理电路。常用的组合逻辑电路有编码器、加法器、选择器、译码器等。

拓展知识

公用照明延时开关电路

公用照明延时开关电路如图 11-拓展知识-1 所示,当按下按钮 SB 时,灯亮,经过几分钟后,不用人为地关闭开关,灯会自动熄灭。这种控制电路在公共场所如卫生间等应用比较多,可以避免湿手关灯或忘记关灯。

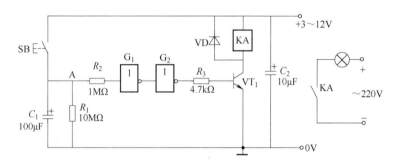

图 11-拓展知识-1 公用照明延时开关电路

十字路口红黄绿灯报警电路

十字路口红黄绿灯,在正常工作时,只允许一个指示灯亮,红灯(R)亮时禁止通行,黄灯(Y)亮时停车,绿灯(G)亮时正常通行。如果有两个或三个灯同时亮或者三个灯均不亮时,均为故障状态。设三个输入变量 R、Y、G,为 1 灯亮,为 0 灯灭;输出 F 为 1 时有故障报警,为 0 时无故障(正常)。由此可列出逻辑状态表,见表 11-拓展知识-1。

表 11-拓展知识-1 交通灯故障逻辑状态表

R	Y	G	F	R	Y	G	F
0	0	0	1	1	0	0	0
0	0	1	0	1	0	1	1
0	1	0	0	1	1	0	1
0	1	1	1	1	1	1	1

由状态表可写出逻辑函数式,即

$$F = \overline{R}\,\overline{Y}\,\overline{G} + \overline{R}YG + R\overline{Y}G + RY\overline{G} + RYG$$

用卡诺图对逻辑函数化简,如图 11-拓展知识-2 所示,化简后与或表达式为

$$F = \overline{R}\,\overline{Y}\,\overline{G} + YG + RG + RY$$

如果直接用与或式实现,则需要 3 个非门、4 个与门和 1 个或门,共 8 个门电路。为减少门电路数目,可将上式变换为与或非式,即有

$$F = \overline{\overline{\overline{R}\,\overline{Y}\,\overline{G}} + YG + RG + RY} = \overline{\overline{RG}(R+Y+G)} \cdot \overline{YGRY}$$

则交通信号灯故障检测电路如图 11-拓展知识-3 所示。通常在条件允许情况下尽可能用集成器件。如果用图 11-拓展知识-4 所示卡诺图化简，化简后与或非式为

$$F = \overline{\overline{R}\,\overline{Y}G + R\overline{Y}\,\overline{G} + \overline{R}\,Y\overline{G}}$$

则交通信号灯故障检测电路如图 11-拓展知识-5 所示。

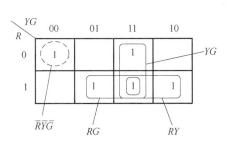

图 11-拓展知识-2　卡诺图(1)

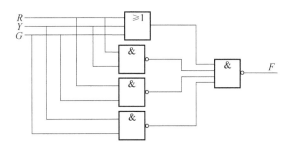

图 11-拓展知识-3　交通信号灯故障检测电路(1)

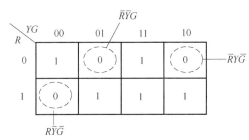

图 11-拓展知识-4　卡诺图(2)

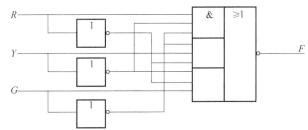

图 11-拓展知识-5　交通信号灯故障检测电路(2)

习　　题

11-1　习题 11-1 图所示门电路中，Y 恒为 0 的是图(　　　)。

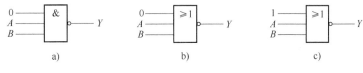

习题 11-1 图

11-2　习题 11-2 图所示门电路的输出为(　　　)。

A. $Y = \overline{A}$　　　　　　　　　B. $Y = 1$　　　　　　　　　C. $Y = 0$

11-3　习题 11-3 图所示门电路的逻辑式为(　　　)。

A. $Y = \overline{AB + C}$　　　　　　B. $Y = \overline{AB \cdot C \cdot 0}$　　　　　C. $Y = \overline{AB}$

11-4　与 $\overline{A+B+C}$ 相等的是(　　　)。

A. $\overline{A}\,\overline{B}\,\overline{C}$　　　　　　　　B. $\overline{\overline{A}\,\overline{B}\,\overline{C}}$　　　　　　C. $\overline{A} + \overline{B} + \overline{C}$

11-5　与 $\overline{A \cdot B \cdot C \cdot D}$ 相等的是(　　　)。

A. $\overline{AB} \cdot \overline{CD}$　　　　　　　B. $(\overline{A} + \overline{B})(\overline{C} + \overline{D})$　　　C. $\overline{A} + \overline{B} + \overline{C} + \overline{D}$

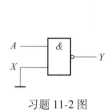 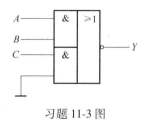

习题 11-2 图   习题 11-3 图

11-6 与 $\overline{A}+ABC$ 相等的是(　　)。

A. $A+BC$　　　　　　B. $\overline{A}+BC$　　　　　　C. $A+\overline{BC}$

11-7 若 $Y=\overline{AB}+AC=1$，则(　　)。

A. $ABC=001$　　　　B. $ABC=110$　　　　C. $ABC=100$

11-8 习题 11-8 图所示门电路中，$Y=1$ 的是图(　　)。

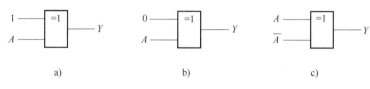

a)　　　　　　　b)　　　　　　　c)

习题 11-8 图

11-9 习题 11-9 图所示组合电路的逻辑式为(　　)。

A. $Y=\overline{A}$　　　　　　B. $Y=A$　　　　　　C. $Y=1$

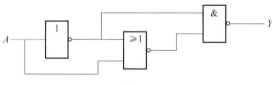

习题 11-9 图

11-10 习题 11-10 图所示组合电路的逻辑式为(　　)。

A. $Y=AB\cdot\overline{BC}$　　　　B. $Y=\overline{AB\cdot\overline{BC}}$　　　　C. $Y=AB+\overline{BC}$

11-11 习题 11-11 图所示组合电路的逻辑式为(　　)。

A. $Y=\overline{AB+BC+AC}$　　B. $Y=AB+BC+AC$　　C. $Y=\overline{AB}+\overline{BC}+\overline{AC}$

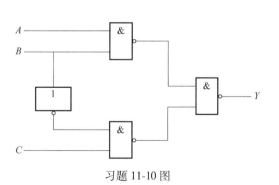 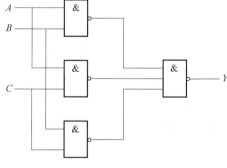

习题 11-10 图　　　　　　　　习题 11-11 图

11-12 试用列真值表的方法证明下列异或运算公式。

（1）$A \oplus 0 = A$；

（2）$A \oplus 1 = \bar{A}$；

（3）$A \oplus A = 0$；

（4）$A \oplus \bar{A} = 1$；

（5）$(A \oplus B) \oplus C = A \oplus (B \oplus C)$；

（6）$A(B \oplus C) = AB \oplus AC$。

11-13 列出下列逻辑函数的真值表。

（1）$Y_1 = \bar{A}B + BC + AD$；

（2）$Y_1 = \bar{A}BC + A \oplus D$。

11-14 应用逻辑代数运算法则化简下列各式。

（1）$Y = AB + \bar{A}\bar{B} + A\bar{B}$；

（2）$Y = ABC + \bar{A}B + AB\bar{C}$；

（3）$Y = \overline{AB + \bar{A} + B}$；

（4）$Y = (AB + \bar{A}B + A\bar{B})(A + B + D + \bar{A}\bar{B}\bar{D})$；

（5）$Y = ABC + \bar{A} + \bar{B} + \bar{C} + D$。

11-15 应用卡诺图化简下列各式。

（1）$Y = AB + \bar{A}BC + \bar{A}\bar{B}\bar{C}$；

（2）$Y = \bar{A}\bar{B}\bar{C}D + \bar{A}B\bar{C}D + \bar{A}BCD + A\bar{B}CD$；

（3）$Y = A\bar{C} + \bar{A}C + B\bar{C} + \bar{B}\bar{C}$；

（4）$Y = A\bar{B} + \bar{B}\bar{C}D + ABD + \bar{A}\bar{B}CD$；

（5）$Y = A + \bar{A}B + \bar{A}\bar{B}C + \bar{A}\bar{B}\bar{C}D$。

11-16 如果与门的两个输入端中，A 为信号输入端，B 为控制端。设输入 A 的信号波形如习题 11-16 图所示，在控制端 $B = 1$ 和 $B = 0$ 两种状态下，试画出输出波形。如果是与非门、或门、或非门则又如何？分别画出输出波形。最后总结上述四种门电路的控制作用。

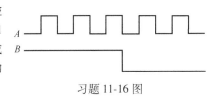

习题 11-16 图

11-17 用与非门和非门实现以下逻辑关系，画出逻辑图。

（1）$Y = A + B + \bar{C}$；

（2）$Y = AB + \bar{A}C$；

（3）$Y = \bar{A}\bar{B} + B\bar{C}$。

11-18 用与非门和非门组成下列逻辑门。

（1）与门 $Y = ABC$；

（2）或门 $Y = A + B + C$；

（3）与或门 $Y = ABC + DEF$

（4）或非门 $Y = \overline{A + B + C}$。

11-19 证明习题 11-19 图所示的两电路具有相同的逻辑功能。

11-20 习题 11-20 图 a 所示电路中，在控制端 $C = 1$ 和 $C = 0$ 两种情况下，试求输出 Y 的逻辑式和波形，并说明该电路的功能。输入 A 和 B 的波形如习题 11-20 图 b 所示。

11-21 根据下列各逻辑式，画出逻辑图。

（1）$Y = AB + BC$；

（2）$Y = (A + B)(A + C)$；

（3）$Y = A + BC$。

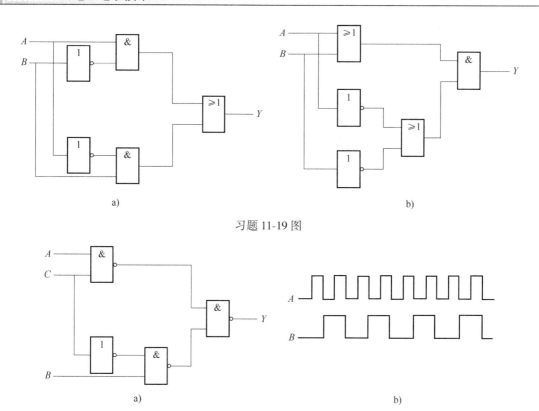

习题 11-19 图

a)

b)

习题 11-20 图

11-22 写出习题 11-22 图所示的逻辑式。

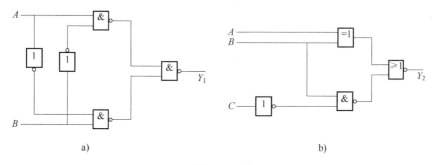

a)

b)

习题 11-22 图

11-23 列出逻辑状态表,分析习题 11-23 图所示电路的逻辑功能。

11-24 习题 11-24 图所示是两处控制照明电路,单刀双投开关 A 装在一处,B 装在另一处,两处都可以开关电灯。设 $Y=1$ 表示灯亮,$Y=0$ 表示灯灭;$A=1$ 表示开关向上扳,$A=0$ 表示开关向下扳,B 亦如此。试写出灯亮的逻辑式。

11-25 某同学参加四门课程考试,规定如下:

(1)课程 A 及格得 1 分,不及格得 0 分;

(2)课程 B 及格得 2 分,不及格得 0 分;

(3)课程 C 及格得 4 分,不及格得 0 分;

(4)课程 D 及格得 5 分,不及格得 0 分。

若总得分大于等于 8 分,就可以结业。试用与非门画出实现上述要求的逻辑电路。

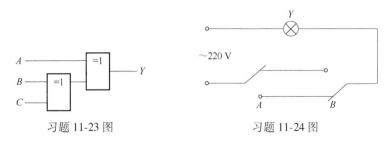

习题 11-23 图　　　　　　　　习题 11-24 图

11-26　习题 11-26 图所示是一智力竞赛抢答电路，供四组使用。每一路由 TTL4 输入与非门、指示灯（发光二极管）、抢答开关 S 组成。与非门 G_5 以及由其输出端接触的晶体管电路和蜂鸣器电路是共用的，当 G_5 输出高电平时，蜂鸣器响。（1）当抢答开关在图示位置时，指示灯能否亮，蜂鸣器能否响？（2）分析 A 组扳动抢答开关 S_1（由接"地"点扳到+6V）时的情况，此后其他组再扳动各自的抢答开关是否起作用？

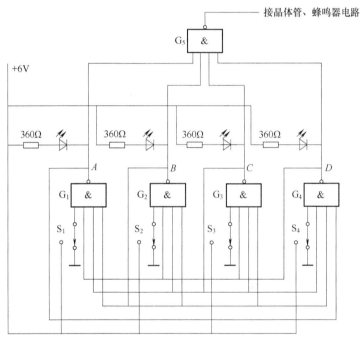

习题 11-26 图

11-27　旅客列车分特快、普快和普慢，并依此为优先通行次序。设 A、B、C 分别代表特快、普快、普慢，开车信号分别为 Y_A、Y_B、Y_C。某站在同一时间只能有一趟列车从车站开出，即只能给出一个开车信号，试画出满足上述要求的逻辑电路。

11-28　习题 11-28 图所示是一密码锁控制电路。开锁条件是：拨对密码，钥匙插入锁眼将开关 S 闭合。当两个条件同时满足时，开锁信号为 1，将锁打开；否则，报警信号为 1，接通警铃。试分析密码 ABCD 是多少。

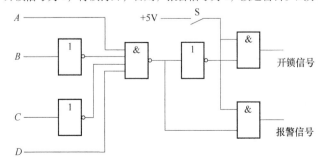

习题 11-28 图

第 12 章

触发器和时序逻辑电路

导读

　　数字电路按其逻辑功能的不同可分为两大类：一类即第 11 章所讲述的组合逻辑电路，简称组合电路，组合电路的特点是任意时刻的输出信号只取决于当时的输入信号，而与电路原来所处的状态无关。另一类是时序逻辑电路，简称时序电路。在时序电路中，任一时刻的输出信号，不仅与当时的输入信号有关，还和电路原来的状态有关，故时序电路能够保留原来的输入信号对其造成的影响，即具有记忆功能。门电路是组合电路的基本单元，而触发器是时序电路的基本单元。本章首先讨论几种由集成与非门构成的双稳态触发器，其次讨论由双稳态触发器组成的各种寄存器、计数器，然后介绍 555 定时器，最后举出几个时序电路的应用实例。

本章学习要求

　　1）掌握 RS 触发器、JK 触发器、D 触发器、T 触发器的逻辑功能。

　　2）理解时序逻辑电路的概念和工作特点。

　　3）理解寄存器、计数器的工作原理，重点掌握用常见的集成计数器构成任意进制计数器的方法。

　　4）了解 555 集成定时器及用 555 集成定时器构成的多谐振荡器和单稳态触发器的工作原理。

12.1　双稳态触发器

　　触发器是最简单、最基本的时序逻辑电路，常用的时序逻辑电路如寄存器、计数器等，通常都是由各类触发器构成的。触发器可以记忆 0 和 1 两种状态的 1 位二值信号，触发器按其稳定工作状态可分为双稳态触发器、单稳态触发器、无稳态触发器（多谐振荡器）等。双稳态触发器按其逻辑功能，可分为 RS 触发器、JK 触发器、D 触发器和 T 触发器等；按其触发方式，可分为电平触发器和边沿触发器；按其结构，可分为主从型触发器和维持阻塞型触发器等。

12.1.1 RS 触发器

1. 基本 RS 触发器

由门电路构成的基本 RS 触发器是最简单的触发器，它是构成其他各类触发器的基本单元，其他各类触发器是在基本 RS 触发器的基础上发展起来的。本节重点介绍与非门组成的基本 RS 触发器。

（1）基本 RS 触发器的电路结构

由两个与非门交叉耦合组成的基本 RS 触发器，其电路结构如图 12-1-1a 所示。图中 Q 和 $\overline{Q}$ 为触发器的输出端，两者的逻辑状态为两种互补的稳定状态，一般以 Q 端的状态来表示触发器的状态。若 Q 端为高电平，（即 $Q=1$，$\overline{Q}=0$），则认为触发器处于置位状态或处于逻辑 1（1 态）；若 Q 端为低电平（即 $Q=0$，$\overline{Q}=1$），则认为触发器处于复位状态或处于逻辑 0（0 态）。RS 触发器有 $\overline{S}_D$、$\overline{R}_D$ 两个输入端：$\overline{R}_D$ 输入端称为直接复位端或置 0 端，也称为直接置 0 端；$\overline{S}_D$ 输入端称为直接置位端或置 1 端，也称为直接置 1 端。

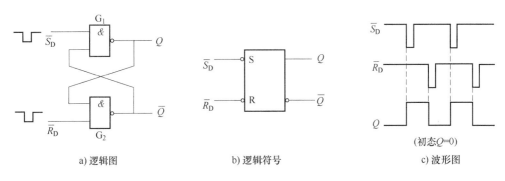

a) 逻辑图   b) 逻辑符号   c) 波形图

图 12-1-1 由与非门组成的基本 RS 触发器

RS 触发器 Q 端的状态规定为触发器的状态。$\overline{S}_D$、$\overline{R}_D$ 平时固定接高电位，处于 1 态。图 12-1-1b 所示是基本 RS 触发器的逻辑符号，逻辑符号中小圆圈和 $\overline{S}_D$、$\overline{R}_D$ 都表示输入信号只在低电平时对触发器起作用。

（2）基本 RS 触发器的工作过程

基本 RS 触发器具有三大特点：

① 触发器的两个稳态，即 0 态（$Q=0$，$\overline{Q}=1$）和 1 态（$Q=1$，$\overline{Q}=0$）。

② 在一定的信号作用下，0 态和 1 态可以互相转换。

③ 信号撤走后，触发器的稳态在一定的条件下能保持不变，即触发器具有记忆（存储）能力。

根据基本 RS 触发器组成和结构，按与非逻辑关系分四种情况来分析它的状态转换和逻辑功能。设 Q_n 是在 $n+1$ 输入信号变化之前触发器的原状态，称为原态（初态）；Q_{n+1} 是在输入信号变化之后触发器的新状态，称为次态。

1) $\overline{S}_D=0$，$\overline{R}_D=1$。当 G_1 门 $\overline{S}_D$ 加负脉冲后，$\overline{S}_D=0$，按与非逻辑关系"有 0 出 1"，故 $Q=1$；反馈到 G_2 门，按"全 1 出 0"，故 $\overline{Q}=0$；再反馈到 G_1 门，即使负脉冲消失，$\overline{S}_D=1$ 时，

按"有 0 出 1"，仍然 $Q=1$，即触发器处于置 1 态。在这种情况下，如果触发器原来的状态是 1 态，在输入 $\overline{S}_D=0$、$\overline{R}_D=1$ 后，它将保持 1 态；如果触发器原来的状态是 0 态，它将迅速过渡到 1 态，状态转换过程如图 12-1-2 所示。

2）$\overline{S}_D=1$，$\overline{R}_D=0$。当 G_2 门 $\overline{R}_D$ 加负脉冲后，同理分析，触发器处于置 0 态。如果触发器原来的状态是 1 态，在输入 $\overline{S}_D=1$、$\overline{R}_D=0$ 后，它将迅速过渡到 0 态，状态转换过程如图 12-1-2 所示；如果触发器原来的状态是 0 态，它将保持 0 态。也就是说，触发器原态为 1 或 0，它翻转为或保持 0 态。

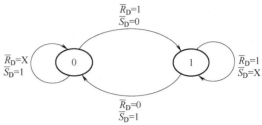

图 12-1-2　基本 RS 触发器的状态转换图

3）$\overline{S}_D=1$，$\overline{R}_D=1$。当 $\overline{S}_D=1$、$\overline{R}_D=1$ 时，由于两门之间因交叉耦合而产生的自锁作用，触发器保持原来的输出状态不变，即触发器具有记忆的能力，可以接收并存储一位二值码（0 或 1）。触发器可能稳定在 0 态，也可能稳定在 1 态，究竟处于哪个状态，取决于前一时刻触发器的输出状态。如果前一个时刻触发器稳定在 1 态（$Q=1$，$\overline{Q}=0$），当 $\overline{S}_D=1$、$\overline{R}_D=1$ 时，触发器的输出仍为"1"态，说明触发器可将前一个时刻输出的稳态"1"态保存下来，同样说明触发器已将前一时刻记忆在它的状态中。

4）$\overline{S}_D=0$，$\overline{R}_D=0$。在 $\overline{S}_D=0$、$\overline{R}_D=0$ 条件下，两个与非门的输出端 Q 和 $\overline{Q}$ 全为 1，在两个输入信号同时撤去（回到 1）后，由于两个与非门的延迟时间无法确定，触发器的状态不能确定是 1 还是 0，因此触发器的次态不定，这种情况在使用中应禁止出现。从另外一个角度来说，正因为 R 端和 S 端完成置 0、置 1 都是低电平有效，所以二者不能同时为 0。

（3）基本 RS 触发器逻辑功能的描述

1）特性表及状态转换图。基本 RS 触发器输入和输出之间的关系也可以用真值表的形式来描述，由上述触发器的特点可知，触发器当前的输出不仅与当前的输入有关，还与前一输出状态有关。若用表格形式来表示输入信号以及原态 Q_n 与次态 Q_{n+1} 的转换关系，则这种表格就叫状态转换真值表（简称状态表）。在描述触发器的逻辑功能时，将状态转换真值表专门命名为特性表。基本 RS 触发器的特性表见表 12-1-1。

表 12-1-1　由与非门组成的基本 RS 触发器的特性表

$\overline{R}_D$	$\overline{S}_D$	Q_n	Q_{n+1}	功能
0	0	0 1	X X } X（不定）	禁用
0	1	0 1	0 0 } 0	置 0
1	0	0 1	1 1 } 1	置 1
1	1	0 1	0 1 } Q_n	保持

基本 RS 触发器输入和输出之间的关系还可以用状态转换图形象地表示。用圆圈表示触

发器的输出状态，圈内的 0 或 1 表示状态的取值，用箭头表示状态转换的方向，同时在箭头旁边注明了转换的条件。基本 RS 触发器的状态转换图如图 12-1-2 所示，图中 $\overline{S}_D$、$\overline{R}_D$ 为输入信号。

2）特性方程。特性表所表示的逻辑功能同样能用逻辑函数的形式描述。由表 12-1-1 可以得出基本 RS 触发器特性方程，获得次态 Q_{n+1}，$\overline{S}_D + \overline{R}_D = 1$ 称为基本 RS 触发器的约束条件，即

$$Q_{n+1} = S_D + \overline{R}_D \cdot Q_n \qquad (12\text{-}1\text{-}1)$$

式中，Q_n 为 RS 触发器的原态；$\overline{S}_D$、$\overline{R}_D$ 为 RS 触发器的输入信号，低电位有效；Q_{n+1} 为 RS 触发器的输出函数，也为触发器的次态。

3）波形图。为便于用实验的方法观察触发器的逻辑功能，可根据状态表或特性方程画出基本 RS 触发器输入和输出信号随时间变化的时序波形图，有时简称波形图或时序图。图 12-1-1c 所示是基本 RS 触发器的波形图。

基本 RS 触发器也可用或非门组成，图 12-1-3 所示是其逻辑图和逻辑符号。与前者不同的是，它用正脉冲来置 0 或置 1，即高电平有效。

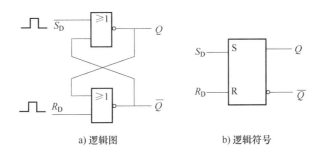

a）逻辑图　　　　　　　　　b）逻辑符号

图 12-1-3　由或非门组成的基本 RS 触发器

2. 同步 RS 触发器

基本 RS 触发器的触发方式是电平触发方式，即只要输入端 R、S 的电平状态发生变化，触发器的状态就跟着发生相应的变化。在实际应用中，触发器的工作状态不仅要由 R、S 端的信号来决定，而且还希望触发器按一定的节拍翻转。因此，在数字电路中所使用的触发器往往加一种正脉冲（称为时钟脉冲 CP）的控制信号，通过引导电路来实现时钟脉冲对输入端 R 和 S 的控制，使触发器只有在控制信号到达时才按输入信号改变状态。具有时钟脉冲控制的触发器状态的改变与时钟脉冲同步，所以称为同步触发器。实现时钟控制的最简单的触发器是同步 RS 触发器。

（1）同步 RS 触发器的电路结构

图 12-1-4a 所示是同步 RS 触发器的逻辑图，其由两部分组成：一部分是由与非门 G_1 和 G_2 组成的基本 RS 触发器；另一部分是由增加 G_3、G_4 两个与非门构成的触发引导电路，其输出分别作为基本 RS 触发器的 R 端和 S 端。

（2）同步 RS 触发器的工作过程

由图 12-1-4a 可知，G_3 和 G_4 同时受 CP 信号控制。当 CP 为 0 时，G_3 和 G_4 被封锁，R、S 不会影响触发器的状态；当 CP 为 1 时，G_3 和 G_4 打开，将 R、S 端的信号传送到基本 RS 触发器的输入端，触发器触发翻转。结合基本 RS 触发器的工作原理，可以得到以下结论。

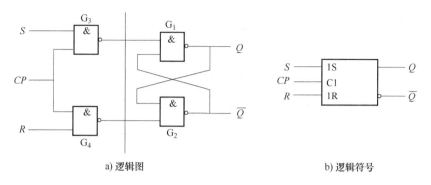

a) 逻辑图   b) 逻辑符号

图 12-1-4 同步 RS 触发器

1）$CP=0$。G_3 和 G_4 被封锁，不论 R 和 S 端的电位如何变化，G_3 和 G_4 的输出均为 1，即 $Q_3=Q_4=1$，基本触发器保持原来状态不变。

2）CP=1 时，分四种情况分析同步 RS 触发器的工作状态：

① $R=0$，$S=1$。这时，G_3 的输出端 $Q_3=0$，G_4 的输出端 $Q_4=1$，它们即为基本 RS 触发器的输入，故 $Q=1$，$\overline{Q}=0$，即触发器置 1。

② $R=1$，$S=0$。这时，G_3 的输出端 $Q_3=1$，G_4 的输出端 $Q_4=0$，它们即为基本 RS 触发器的输入，故 $Q=0$，$\overline{Q}=1$，即触发器置 0。

③ $R=0$，$S=0$。显然，这时 G_3 的输出端 $Q_3=1$，G_4 的输出端 $Q_4=1$，触发器保持原态不变。

④ $R=1$，$S=1$。这时，G_3 的输出端 $Q_3=0$，G_4 的输出端 $Q_4=0$，触发器状态不定，应禁用。

可见，R 端和 S 端都是高电平有效，所以 R 端和 S 端不能同时为 1，其逻辑符号中的 R 端和 S 端也没有小圆圈。

（3）同步 RS 触发器逻辑功能的描述

1）特性表。由同步 RS 触发器的工作原理可以列出同步 RS 触发器的特性表，见表 12-1-2。

表 12-1-2 同步 RS 触发器的特性表

CP	R	S	Q_n	Q_{n+1}	功能
0	x	x	0 1	0 1 $\}Q_n$	保持
1	0	0	0 1	0 1 $\}Q_n$	保持
1	0	1	0 1	1 1 $\}$1	置 1
1	1	0	0 1	0 0 $\}$0	置 0
1	1	1	0 1	x x $\}$x	禁用

2）特性方程。根据表 12-1-2，可以写出同步 RS 触发器输出与输入之间的逻辑表达式为

$$Q_{n+1} = S \cdot CP + \overline{R}Q_n \qquad (12\text{-}1\text{-}2)$$

式中，Q_n 为同步 RS 触发器的原态；S、R 为同步 RS 触发器的输入信号，高电位有效；CP 为同步 RS 触发器的时钟脉冲，高电位有效；Q_{n+1} 为 RS 触发器的输出函数，也为触发器的次态。

由式(12-1-2)可以看出，当 $CP = 0$ 时，不论输入端 R、S 的状态如何变化，触发器均保持原态不变；当 $CP = 1$ 时，式(12-1-2)与式(12-1-1)相同，即此时实际上是一个基本 RS 触发器。

3）工作波形图。工作波形图即以波形的形式描述触发器状态与输入信号及时钟脉冲之间的关系，它是描述时序逻辑电路工作情况的一种基本方法，如图 12-1-5 所示。图中假设同步 RS 触发器的初始状态为 0 态。

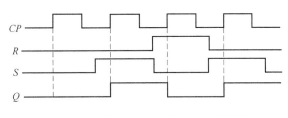

图 12-1-5 同步 RS 触发器的工作波形图

在使用同步 RS 触发器的过程中，经常需要在时钟信号来临之前将触发器预先设置成指定的状态。因此，在实用的同步 RS 触发器电路中，往往还设有置位输入端和复位输入端。因为置位、复位操作不与时钟脉冲同步，所以又称为异步置位输入端和异步复位输入端，如图 12-1-6 所示为可控 RS 触发器的逻辑图和逻辑符号。

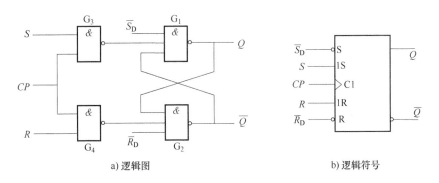

a) 逻辑图   b) 逻辑符号

图 12-1-6 可控 RS 触发器

由图 12-1-6 可以看出，异步置位输入端 $\overline{S}_D$ 和异步复位输入端 $\overline{R}_D$ 分别加在输出门 G_1 和 G_2 上，只要在 $\overline{S}_D$ 和 $\overline{R}_D$ 加上低电平，立即将触发器置 1 或置 0，而不受时钟脉冲的控制，即与时钟脉冲异步。触发器正常工作时，$\overline{S}_D$ 和 $\overline{R}_D$ 要处于高电平，只有在触发器需要清零或置 1 时才将 $\overline{S}_D$ 和 $\overline{R}_D$ 处于低电平。

12.1.2 JK 触发器

JK 触发器是一种功能较完善、应用很广泛的双稳态触发器。JK 触发器有脉冲触发和边沿触发两种结构类型。

1. JK 触发器的电路结构

图 12-1-7a 所示是一种典型结构的 JK 触发器——主从型 JK 触发器。它由两个可控 RS

触发器串联组成，分别称为主触发器和从触发器，时钟脉冲先使主触发器翻转，而后使从触发器翻转，此外，还有一个非门将两个触发器联系起来。J 和 K 是信号输入端，它们分别与 $\overline{Q}$ 和 Q 构成与逻辑关系，即 $R=KQ$、$S=J\overline{Q}$ 成为主触发器的 S 端和 R 端。图 12-1-7b 为主从型 JK 触发器的逻辑符号。

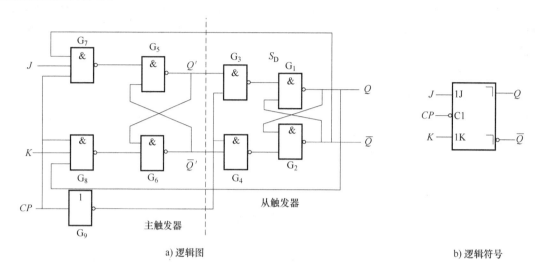

a) 逻辑图　　　　　　　　　　　　　　　　　b) 逻辑符号

图 12-1-7　主从型 JK 触发器

2. JK 触发器的逻辑功能

当 $CP=0$ 时，即时钟脉冲来到之前，主触发器状态不变，从触发器输出状态与主触发器的输出状态相同。

当 $CP=1$ 时，输入 J、K 影响主触发器，而从触发器状态不变。

当 CP 从 1 变成 0 时，主触发器的状态传送到从触发器，即主从触发器是在 CP 下降沿到来时才使触发器翻转的。

下面分四种情况来分析主从型 JK 触发器的逻辑功能。

1) $J=0$，$K=0$。设时钟脉冲来到之前($CP=0$)触发器的初始状态为 0，即 $Q_n=0$。这时主触发器的 $R=KQ=0$，$S=J\overline{Q}=0$。当时钟脉冲来到后，即 $CP=1$ 时，主触发器的状态保持不变。当时钟脉冲 CP 的下降沿来临时，由于从触发器的 $R=1$，$S=0$，因此触发器状态保持不变。当触发器的初始状态为 1 时，同理推测触发器保持 1 态不变。故当 $J=K=0$，时钟脉冲 CP 的下降沿来临时，主从 JK 触发器状态不变。

2) $J=0$，$K=1$。设触发器的初始状态为 0，即 $Q_n=0$，当 $CP=1$ 时，由于主触发器的 $R=0$，$S=0$，因此它保持原态不变；当时钟脉冲 CP 的下降沿来临时，由于从触发器的 $R=1$，$S=0$，因此触发器状态保持不变，即 $Q_{n+1}=0$。设触发器的初始状态为 1，即 $Q_n=1$，当 $CP=1$ 时，由于主触发器的 $R=1$，$S=0$，因此主触发器状态翻转为 0 态；当时钟脉冲 CP 的下降沿来临时，由于从触发器的 $R=1$，$S=0$，因此从触发器状态翻转为 0 态，即 $Q_{n+1}=0$。故当 $J=0$，$K=1$，时钟脉冲 CP 的下降沿来临时，主从 JK 触发器状态变为 0 态，即 $Q_{n+1}=0$。

3) $J=1$，$K=0$。设触发器的初始状态为 0，即 $Q_n=0$，当 $CP=1$ 时，则 $R=0$，$S=1$，主触发器状态翻转为 1 态；当时钟脉冲 CP 的下降沿来临时，由于从触发器的 $R=0$，$S=1$，因此触发器状态翻转为 1 态，即 $Q_{n+1}=1$。如果触发器的初始状态为 1，即 $Q_n=1$，当 $CP=1$ 时，

由于主触发器的 $R=0$，$S=0$，因此主触发器保持原态；当时钟脉冲 CP 的下降沿来临时，由于从触发器的 $R=0$，$S=1$，触发器也保持状态不变，即 $Q_{n+1}=1$。故当 $J=1$，$K=0$，时钟脉冲 CP 的下降沿来临时，不论触发器原来的状态如何，JK 触发器的状态均为 1 状态，即 $Q_{n+1}=1$。

4）$J=1$，$K=1$。设触发器的初始状态为 0，即 $Q_n=0$，这时主触发器的 $R=0$，$S=1$，当时钟脉冲 CP 来到后（$CP=1$），触发器状态变为 1 态；当时钟脉冲 CP 的下降沿来临时，由于从触发器的 $R=0$，$S=1$，触发器状态翻转为 1 态，即 $Q_{n+1}=1$。当触发器的初始状态为 1 时，同理推测触发器状态变为 0 态，即 $Q_{n+1}=0$，JK 触发器发生翻转。故当 $J=1$，$K=1$，时钟脉冲 CP 的下降沿来临时，主从 JK 触发器状态发生翻转。原态为 0，翻转后即为 1；原态为 1，翻转后即为 0。

可见，JK 触发器在 $J=1$，$K=1$ 的情况下，来一个时钟脉冲就翻转一次，即 $Q_{n+1}=\overline{Q_n}$，具有计数功能。

3. JK 触发器逻辑功能的描述

由主从型 JK 触发器的工作原理可以列出 JK 触发器的特性表，见表 12-1-3。

表 12-1-3　主从型 JK 触发器的特性表

J	K	Q_n	Q_{n+1}	功能
0	0	0 1	0 1 $\Big\}Q_n$	保持
0	1	0 1	0 0 $\Big\}0$	置 0
1	0	0 1	1 1 $\Big\}1$	置 1
1	1	0 1	1 0 $\Big\}\overline{Q_n}$	计数

根据表 12-1-3，可以写出主从型 JK 触发器输出与输入之间的逻辑表达式，即特性方程，经化简后得到。

$$Q_{n+1}=J\overline{Q_n}+\overline{K}Q_n \tag{12-1-3}$$

例 12-1-1　下降沿触发的 JK 触发器的 CP 和 J、K 波形如图 12-1-8 所示，画出触发器输出端 Q 的波形。设触发器的初始状态为 0。

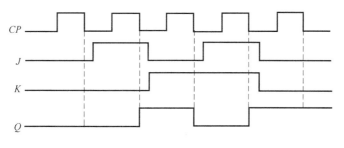

图 12-1-8　例 12-1-1 图

解：触发器下降沿触发，首先在脉冲 CP 波形上找出下降沿，然后根据此时 J、K 的取值，对照特性表得出输出 Q 的状态，其他时刻输出均保持原态，如图 12-1-8 所示。

12.1.3 D 触发器

主从 JK 触发器是在 CP 脉冲高电平期间接收信号，如果在 CP 高电平期间输入端出现干扰信号，可能使触发器产生与逻辑功能表不符合的错误状态。边沿触发器的电路结构可使触发器在 CP 脉冲有效触发沿到来前一瞬间接收信号，在有效触发沿到来后产生状态转换。因此，边沿触发器既没有空翻现象，也没有一次变化问题，从而大大提高了抗干扰能力和电路工作的可靠性。在产品中，有利用 CMOS 传输门的边沿触发器、有 TTL 维持阻塞型触发器、有利用传输延迟时间的边沿触发器等，而 D 触发器多半是边沿结构类型。本书以一种目前用得较多的维持阻塞型 D 触发器为例介绍边沿触发器。

1. 维持阻塞型 D 触发器的电路结构

维持阻塞型 D 触发器的逻辑图和逻辑符号如图 12-1-9 所示。该触发器由六个与非门组成，其中 G_1、G_2 构成基本 RS 触发器，G_3、G_4 组成时钟控制电路，G_5、G_6 组成数据输入电路。R_D 和 S_D 分别是直接置 0 和直接置 1 端，主要用来给触发器设置初始状态，或对触发器的状态器的状态进行特殊的控制，有效电平为低电平。R_D 和 S_D 信号不受时钟信号 CP 的制约，具有最高的优先级，在使用时，只能一个信号有效。

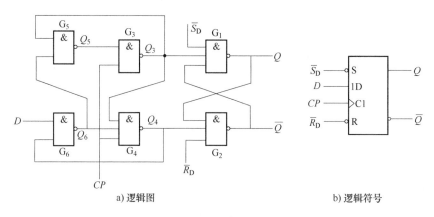

a) 逻辑图　　　　　　　　　　　b) 逻辑符号

图 12-1-9　维持阻塞型 D 触发器

2. 维持阻塞型 D 触发器的工作过程

根据维持阻塞型 D 触发器的结构，其工作原理从以下两种情况分析。

1) $D=0$。当时钟脉冲来到之前，即 $CP=0$ 时，与非门 G_3 和 G_4 封锁，其输出 $Q_3=1$，$Q_4=1$，G_1、G_2 组成的基本 RS 触发器的状态不变。因 $D=0$，$Q_6=1$，G_5 输入全为 1，输出 $Q_5=0$。当 CP 由 0 变 1 时，即 $CP=1$ 时，G_4 输入全为 1，其输出由 1 变为 0，继而 $Q=0$，完成触发器翻转为 0 状态的全过程。一旦 Q_4 为 0，则经 G_4 输出至 G_6 输入的反馈线将 G_6 封锁，即封锁了 D 通往基本 RS 触发器的路径。该反馈线起到了使触发器维持在 0 状态和阻止触发器变为 1 状态的作用，故该反馈线称为置 0 维持线或置 1 阻塞线。

2) $D=1$。在 $CP=0$ 时，G_3 和 G_4 封锁，$Q_3=1$，$Q_4=1$，触发器保持原状态不变。因 $D=1$，G_6 输入全为 1，输出 $Q_6=0$，它使 $Q_4=1$，$Q_5=1$。当 CP 由 0 变 1 时，G_3 输入全为 1，其

输出由 1 变为 0，继而 $Q=1$，完成触发器翻转为 1 状态的全过程。同时，一旦 $Q_3=0$，通过反馈线将封锁 G_5 门，如果 D 信号由 1 变为 0，只会影响 G_6 的输出，维持了触发器的 1 状态，因此称该反馈线为置 1 线。同理，Q_3 为 0 后，通过反馈线将封锁 G_4 门，从而阻塞置 0 通路，故称为置 0 阻塞线。因此，该触发器称为维持阻塞触发器。

3. D 触发器逻辑功能的描述

由维持阻塞型 D 触发器的工作原理及特点可写出逻辑表达式（见式（12-1-4）），亦可列出 D 触发器的特性表，见表 12-1-4。

$$Q_{n+1}=D \tag{12-1-4}$$

表 12-1-4　D 触发器的特性表

D	Q_n	Q_{n+1}	功能
0	0 1	0 0 } 0	置 0
1	0 1	1 1 } 1	置 1

国内生产的 D 触发器主要是维持阻塞型，如双上升沿 D 触发器 74LS74、四上升沿 D 触发器 74LS175、双 D 触发器 74HC74 等。

12.1.4　触发器逻辑功能的转换

将某种逻辑功能的触发器经过改接或加一些门电路后可转换为另一种触发器。

1. JK 触发器转换为 D 触发器

将 JK 触发器转换为 D 触发器的逻辑图和逻辑符号如图 12-1-10 所示。在主从型 JK 触发器基础上，通过一非门把 J、K 两端输入互为反量。当 $D=1$ 时，在 CP 的下降沿到来后触发器翻转或保持 1 态；当 $D=0$ 时，在 CP 的下降沿到来后触发器翻转或保持 0 态。此时即具有 D 触发器的特性。

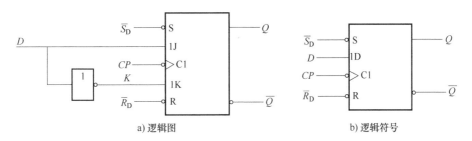

a) 逻辑图　　　　　　　　　　b) 逻辑符号

图 12-1-10　JK 触发器转换为 D 触发器

2. JK 触发器转换为 T 触发器

将 JK 触发器转换为 T 触发器的电路如图 12-1-11a 所示。将 J、K 端连在一起，称为 T 端。当 $T=0$ 时，时钟脉冲作用后触发器状态不变；当 $T=1$ 时，触发器具有计数功能，即 $Q_{n+1}=J\overline{Q}_n$，其逻辑状态表见表 12-1-5。

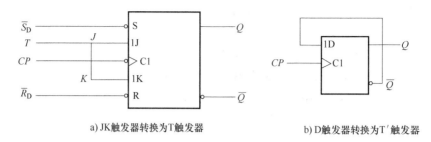

a)JK触发器转换为T触发器　　　　　　b)D触发器转换为T′触发器

图 12-1-11　触发器相互转换

表 12-1-5　T 触发器的逻辑状态表

T	Q_n	Q_{n+1}	功能
0	0 1	0 1 $\}Q_n$	保持
1	0 1	1 0 $\}\overline{Q}_n$	计数

　　若将 D 触发器的 D 端和 $\overline{Q}$ 端相连，如图 12-1-11b 所示，就转换为 T′触发器。由于 Q 与 $\overline{Q}$ 是非的关系，故每来一个时钟脉冲，Q 的状态必取其非，即 $Q_{n+1}=Q_n$，具有计数功能。

12.2　常用的时序逻辑电路

　　触发器具有时序逻辑的特征，可以由它组成各种时序逻辑电路，本节主要介绍寄存器和计数器。

12.2.1　寄存器

　　寄存器(Register)广泛地用于各类数字系统和计算机中，是存放数据的一些小型存储区域，用来暂时存放参与运算的数据和运算结果。寄存器就是一种常用的只包含存储电路的时序逻辑电路，一般由锁存器和触发器构成。由于锁存器和触发器只能存储一位二进制数，因此 N 个锁存器或触发器可构成 N 位寄存器。工程应用中常用的有 4 位、8 位、16 位、32 位、64 位寄存器等。

　　寄存器中的触发器可由同步 RS 结构触发器、主从结构或边沿触发结构的触发器组成，在工程应用中还有公共输入/输出使能控制端和时钟，一般令使能控制端为寄存器电路的选择信号，令时钟控制端为数据输入控制信号。

　　寄存器存放数码的方式有并行和串行两种，取出数码的方式也有并行和串行两种。寄存器根据有无移位的功能常分为数码寄存器和移位寄存器两种。寄存器可以实现数据的并串、串并转换，显示数据锁存器、缓冲器、计数器等。

1. 数码寄存器

　　数码寄存器具有存储二进制数码，并可输出所存二进制数码和清除原有数码的功能。按接收数码的方式，可分为单拍式和双拍式数码寄存器。单拍式数码寄存器：接收数据后直接把触发器置为相应的数据，不考虑初态。双拍式数码寄存器：接收数据之前先用复"0"脉冲把所有的触发器恢复为"0"，第二拍令触发器置接收的数据。

（1）RS 触发器组成的 4 位数码寄存器

寄存器中的触发器可由同步 RS 结构触发器、主从结构或边沿触发结构的触发器组成，现以可控 RS 触发器（上升沿触发）组成的 4 位数码寄存器为例介绍双拍工作方式的数码寄存器。

1）RS 触发器组成的 4 位数码寄存器的电路结构：

图 12-2-1 所示是由可控 RS 触发器（上升沿触发）组成的 4 位数码寄存器，其核心部件由 4 个可控的 RS 触发器 $FF_0 \sim FF_3$ 构成，二进制数数码由 $d_0 \sim d_3$ 输入。RS 触发器的 R 端接 d 的非逻辑，S 端直接与 d 相连；$\overline{R_D}$ 为置 0 端，低电位有效，做数码清零用；寄存数码信号由时钟脉冲 CP 控制，高电位有效；E 的信号控制数码的输出。

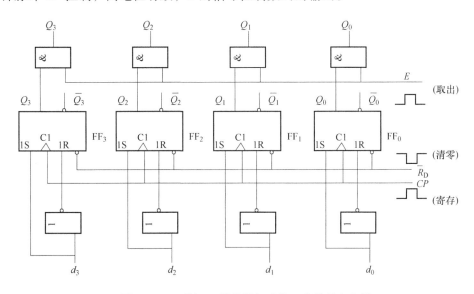

图 12-2-1　可控 RS 触发器组成的 4 位数码寄存器

2）RS 触发器组成的 4 位数码寄存器的工作过程：

① 先复位（清零）。数码清零由 $\overline{R_D}$ 的信号控制，$\overline{R_D}$ 为置 0 端，低电位有效，当 $\overline{R_D}=0$ 时，4 个触发器 $FF_0 \sim FF_3$ 全处于 0 态，完成数码清零工作。

② 寄存数码。当寄存指令 CP 来到时，即时钟脉冲 $CP=1$ 时，4 位二进制数数码 $d_3 \sim d_0$ 就存入 4 个可控的 RS 触发器中。当数码 $d=1$ 时，则可控的 RS 触发器的 R、S 端信号为 $R=0$，$S=1$，因此 RS 触发器翻转，输出 $Q=1$；当 $d=0$ 时，则可控的 RS 触发器的 R、S 端信号为 $R=1$，$S=0$，因此 RS 触发器保持，输出 $Q=0$。

③ 输出数码。当取出指令 E（正脉冲）来到时，即 $E=1$ 时，则将 4 个与门打开，其输出端 $Q_3 \sim Q_0$ 的数据即为所存二进制数 $d_3 d_2 d_1 d_0$。这种是并行输入/并行输出的寄存器。

3）寄存二进制数为"1101"实例：

设输入的二进制数为"1101"。由于经过清零（复位），$FF_0 \sim FF_3$ 全处于"0"态。当"寄存指令"来到时，由于第一、三、四位数码输入为 1，触发器 FF_3、FF_2、FF_0 置"1"状态，FF_1 置"0"状态。因此，二进制数为"1101"数码存放进去。若要取出时，可给"取出指令"（正脉冲），即 $E=1$ 时，则输出端即为所存二进制数"1101"。

（2）D 触发器组成的 4 位数码寄存器

数码寄存器不仅可以用 RS 触发器构成，而且可以用 JK 触发器或 D 触发器构成。图 12-2-2 所示是由 D 触发器构成的 4 位数码寄存器。

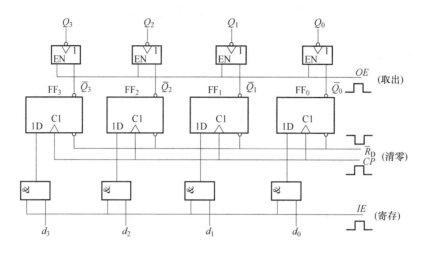

图 12-2-2　D 触发器组成的 4 位数码寄存器

1）D 触发器组成的 4 位数码寄存器的电路结构：

图 12-2-2 所示是由 D 触发器（上升沿触发）组成的 4 位数码寄存器，其核心部件由 4 个 D 触发器 $FF_0 \sim FF_3$ 构成，二进制数数码由 4 个与门控制电路 d 端输入，与门的另一端由寄存指令 IE 控制。D 触发器的 D 端直接和与门电路的输出端相连；$\overline{R}_D$ 为置 0 端，低电位有效，做数码清零用；寄存数码信号由时钟脉冲 CP 控制，高电位有效；数码的输出由 4 个三态非门控制，三态非门的一个输入端和 D 触发器的输出端 $\overline{Q}$ 直接相连，另一输入端 OE 的高电位信号控制数码的输出。

2）D 触发器组成的 4 位数码寄存器的工作过程：

① 先复位（清零）。数码清零由 $\overline{R}_D$ 的信号控制，$\overline{R}_D$ 为置 0 端，低电位有效，当 $\overline{R}_D=0$ 时，4 个 D 触发器 $FF_0 \sim FF_3$ 全处于 0 态，完成数码清零工作。

② 当输入控制信号 IE 为高电位脉冲时，即 $IE=1$ 时，输入端 4 个与门同时打开，$d_3 \sim d_0$ 便完成数码的输入工作。

③ 当时钟脉冲 $CP=1$ 时，$d_3 \sim d_0$ 以反量的形式寄存在 4 个 D 触发器 $FF_0 \sim FF_3$ 的 $\overline{Q}$ 端。

④ 当输出控制信号 $OE=1$ 时，$d_3 \sim d_0$ 便可从 4 个三态非门组成的输出电路的 $Q_3 \sim Q_0$ 端输出。

数码寄存器只有寄存数据或代码和清除原有数码的功能。工程中有时处理数据过程中，需要将寄存器中的各位数据在移位控制信号作用下，完成左移、右移和双向移动的功能，甚至实现数据的串行/并行转换、数值的运算以及数据的处理等功能，即移位寄存器的功能。

2. 移位寄存器

在数字电路中，移位寄存器（Shift Register）是一种在若干相同时间脉冲下工作的以触发器为基础的器件，数据以并行或串行的方式输入到该器件中，然后每个时间脉冲依次向左或右移动一位，在输出端进行输出。

根据移位方向，常把移位寄存器分成左移寄存器、右移寄存器和双向移位寄存器三种。根据移位数据的输入/输出方式，又可将它分为串行输入/串行输出、串行输入/并行输出、并行输入/串行输出和并行输入/并行输出四种电路结构。

利用移位寄存器能实现数据的串行/并行互相转换，进行数据运算、数据处理，还可接成各种移位寄存器式计数器，如环形计数器、扭环形计数器等。

（1）单向移位寄存器

单向移位寄存器可以分为左移寄存器、右移寄存器。图 12-2-3 所示是由 JK 触发器组成的 4 位移位寄存器，它为左移寄存器。

1）JK 触发器组成的 4 位移位寄存器的电路结构：

图 12-2-3 所示是由 JK 触发器组成的 4 位移位寄存器，其核心部件由 4 个 JK 触发器 $F_0 \sim F_3$ 组成，F_0 接成 D 触发器，数码由 D 端输入，F_0 触发器的输出端 Q、$\bar{Q}$ 分别与 F_1 触发器的输入端 J、K 直接相连，依此类推。寄存器复位由清零指令 $\bar{R}_D$ 控制，$\bar{R}_D$ 为置 0 端，低电位有效；移位信号即时钟脉冲 CP，高电位有效，数码在此节拍下，从高位到低位依次串行送到数码输入端 D。

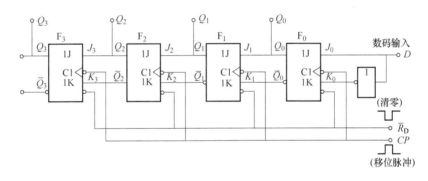

图 12-2-3　由 JK 触发器组成的 4 位移位寄存器

2）JK 触发器组成的 4 位移位寄存器的工作过程：

设寄存的二进制数为 1101，数码由 D 端从高位到低位依次串行输入。

① 先复位（清零）。$\bar{R}_D$ 信号为低电位时，即 $\bar{R}_D = 0$ 时，4 个 JK 触发器 $F_3 \sim F_0$ 的状态为 0。

② 数码输入端 $D = D_3 = 1$，第一个移位脉冲的下降沿来到时使触发器 F_0 翻转，$Q_0 = 1$，其他触发器 Q_1、Q_2 和 Q_3 仍保持 0 态。

③ $D = D_2 = 1$，第二个移位脉冲的下降沿来到时使触发器 F_0、F_1 同时翻转，由于 F_1 的 J 端为 1，F_0 的 J 端也为 1，所以 $Q_1 = 1$，$Q_0 = 1$，触发器 F_0 保持不变，Q_2 和 Q_3 仍保持 0 态。

④ $D = D_1 = 0$，第三个移位脉冲的下降沿来到时使 F_0、F_1、F_2 同时翻转，由于 F_2 的 J 端为 1，F_1 的 J 端也为 1，F_0 的 J 端为 0，所以 $Q_2 = 1$，$Q_1 = 1$，$Q_0 = 0$，Q_3 仍保持 0 态。

⑤ 移位寄存器的状态表见表 12-2-1，移位脉冲来一次，移位一次，存入一个新数码，直到第四个脉冲的下降沿来到时，存数结束。

273

表 12-2-1　移位寄存器的状态表

移位脉冲数	寄存器中的数码				移位过程
	Q_3	Q_2	Q_1	Q_0	
0	0	0	0	0	清零
1	0	0	0	1	左移 1 位
2	0	0	1	1	左移 2 位
3	0	1	1	0	左移 3 位
4	1	1	0	1	左移 4 位

3）时序图表示：

由此可知，输入数码依次地由低位触发器移到高位触发器，做左向移动，经过 4 个时钟脉冲后，4 个触发器的输出状态 $Q_3Q_2Q_1Q_0$ 与输入数码 $D_3D_2D_1D_0$ 相对应。为了加深理解，可以用时序图表示，1101 在 4 位移位寄存器中的时序图如图 12-2-4 所示，在图中画出了数码 1101（相当于 $D_3=1$，$D_2=1$，$D_1=0$，$D_0=1$）在寄存器中移位的波形，经过 4 个时钟脉冲后，1101 出现在寄存器的输出端 $Q_3Q_2Q_1Q_0$。

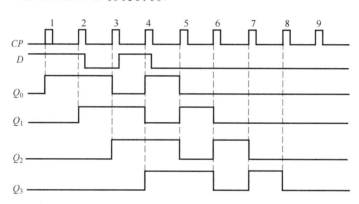

图 12-2-4　1101 在 4 位移位寄存器中的时序图

经过上述 4 个时钟脉冲后，可以从 4 个 JK 触发器的 Q 端得到并行的数码输出 1101，从而实现了串行输入/并行输出的功能。如果再经过 4 个移位脉冲，则所存的 1101 逐位从 Q_3 端串行输出，从而实现串行输入/串行输出的功能。

除用主从 JK 触发器来构成移位寄存器外，还可用其他类型的触发器来组成移位寄存器。图 12-2-5 所示为由维持阻塞型 D 触发器组成的 4 位移位寄存器，它既可并行输入（输入端为 d_3、d_2、d_1、d_0）/串行输出（输出端为 Q_0），又可串行输入（输入端为 D）/串行输出。

维持阻塞型 D 触发器组成的 4 位移位寄存器在寄存指令为低电位，且串行输入 D 为高电位时，寄存器工作方式为串行输入/串行输出，其工作过程与上述 JK 触发器组成的 4 位移位寄存器一致。当寄存器工作于并行输入/串行输出时（串行输入端 D 信号为负脉冲时，即 $D=0$ 时），寄存器首先清零，4 个 JK 触发器 $F_3 \sim F_0$ 的状态为 0，同时 $G_3 \sim G_0$ 4 个与非门的输出全为 1。当“寄存指令”到来时，设输入的数码为二进制数 1101，于是 G_3、G_2、G_0 输出置 1 负脉冲，使 3 个触发器 F_3、F_2、F_0 的输出为 1，G_1 和 F_1 的输出不变。这样，二进制数 1101 输入寄存器。最后，输入移位脉冲 C，使 d_0、d_1、d_2、d_3 依次（从低位到高位）从 Q_0 输出（右移），各个触发器的输出端均恢复为 0。

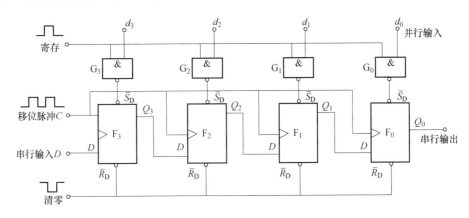

图 12-2-5　维持阻塞型 D 触发器组成的 4 位移位寄存器

（2）双向移位寄存器

为了便于扩展移位寄存器的功能和增加使用的灵活性，在定型生产的移位寄存器集成电路上有的又附加了左移、右移控制，以及并行数据输入、保持、异步置零（复位）等功能。74LS194 型移位寄存器是典型常用的 4 位双向移位寄存器，具有清零、并行输入、串行输入、数据右移和数据左移的功能。

1）74LS194 双向移位寄存器的简介：

图 12-2-6 所示为 4 位双向移位寄存器 74LS194 的逻辑电路。74LS194 双向移位寄存器由

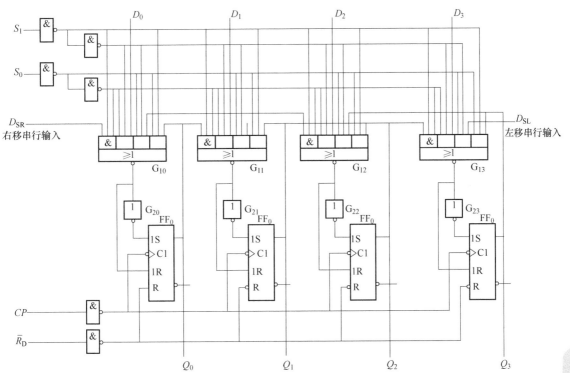

图 12-2-6　74LS194 双向移位寄存器的逻辑电路

4 个 RS 触发器和输入控制电路组成，最高时钟脉冲为 36MHz。D_{SR} 为数据右移串行输入端，D_{SL} 为数据左移串行输入端；$D_0 \sim D_3$ 为数据并行输入端；$Q_0 \sim Q_3$ 为数据并行输出端，同时 Q_3 还可以作为数据串行输出端；CP 为时钟脉冲输入端；$\overline{R}_D$ 为直接无条件清零端，移位寄存器正常工作时该端置 1；S_0、S_1 为双向移位寄存器的操作模式控制端。

74LS194 双向移位寄存器的引脚排列及逻辑符号如图 12-2-7 所示。74LS194 既可以实现串行输入，也可以并行输入；既可以实现串行输出，也可以并行输出；在串行寄存方式中，既可以实现右移寄存，也可以实现左移寄存，还可以保持数据不变。74LS194 双向移位寄存器的这些工作状态都是由控制端 S_0、S_1 实现的。

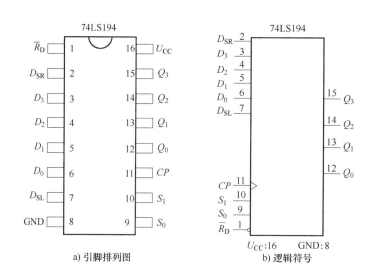

a) 引脚排列图　　　　b) 逻辑符号

图 12-2-7　74LS194 双向移位寄存器

2）74LS194 双向移位寄存器的工作模式：

表 12-2-2 所示为 74LS194 双向移位寄存器的逻辑功能。当 $\overline{R}_D = 0$ 时，移位寄存器处于无条件清零状态。此时不论输入端和移位脉冲输入端有何变化，移位寄存器各输出端的状态为 0。

当 $S_1 = 0$、$S_0 = 0$ 时，移位寄存器处于数据保持状态。此时不论输入端和移位脉冲输入端有何变化，移位寄存器各输出端的状态保持不变。

当 $S_1 = 0$、$S_0 = 1$ 时，移位寄存器保持右移寄存状态。随着移位脉冲的到来，右移串行输入端 D_{SR} 的数据依次寄存到寄存器中，并且移位寄存器中的数据依次右移。

当 $S_1 = 1$、$S_0 = 0$ 时，移位寄存器处于左移寄存状态。随着移位脉冲的到来，左移串行输入端 D_{SL} 的数据依次寄存到寄存器中，并且移位寄存器中的数据依次左移。

当 $S_1 = 1$、$S_0 = 1$ 时，移位寄存器处于并行输入寄存状态。此时串行输入端的数据不起任何作用。当移位脉冲 CP 来一个脉冲时，寄存器将并行输入端 $D_0 \sim D_3$ 的数据并行输入到并行输出端 $Q_0 \sim Q_3$。

表 12-2-2 74LS194 双向移位寄存器的逻辑功能表

输入										输出			
$\overline{R_D}$	CP	S_1	S_0	D_{SL}	D_{SR}	D_3	D_2	D_1	D_0	Q_3	Q_2	Q_1	Q_0
0	×	×	×	×	×			×		0	0	0	0
1	0	×	×	×	×			×		Q_{3n}	Q_{2n}	Q_{1n}	Q_{0n}
1	↑	1	1	x	x	d_3	d_2	d_1	d_0	d_3	d_2	d_1	d_0
1	↑	0	1	1	d			×		d	Q_{3n}	Q_{2n}	Q_{1n}
1	↑	1	0	d	×			×		Q_{2n}	Q_{1n}	Q_{0n}	d
1	×	0	0	×	×			×		Q_{3n}	Q_{2n}	Q_{1n}	Q_{0n}

3）74LS194 双向移位寄存器的应用：

74LS194 移位寄存器是典型常用的 4 位双向移位寄存器，具有清零、并行输入、串行输入、数据右移和数据左移的功能。74LS194 双向移位寄存器的这些工作状态都是由控制端 S_0、S_1 实现的，因此具有广泛的应用。

例 12-2-1 用两片 4 位双向移位寄存器 74LS194 接成一个 8 位双向移位寄存器。

解： 所要设计的 8 位双向移位寄存器需要完成 8 位二进制数据的寄存，因此，需要由两片 4 位双向移位寄存器 74LS194 组成。同时，8 位双向移位寄存器应具备 4 位双向移位寄存器所有的逻辑功能，即能实现并行输入、左移寄存、右移寄存、数据保持和异步清零等功能。

由 74LS194 构成的 8 位双向移位寄存器电路如图 12-2-8 所示，通过分析，将两片 4 位双向移位寄存器的输入和输出同时作为 8 位双向移位寄存器的输入和输出。将 74LS194（Ⅰ）的右移串行输入端作为 8 位双向移位寄存器的右移串行输入端，同时将 74LS194（Ⅰ）的串行输出端与 74LS194（Ⅱ）的右移串行输入端相连。同样，将 74LS194（Ⅱ）的左移串行输入端作为 8 位双向移位寄存器的左移串行输入端，同时将 74LS194（Ⅱ）的串行输出端与 74LS194（Ⅰ）的左移串行输入端相连。将两片 4 位双向移位寄存器的移位脉冲输入端、清零端和工作状态输入端分别相连。这样，就实现了用两片 4 位双向移位寄存器 74LS194 接成一个 8 位双向移位寄存器。

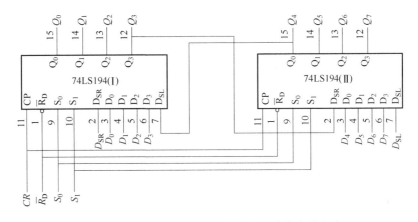

图 12-2-8 74LS194 组成的 8 位双向移位寄存器电路

12.2.2 计数器

在数字电路中，能够记忆输入脉冲个数的电路称为计数器。计数器是一种应用十分广泛的时序逻辑电路，除用于计数、分频外，还广泛用于数字测量、运算和控制。从小型数字仪表到大型数字电子计算机，计数器几乎无所不在，是现代数字系统中不可缺少的组成部分。

计数器按计数过程中各个触发器状态的更新是否同步，可分为同步计数器和异步计数器；按计数过程中数值的进位方式，可分为二进制计数器、十进制计数器和 N 进制计数器；按计数过程中数值的增减，可分为加法计数器、减法计数器和可逆计数器。

1. 二进制计数器

（1）异步二进制计数器

二进制只有 0 和 1 两个数码，二进制加法计数器规则是逢二进一，即当本位是 1，再加 1 时本位便变为 0，同时向高位进 1。由于双稳态触发器只有 0 和 1 两个状态，因此，一个触发器只能表示一个 1 位二进制数。如果要表示 n 位二进制数，就得用 n 个触发器。

图 12-2-9 所示为用 3 个下降沿触发的 JK 触发器构成的 3 位异步二进制加法计数器，计数器脉冲 CP 加至最低位触发器 F_0 的时钟端，低位触发器的 Q 端依次接到相邻高位的时钟端。

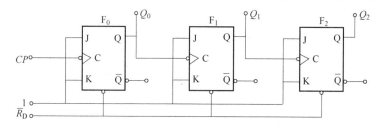

图 12-2-9 3 位异步二进制加法计数器

由于 3 个触发器都接成 T′ 触发器，因此，最低位触发器 F_0 每来一个时钟脉冲下降沿（即 CP 由 1 变 0）时翻转一次，而其他两个触发器都是在其相邻低位触发器的输出端 Q 由 1 变 0 时翻转，即 F_1 在 Q_0 由 1 变 0 时翻转，F_2 在 Q_1 由 1 变 0 时翻转，其状态表见表 12-2-3，波形图如图 12-2-10 所示。由状态表或波形图可以看出，从状态 000 开始，每来一个计数脉冲，计数器中的数值便加 1，输入 8 个计数脉冲时就计满归零，所以作为整体，该电路也可称为八进制计数器。

这种结构计数器的时钟脉冲不是同时加到各触发器的时钟端，而只加至最低位触发器，其他各位触发器则由相邻低位触发器的输出 Q 来触发翻转，即用低位输出推动相邻高位触发器，3 个触发器的状态只能依次翻转，并不同步，这种结构特点的计数器称为异步计数器。异步计数器结构简单，但计数速度较慢。

表 12-2-3 3 位二进制加法计数器的状态表

CP	Q_2	Q_1	Q_0
0	0	0	0
1	0	0	1
2	0	1	0
3	0	1	1
4	1	0	0
5	1	0	1

（续）

CP	Q_2	Q_1	Q_0
6	1	1	0
7	1	1	1
8	0	0	0

仔细观察图 12-2-10 中 CP、Q_0、Q_1 和 Q_2 波形的频率不难发现，每出现两个 CP 计数脉冲，Q_0 输出一个脉冲，即频率减半，称为对 CP 计数脉冲二分频。同理，Q_1 为四分频，Q_2 为八分频。在许多场合计数器也可作为分频器使用，以得到不同频率的脉冲。

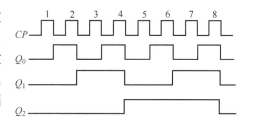

图 12-2-10　3 位二进制加法计数器的波形图

图 12-2-11 所示为用上升沿触发的 D 触发器构成的 4 位异步二进制加法计数器。每个触发器的 $\overline{Q}$ 与 D 相连，接成 T′ 触发器，且低位触发器的 $\overline{Q}$ 端依次接到相邻高位的时钟端。其工作原理与用 JK 触发器构成的 3 位异步二进制加法计数器相同，图 12-2-12 所示为其波形图。画波形图时注意各触发器是在其相应的时钟脉冲上升沿时翻转的。

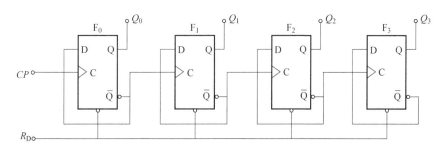

图 12-2-11　由上升沿触发的 D 触发器构成的 4 位异步二进制加法计数器

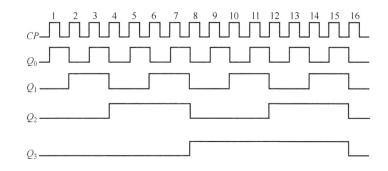

图 12-2-12　上升沿触发的 4 位异步二进制加法计数器的波形图

将二进制加法计数器稍作改变，便可组成二进制减法计数器。图 12-2-13 所示为用上升沿触发的 D 触发器构成的 3 位异步二进制减法计数器，D 触发器仍接成 T′ 触发器，与图 12-2-11 不同的是低位触发器的 Q 端依次接到相邻高位的时钟端。其状态表见表 12-2-4，波形图如图 12-2-14 所示。

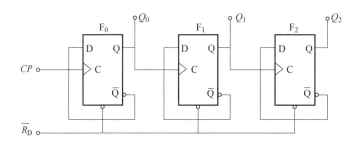

图 12-2-13　3 位异步二进制减法计数器

表 12-2-4　3 位二进制减法计数器的状态表

CP	Q_2	Q_1	Q_0
0	0	0	0
1	1	1	1
2	1	1	0
3	1	0	1
4	1	0	0
5	0	1	1
6	0	1	0
7	0	0	1
8	0	0	0

（2）同步二进制计数器

为了提高计数速度，将计数脉冲同时加到各个触发器的时钟端，在计数脉冲作用下，所有应该翻转的触发器可以同时翻转，这种结构的计数器称为同步计数器。

图 12-2-15 所示为用 3 个 JK 触发器组成的 3 位同步二进制加法计数器。各个触发器只要满足 $J=K=1$ 的条件，在 CP 计数脉冲的下降沿 Q 即可翻转。一般可分析状态表找出 $J=K=1$ 的逻辑关系，该逻辑关系又称为驱动方程。

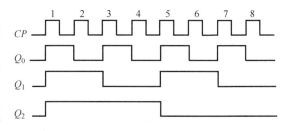

图 12-2-14　3 位异步二进制减法计数器的波形图

分析表 12-2-3 所示的 3 位二进制加法计数器状态表可知：最低位触发器 F_0 每来一个 CP 计数脉冲翻转一次，所以驱动方程为 $J_0=K_0=1$；触发器 F_1 只有在 Q_0 为 1 时再来一个 CP 计数脉冲才翻转，故其驱动方程为 $J_1=K_1=Q_0$；触发器 F_2 只有在 Q_0 和 Q_1 都为 1 时再来一个 CP 计数脉冲才翻转，故其驱动方程为 $J_2=K_2=Q_1Q_0$。根据上述驱动方程，便可连成图 12-2-15 所示电路，其工作波形图与异步计数器完全相同。

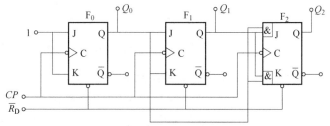

图 12-2-15　3 位同步二进制加法计数器

2. 十进制计数器

（1）同步十进制计数器

通常人们习惯用十进制计数，这种计数必须用 10 个状态表示十进制的 0~9，所以准确地说十进制计数器应该是 1 位十进制计数器。使用最多的十进制计数器是按照 8421 码进行计数的电路，十进制加法波形图如图 12-2-16 所示，其编码表见表 12-2-5。

选用 4 个时钟脉冲下降沿触发的 JK 触发器，并用 F_0、F_1、F_2、F_3 表示。分析表 12-2-5 所示的十进制加法计数器状态表可知：

1）第 1 位触发器 F_0 要求每来一个 CP 计数脉冲翻转一次，因而驱动方程为 $J_0 = K_0 = 1$。

2）第 2 位触发器 F_1 要求在 Q_0 为 1 时再来一个 CP 计数脉冲才翻转，但在 Q_3 为 1 时不得翻转，故其驱动方程为 $J_1 = \overline{Q_3}Q_0$，$K_1 = Q_0$。

3）第 3 位触发器 F_2 要求在 Q_0 和 Q_1 都为 1 时再来一个 CP 计数脉冲才翻转，故其驱动方程为 $J_2 = K_2 = Q_1Q_0$。

4）第 4 位触发器 F_3 要求在 Q_0、Q_1 和 Q_2 都为 1 时再来一个 CP 计数脉冲才翻转，但在第 10 个脉冲到来时 Q_3 应由 1 变为 0，故其驱动方程为 $J_3 = Q_2Q_1Q_0$，$K_3 = Q_0$。

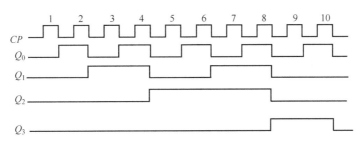

图 12-2-16　十进制加法波形图

表 12-2-5　十进制计数器编码表

CP	8421 编码				十进制数
	Q_3	Q_2	Q_1	Q_0	
0	0	0	0	0	0
1	0	0	0	1	1
2	0	0	1	0	2
3	0	0	1	1	3
4	0	1	0	0	4
5	0	1	0	1	5
6	0	1	1	0	6
7	0	1	1	1	7
8	1	0	0	0	8
9	1	0	0	1	9
10	0	0	0	0	0

根据选用的触发器及所求的驱动方程，可画出同步十进制加法计数器，如图 12-2-17 所示。

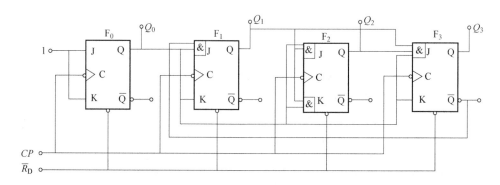

图 12-2-17 同步十进制加法计数器

（2）异步十进制计数器

图 12-2-18 所示为异步十进制加法计数器，图中各触发器均为 TTL 电路，悬空的输入端相当于接高电平 1。由图可知，触发器 F_0、F_1、F_2 中除 F_1 的 J 端与 F_3 的 $\overline{Q}$ 端连接外，其他输入端均为高电平。设计数器初始状态为 $Q_3 Q_2 Q_1 Q_0 = 0000$，在触发器 F_3 翻转之前，即从 0000 起到 0111 为止，$\overline{Q_3} = 1$，F_0、F_1、F_2 的翻转情况与图 12-2-9 所示的 3 位异步二进制加法计数器相同。当第 7 个计数脉冲到来后，计数器状态变为 0111，$Q_1 = Q_2 = 1$，使 $J_3 = Q_2 Q_1 = 1$，而 $K_3 = 1$，为 F_3 由 0 变 1 准备了条件。当第 8 个计数脉冲到来后，4 个触发器全部翻转，计数器状态变为 1000。第 9 个计数脉冲到来后，计数器状态变为 1001。这两种情况下 $\overline{Q_3}$ 均为 0，使 $J_1 = 0$，而 $K_1 = 1$。因此，第 10 个计数脉冲到来后，Q_0 由 1 变为 0，但 F_1 的状态将保持为 0 不变，而 Q_0 能直接触发 F_3 使 Q_3 由 1 变为 0，从而使计数器回复到初始状态 0000。

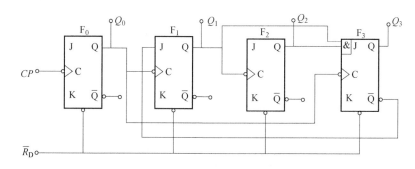

图 12-2-18 异步十进制加法计数器

3. 集成计数器

随着集成电路的发展，各种大规模集成计数器已大量生产，并得到广泛应用。下面介绍一种常用的集成计数器 74LS194。

74LS194 的内部逻辑电路由 RS 触发器和门电路组成，其逻辑图、引脚排列、逻辑示意图和功能表在前面章节叙述过。

74LS194 是 4 位双向移位寄存器，能实现串/并行输入、左移寄存、右移寄存、串/并行输出、数据保持和异步清零等逻辑功能。因此，用 74LS194 的 4 位双向移位寄存器可以构成环形计数器，即把移位寄存器的输出反馈到它的串行输入端，就可以进行循环移位，如

图 12-2-19 所示。

图 12-2-19 所示的电路是一个有 4 个有效状态的计数器，这种类型的计数器通常称为环形计数器。同时，输出端输出脉冲在时间上有先后顺序，因此也可以作为顺序脉冲发生器。

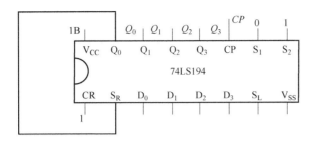

图 12-2-19　74LS194 构成环形计数器

图 12-2-19 中 74LS194 双向移位寄存器把其输出反馈到其串行输入端 S_R，即模式为右移。设先将计数器置初态，设为 $Q_3Q_2Q_1Q_0 = 1000$，工作过程见表 12-2-6。工作时，在 CP 作用下，每当一个时钟脉冲 CP 的上升沿来到时，依次右移 1 位，即 $1000 \rightarrow 0100 \rightarrow 0010 \rightarrow 0001 \rightarrow 1000$。当第 4 个时钟脉冲 CP 的上升沿来到时，恢复为 1000，循环一次。环形计数器的波形图如图 12-2-20 所示。

表 12-2-6　74LS194 构成环形计数器的状态表

CP	Q_3	Q_2	Q_1	Q_0
0	1	0	0	0
1	0	1	0	0
2	0	0	1	0
3	0	0	0	1
4	1	0	0	0

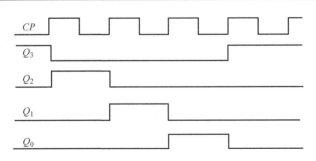

图 12-2-20　74LS194 构成环形计数器的波形图

12.3　555 定时器

555 定时器是一种将模拟功能与逻辑功能巧妙地结合在一起的中规模集成电路，电路功能灵活，应用范围广，只要外接少量元件，就可以构成多谐振荡器、单稳态触发器或施密特触发器等电路，在定时、检测、控制、报警等方面都有广泛的应用。

283

12.3.1　555 定时器的内部结构和功能

555 定时器的内部结构和引脚排列如图 12-3-1 所示。555 定时器内部含有一个基本 RS 触发器、两个电压比较器 A_1 和 A_2、一个晶体管 VT 和一个由 3 个 $5k\Omega$ 电阻组成的分压器。比较器 A_1 的参考电压为 $\frac{2}{3}U_{CC}$，加在同相输入端；A_2 的参考电压为 $\frac{1}{3}U_{CC}$，加在反相输入端。两者均由分压器上取得。

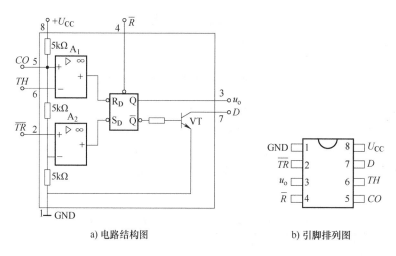

a) 电路结构图　　　　　　　　b) 引脚排列图

图 12-3-1　555 定时器的内部结构和引脚排列图

555 定时器各引线端的用途如下：

1 端 GND 为接地端。

2 端 $\overline{TR}$ 为低电平触发端，也称为触发输入端，由此输入触发脉冲。当 2 端的输入电压高于 $\frac{1}{3}U_{CC}$ 时，A_2 的输出为 1；当输入电压低于 $\frac{1}{3}U_{CC}$ 时，A_2 的输出为 0，使基本 RS 触发器置 1，即 $Q=1$，$\overline{Q}=0$。这时定时器输出 $u_o=1$。

3 端 u_o 为输出端，输出电流可达 200mA，因此可直接驱动继电器、发光二极管、扬声器、指示灯等。输出高电压低于电源电压 1~3V。

4 端 $\overline{R}$ 是复位端，当 $\overline{R}=0$ 时，基本 RS 触发器直接置 0，使 $Q=0$，$\overline{Q}=1$。

5 端 CO 为电压控制端，如果在 CO 端另加控制电压，则可改变 A_1、A_2 的参考电压。工作中不使用 CO 端时，一般都通过一个 $0.01\mu F$ 的电容接地，以旁路高频干扰。

6 端 TH 为高电平触发端，又叫作阈值输入端，由此输入触发脉冲。当输入电压低于(2/3) U_{CC} 时，A_1 的输出为 1；当输入电压高于 $\frac{2}{3}U_{CC}$ 时，A_1 的输出为 0，使基本 RS 触发器置 0，即 $Q=0$，$\overline{Q}=1$。这时定时器输出 $u_o=0$。

7 端 D 为放电端，当基本 RS 触发器的 $\overline{Q}=1$ 时，放电晶体管 VT 导通，外接电容元件通过 VT 放电。555 定时器在使用中大多与电容器的充放电有关，为了使充放电能够反复进行，电路特别设计了一个放电端 D。

8 端 U_{CC} 为电源端，可在 4.5~16V 范围内使用，若为 CMOS 电路，则 $U_{CC}=3~18V$。

12.3.2 用 555 定时器组成的多谐振荡器

1. 工作原理

多谐振荡器又称为无稳态触发器，是一种自激振荡电路，它没有稳定状态，也不需要外加触发脉冲。当电路接好之后，只要接通电源，在其输出端便可获得矩形脉冲。由于矩形脉冲中除基波外还含有极丰富的高次谐波，故无稳态触发器亦称为多谐振荡器。

图 12-3-2 所示是用 555 定时器构成的无稳态触发器及其工作波形。R_1、R_2、C 是外接定时元件，接通电源 U_{CC} 后，电源 U_{CC} 经电阻 R_1 和 R_2 对电容 C 充电，当 u_C 上升到 $\frac{2}{3}U_{CC}$ 时，比较器 A_1 的输出端为 0，将基本 RS 触发器置 0，定时器输出 $u_o=0$。这时基本 RS 触发器的 $\overline{Q}=1$，使放电晶体管 VT 导通，电容 C 通过电阻 R_2 和 VT 放电，u_C 下降。当 u_C 下降到 $\frac{1}{3}U_{CC}$ 时，比较器 A_2 的输出为 0，将基本 RS 触发器置 1，u_o 又由 0 变为 1，由于此时基本 RS 触发器的 $\overline{Q}=0$，放电晶体管 VT 截止，U_{CC} 又经电阻 R_1 和 R_2 对电容 C 充电。如此重复上述过程，于是在输出端 u_o 产生了连续的矩形脉冲。

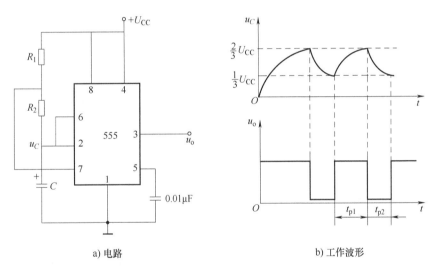

a) 电路　　　　　　　　　　b) 工作波形

图 12-3-2 用 555 定时器构成的多谐振荡器及其工作波形

2. 脉冲宽度与振荡周期

第一个暂态的脉冲宽度 t_{p1}，即 u_C 从 $\frac{1}{3}U_{CC}$ 充电上升到 $\frac{2}{3}U_{CC}$ 所需的时间：

$$t_{p1} \approx 0.7(R_1+R_2)C$$

第二个暂态的脉冲宽度 t_{p2}，即 u_C 从 $\frac{2}{3}U_{CC}$ 充电下降到 $\frac{1}{3}U_{CC}$ 所需的时间：

$$t_{p2} \approx 0.7R_2C$$

振荡周期：

$$T=t_{p1}+t_{p2} \approx 0.7(R_1+2R_2)C$$

占空比：

$$q = t_{p1}/T = (R_1+R_2)/(R_1+2R_2)$$

12.3.3 用 555 定时器组成的单稳态触发器

1. 工作原理

单稳态触发器在数字电路中一般用于定时（产生一定宽度的矩形波）、整形（把不规则的波形转换成宽度、幅度都相等的波形）以及延时（把输入信号延迟一定时间后输出）等。

单稳态触发器具有下列特点：

1）电路有一个稳态和一个暂稳态。

2）在外来触发脉冲作用下，电路由稳态翻转到暂稳态。

3）暂稳态是一个不能长久保持的状态，经过一段时间后，电路会自动返回到稳态，暂稳态的持续时间与触发脉冲无关，仅取决于电路本身的参数。

图 12-3-3 所示是用 555 定时器构成的单稳态触发器电路及其工作波形。R、C 是外接定时元件；u_i 是输入触发信号，下降沿有效。

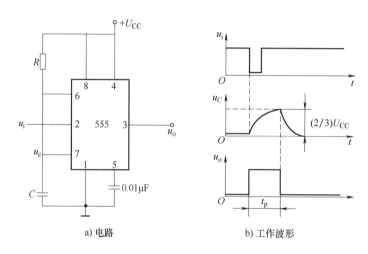

a) 电路　　　　　　b) 工作波形

图 12-3-3　用 555 定时器构成的单稳态触发器电路及其工作波形

接通电源 U_{CC} 后瞬间，电路有一个稳态的过程，即电源 U_{CC} 通过电阻 R 对电容 C 充电，当 u_C 上升到 $(2/3)U_{CC}$ 时，比较器 A_1 的输出为 0，将基本 RS 触发器置 0，电路输出 $u_o = 0$。这时基本 RS 触发器的 $\overline{Q} = 1$，使放电晶体管 VT 导通，电容 C 通过 VT 放电，电路进入稳定状态。

当触发信号 u_i 到来时，因为 u_i 的幅度低于 $\frac{1}{3}U_{CC}$，故比较器 A_2 的输出为 0，将基本 RS 触发器置 1，u_o 由 0 变为 1，电路进入暂稳态。此时基本 RS 触发器的 $\overline{Q} = 0$，放电晶体管 VT 截止，U_{CC} 经电阻 R 对电容 C 充电。虽然此时触发脉冲已消失，比较器 A_2 的输出变为 1，但充电继续进行，直到 u_C 上升到 $\frac{2}{3}U_{CC}$ 时，比较器 A_1 的输出为 0，将基本 RS 触发器置 0，电路输出 $u_o = 0$，VT 导通，电容 C 放电，电路恢复到稳定状态。

2. 脉冲宽度

忽略放电晶体管 VT 的饱和压降，则 u_C 从 0 充电上升到 $\frac{2}{3}U_{CC}$ 所需的时间即为 u_o 的输出脉冲宽度 t_p，$t_p \approx 1.1RC$。

例 12-3-1 试分析图 12-3-4 所示"叮咚"门铃电路的工作原理

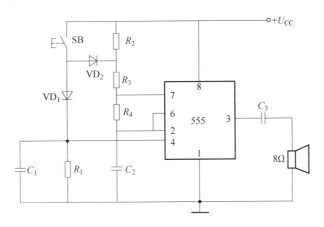

图 12-3-4　例 12-3-1 电路图

解： 该电路是由 555 定时器组成的多谐振荡器。其工作原理是：当 SB 断开时，电容 C_1 未被充电，4 端处于低电平，555 定时器复 0，扬声器不发声；当按下 SB(闭合)时，电源通过二极管 VD_1 给 C_1 快速充电，如果 4 端达到高电平 1 时，555 定时器开始振荡，振荡的充电时间常数为 $(R_3+R_4)C_2$，放电时间常数为 R_4C_2，扬声器发出"叮叮"的声音；松开 SB(断开)时，电容 C_1 经 R_1 缓慢放电，4 端处于高电平 1，555 定时器仍维持振荡状态，但充电电路串入 R_2 使振荡频率改变，扬声器发出"咚咚"声音，直到 C_1 放电到低电平，555 定时器停止振荡。

12.3.4　直流电动机调速控制电路应用实例

直流电动机的调速控制电路如图 12-3-5 所示，这是一个由 CB555 定时器组成的占空比可调的脉冲振荡电路。其特点是用输出脉冲驱动直流电动机，脉冲占空比越大，电动机驱动电流就越小，转速减慢；脉冲占空比越小，电动机驱动电流就越大，转速加快。

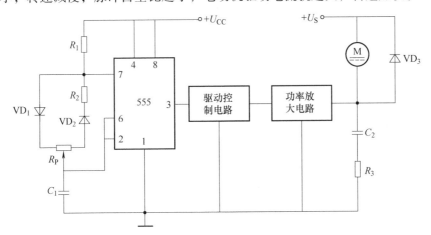

图 12-3-5　直流电动机调速控制电路图

电路工作时，调节电位器 R_P 的数值，则可调节电动机转速。当电动机的驱动电枢电流不大于 200mA 时，可用 555 定时器直接驱动；当电枢电流大于 200mA 时，应增加驱动控制电路和功率放大电路。电动机并联的 VD_3 为续流二极管，在功率放大管截止期间为电动机电枢电流提供通路，既保证电枢电流的连续性，又防止电驱线圈的自感反电动势损坏功放管。电容 C_2 和电阻 R_3 是补偿网络，以使负载呈电阻性。整个电路的脉冲频率选在 3～5kHz 之间，频率太低，电动机会抖动；频率太高时，因占空比范围小，因此会使电动机调速范围减小。

本章小结

（1）双稳态触发器是数字电路极其重要的基本单元，它有两个稳定状态，在外界信号作用下，可以从一个稳态转变为另一个稳态，无外界信号作用时状态保持不变。因此，双稳态触发器可以作为二进制存储单元使用。

（2）时序电路的特点是，任何时刻的输出不仅和输入有关，而且还取决于电路原来的状态。为了记忆电路的状态，时序电路必须含有存储电路。存储电路通常以触发器为基本单元的电路构成。

（3）寄存器是用来暂存数据的逻辑部件，根据存入或取出数据的方式不同，可分为数码寄存器和移位寄存器。数码寄存器在一个 CP 脉冲作用下，各位数码可同时存入或取出。移位寄存器在一个 CP 脉冲作用下，只能存入或取出一位数码，n 位数码必须用 n 个 CP 脉冲作用才能全部存入或取出。某些型号的集成寄存器具有左移、右移、清零，以及数据并入、并出、串入、串出等多种逻辑功能。

（4）计数器是用来累计脉冲数目的逻辑器件，按照不同的方式，有多种类型的计数器。n 个触发器可组成 n 位二进制计数器，可以计 2^n 个脉冲。4 个触发器可以组成 1 位十进制计数器，n 位十进制计数器由 $4n$ 个触发器组成。计数脉冲同时作用在所有触发器 CP 端的为同步计数器，否则为异步计数器。

（5）555 定时器是将电压比较器、触发器、分压器等集成在一起的中规模集成电路，只要外接少量元件，就可以构成无稳态触发器、单稳态触发器等电路，应用十分广泛。

拓展知识

8 路彩灯控制电路

彩灯控制器由编码器、驱动器和显示器（彩灯）组成，8 路彩灯控制器的电路如图 12-拓展知识-1 所示。编码器根据彩灯显示花型节拍送出 8 位状态编码信号，通过驱动器使彩灯按规律亮灭。如 8 路彩灯花型规定为由中间向两边对称逐个点亮，全亮后仍由中间向两边对称地逐个熄灭，其状态编码表见表 12-拓展知识-1。编码器用两片 74LS194 双向移位寄存器实现，均接为自启动脉冲分配器（扭环形计数器），其中片（1）为右移方式，片（2）为左移方式。工作时首先用清零脉冲使寄存器全部清零，然后在节拍脉冲 CP 的控制下，各 Q 按表 12-拓展知识-1 所示的状态变化，每 8 个节拍重复一次。当 Q 为 1 时，经驱动器反向，共阳极发光二极管（彩灯）亮；反之，Q 为 0 时发光二极管灭。每个灯发光时间的长短由节拍脉冲 CP 的频率控制。

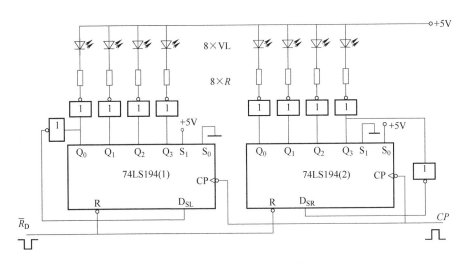

图 12-拓展知识-1　8 路彩灯控制器的电路

表 12-拓展知识-1　状态编码表

CP	寄存器 1				寄存器 2			
	Q_3	Q_2	Q_1	Q_0	Q_3	Q_2	Q_1	Q_0
0	0	0	0	0	0	0	0	0
1	0	0	0	1	1	0	0	0
2	0	0	1	1	1	1	0	0
3	0	1	1	1	1	1	1	0
4	1	1	1	1	1	1	1	1
5	1	1	1	0	0	1	1	1
6	1	1	0	0	0	0	1	1
7	1	0	0	0	0	0	0	1
8	0	0	0	0	0	0	0	0

搅拌机故障报警电路

由与非门和 JK 触发器组成的搅拌机叶片折断报警电路如图 12-拓展知识-2 所示。当叶片出现折断时，电路发出报警鸣叫，同时立即停止搅拌机运转。

接近开关 SP_1 对模拟叶片进行监测，而 SP_2 对搅拌机叶片进行监测。在搅拌机正常工作时，同为高电平 1 或低电平 0 状态。如果叶片出现折断故障，SP_1 处于 1 状态时，SP_2 则处于 0 状态，即将 SP_1 与 SP_2 不同的状态作为折断信号。当有折断状态时，与非门电路输出为 0，而 JK 触发器的 Q 端呈现预置状态。信号经过功率放大电路，使报警电路发出叶片折断的报警鸣叫声。一旦排除故障后，按下复位按钮，触发器复位，报警器停止鸣叫。为了防止干扰信号的窜入，将 JK 触发器的 J、K 和 CP 端连接在一起，接高电平 1。

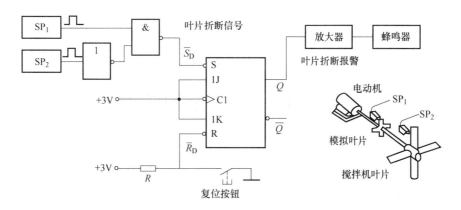

图 12-拓展知识-2　搅拌机故障报警电路

习　题

12-1　基本 RS 触发器的特点是什么？若 R 和 S 的波形如习题 12-1 图所示，设触发器 Q 端的初始状态为 0，试对应画出 Q 和 $\overline{Q}$ 的波形。

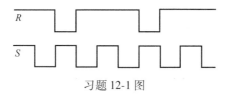

习题 12-1 图

12-2　由或非门构成的基本 RS 触发器及其逻辑符号如习题 12-2 图所示，设触发器 Q 端的初始状态为 0，试分析其逻辑功能，并根据 R 和 S 的波形对应画出 Q 和 $\overline{Q}$ 的波形。

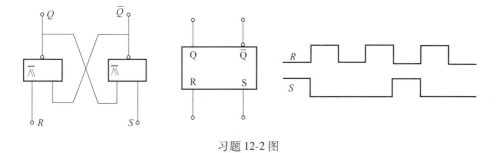

习题 12-2 图

12-3　与基本 RS 触发器相比，同步 RS 触发器的特点是什么？设 CP、R、S 的波形如习题 12-3 图所示，触发器 Q 端的初始状态为 0，试对应画出同步 RS 触发器 Q、$\overline{Q}$ 的波形。

习题 12-3 图

12-4　习题 12-4 图所示为 CP 脉冲上升沿触发的主从 JK 触发器的逻辑符号及 CP、J、K 的波形，设触

发器 Q 端的初始状态为 0，试对应画出 Q、$\overline{Q}$ 的波形。

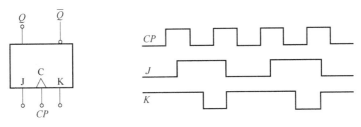

习题 12-4 图

12-5　习题 12-5 图所示为 CP 脉冲上升沿触发的 D 触发器的逻辑符号及 CP、D 的波形，设触发器 Q 端的初始状态为 0，试对应画出 Q、$\overline{Q}$ 的波形。

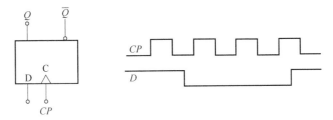

习题 12-5 图

12-6　电路及 CP 和 D 的波形如习题 12-6 图所示，设电路的初始状态为 $Q_0Q_1 = 00$，试画出 Q_0、Q_1 的波形。

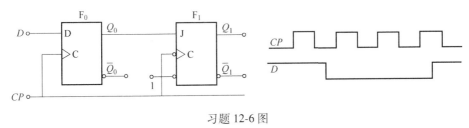

习题 12-6 图

12-7　设触发器 F_0、F_1 的初始状态为 0，试画出在 CP 脉冲作用下习题 12-7 图所示电路 Q_0、Q_1 的波形。

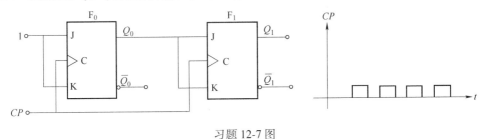

习题 12-7 图

12-8　在习题 12-8 图所示电路中，设触发器 F_0、F_1 的初始状态为 0，试画出在图中所示 CP 和 X 的作用下 Q_0、Q_1 和 Y 的波形。

12-9　习题 12-9 图所示电路为循环移位寄存器，设电路的初始状态为 $Q_0Q_1Q_2 = 001$，列出该电路的状态表，并画出前 7 个 CP 脉冲作用期间 Q_0、Q_1 和 Q_2 的波形图。

12-10　习题 12-10 图所示电路为由 JK 触发器组成的移位寄存器，设电路的初始状态为 $Q_0Q_1Q_2Q_3 = 0000$，列出该电路输入数码 1001 的状态表，并画出各 Q 的波形图。

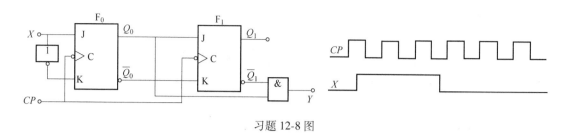

习题 12-8 图

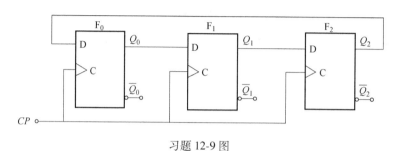

习题 12-9 图

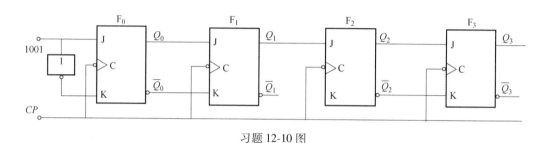

习题 12-10 图

12-11 设习题 12-11 图所示电路的初始状态为 $Q_0Q_1Q_2 = 000$，列出该电路的状态表，并画出其波形图。

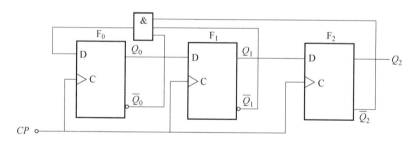

习题 12-11 图

12-12 试分析习题 12-12 图所示电路，列出状态表，并说明该电路的逻辑功能。图中 X 为输入控制信号，Y 为输出信号，可分为 $X = 0$ 和 $X = 1$ 两种情况。

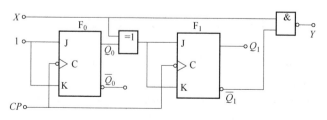

习题 12-12 图

12-13 设习题 12-13 图所示电路的初始状态为 $Q_0Q_1Q_2 = 000$，列出该电路的状态表，画出 CP 和各输出端的波形图，说明是几进制计数器，是同步计数器还是异步计数器。

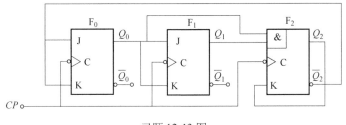

习题 12-13 图

12-14 试分析习题 12-14 图所示电路，列出状态表，并说明该电路的逻辑功能。

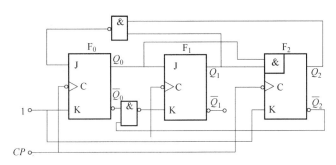

习题 12-14 图

12-15 试分析习题 12-15 图所示电路，列出状态表，并说明该电路的逻辑功能。

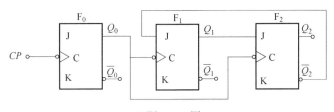

习题 12-15 图

12-16 习题 12-16 图所示电路是一个照明灯自动灭亮装置，白天让照明灯自动熄灭，夜晚自动点亮。图中 R 是一个光敏电阻，当受光照射时电阻变小，当无光照射或光照微弱时电阻增大。试说明其工作原理。

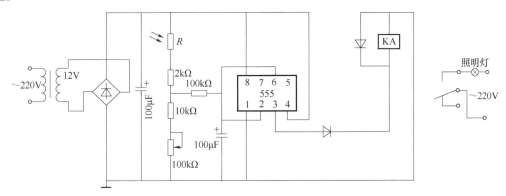

习题 12-16 图

参 考 文 献

［1］吴延荣. 电工学［M］. 北京：中国电力出版社，2012.

［2］HAMBLEY A R. 电工原理与应用［M］. 北京：电子工业出版社，2010.

［3］李飞. 电工学［M］. 长沙：中南大学出版社，2010.

［4］曹才开. 电工电子技术［M］. 北京：机械工业出版社，2014.

［5］邱关源. 电路［M］. 北京：高等教育出版社，2011.

［6］童诗白. 模拟电子技术基础［M］. 北京：高等教育出版社，2015.

［7］秦曾煌. 电工学：上册［M］. 北京：高等教育出版社，2009.

［8］秦曾煌. 电工学：下册［M］. 北京：高等教育出版社，2009.

［9］王欣，张丽艳，等. 电路分析［M］. 哈尔滨：哈尔滨工业大学出版社，2021.

［10］何松柏，吴涛，等. 电路电子学基础［M］. 北京：高等教育出版社，2020.

［11］杜欣慧，陈惠英. 电工电子技术简明教程［M］. 北京：电子工业出版社，2019.

［12］于桂君，于宝琦，等. 电工与电子技术［M］. 北京：电子工业出版社，2020.

［13］史仪凯. 电工技术［M］. 北京：高等教育出版社，2021.

［14］史仪凯. 电子技术［M］. 北京：高等教育出版社，2021.